数据要素丛书

数据要素价值化蓝图
全景、认知与路径

史凯 ◎ 著

THE BLUEPRINT FOR
DATA ELEMENTS VALUE CREATION

图书在版编目（CIP）数据

数据要素价值化蓝图：全景、认知与路径 / 史凯著.
北京：机械工业出版社，2025.2. --（数据要素丛书）.
ISBN 978-7-111-77166-1

Ⅰ. TP274

中国国家版本馆 CIP 数据核字第 2024N9Q735 号

机械工业出版社（北京市百万庄大街22号　邮政编码100037）
策划编辑：杨福川　　　　　　　　责任编辑：杨福川　董惠芝
责任校对：张雨霏　杜丹丹　景　飞　责任印制：单爱军
保定市中画美凯印刷有限公司印刷
2025年4月第1版第1次印刷
170mm×230mm・24.25印张・3插页・385千字
标准书号：ISBN 978-7-111-77166-1
定价：109.00元

电话服务　　　　　　　　　网络服务
客服电话：010-88361066　　机 工 官 网：www.cmpbook.com
　　　　　010-88379833　　机 工 官 博：weibo.com/cmp1952
　　　　　010-68326294　　金 书 网：www.golden-book.com
封底无防伪标均为盗版　机工教育服务网：www.cmpedu.com

| 前言 |

为何写作本书

我在职业生涯的前十年主要从事应用开发相关的工作，数据是应用的副产品。在职业生涯的后十余年里，我逐渐转向关注数据，专注于数据仓库和数据中台的构建，致力于打造各种数据驱动的业务场景。随着对数据价值的理解不断加深，我愈发意识到数据的重要性。在 2023 年出版的《精益数据方法论：数据驱动的数字化转型》一书中，我提出了"数据是业务存在的形式""数字化转型从应用优先走向数据优先"等观点。在传统的 4A 架构中，数据架构通常作为应用架构的延伸，是应用的副产品。然而，随着数字化转型的推进，数据已经成为企业核心的生产要素，企业必须围绕数据进行系统建设和价值创造。如何应用数据来创造价值，找到数据要素价值化的路径，是我一直追求的目标。

目前，市场上存在着各种关于数据的概念和名词，但很多都不够清晰和严谨。这不仅让从业者感到困惑，也让企业在数据战略实施过程中遇到障碍。因此，我决定写一本系统化的科普读物，详细解释数据要素、数据资产等关键概念，并通过实际案例说明如何应用这些概念。希望这些清晰、准确的解释可以让读者对数据有全面、深入的认识。

本书特色

- 通俗易懂。本书特别面向非专业人士编写，力求通过浅显易懂的语言和丰富的实例，帮助读者建立对数据要素和数据资产的全面认知。
- 方法与实践相结合。本书不仅涵盖了数据管理的基本概念和方法，还结合了大量实际案例和实践经验，深入浅出地讲解了数据驱动业务创新的具体路径。通过本书，读者可以掌握数据要素的基本知识，了解数据资产的管理方法，进而在实际工作中应用这些知识，实现企业的数字化转型和高质量发展。

本书主要内容

在信息时代，数据已经成为驱动社会进步和经济发展的重要资源。然而，如何理解、管理并充分发挥数据的价值，仍然是许多人面临的挑战。本书旨在提供系统而全面的数据要素知识，帮助你在数据领域游刃有余。

全书共分为五篇，逐层递进地介绍数据要素的各个方面，如图1所示。

第一篇 数据要素基础与政策环境		
第1章 全面认识数据要素		第2章 数据要素的政策环境
第二篇 数据要素价值化		
第3章 数据要素价值化链路	第4章 数据资产管理	第5章 数据治理与确权
第6章 数据资产评估与定价	第7章 数据资源入表	第8章 数据监管、合规与安全
第9章 数据资产的交易	第10章 数据要素市场	第11章 数据基础设施
第三篇 公共数据要素价值化	第四篇 产业数据要素价值化	第五篇 个人数据要素价值化
第12章 公共数据要素概述	第14章 产业数据要素概述	第16章 个人数据要素概述
第13章 公共数据要素价值蓝图	第15章 产业数据要素价值蓝图	第17章 个人数据要素价值蓝图

图1 内容设计

第一篇 数据要素基础与政策环境

首先，从数据要素的基本概念和发展历程入手，帮助读者建立对数据要素的初步认知，并在此基础上探索与数据要素相关的政策环境，了解数据在当今社会中的地位和影响。

第二篇 数据要素价值化

本篇是全书的核心，详细阐述如何实现数据要素价值化。具体包括数据资产管理、数据治理与确权、数据资产评估与定价等多个方面，提供具体的方法和操作指南；同时介绍了数据资源入表，数据监管、合规与安全，数据资产的交易，数据要素市场，以及数据基础设施帮助读者全面理解和实践数据价值化路径。

第三篇 公共数据要素价值化

本篇重点介绍公共数据要素基本知识，并通过公共数据要素价值蓝图，让读者直观了解公共数据的价值构成和实现路径，为公共数据的利用提供参考。

第四篇 产业数据要素价值化

本篇聚焦于产业数据要素，介绍其基本知识，并通过产业数据要素价值蓝图，让读者清晰地看到产业数据的具体价值构成，以更好地利用数据驱动业务发展。

第五篇 个人数据要素价值化

本篇将目光投向个人数据要素，介绍其基本知识，并通过个人数据要素价值蓝图，让读者学习到个人数据的价值实现过程，从而更好地理解和保护个人数据资产。

如何阅读本书

为了帮助读者更好地利用本书，这里提供了多种阅读方式，你可以根据需要灵活选择。

（1）作为入门读物，奠定基础

如果你是刚开始接触数据要素的读者，建议按照书中章节顺序阅读。从最基本的概念开始，逐步深入理解数据要素的价值化路径、管理方法和市场机制等内容。这种循序渐进的阅读方式，有助于全面掌握数据要素的各个方面，打下坚实的基础。

（2）作为词典，查阅关键内容

当你遇到具体问题或对某个概念感到困惑时，你可以把本书作为一本词典，直接查阅相关章节。每一章都针对特定主题做了详细讲解，你可以根据目录快速找到所需信息。

（3）作为工具书，解决具体问题

对于已经具备一定数据基础的读者，本书可以作为一部实用的工具书，解决实际工作中的具体问题。无论数据资产管理、数据安全合规，还是数据交易流通等具体操作，本书都提供了详尽的步骤和方法指导。读者可以根据实际需求，查阅相关章节，获取实用的解决方案。

致谢

本书的定位是数据要素领域的全面科普，所以内容涵盖范围很广，写作的深度比较难把握，写深了篇幅不足以容纳，写浅了又不容易理解，过程中几易其稿，其中辛酸非写书人无法体会。

在本书的写作过程中，我得到了许多人的支持与帮助。在此，我要衷心地感谢我的妻子和女儿，是她们的理解和鼓励，让我在繁忙的工作与写作之间找到平衡，也让我拥有不断前行的动力。她们是我最坚实的后盾。

此外，我还要感谢支持我的企业用户和同行专家们，感谢他们给予的宝贵建议和指导，不仅拓宽了我的视野，也提升了本书的深度和广度。行业前辈们的指导和支持，是我在这一领域不断成长的动力源泉。

目录

前言

第一篇　数据要素基础与政策环境

第 1 章　全面认识数据要素

1.1　数据要素的定义和特征	2
1.1.1　数据要素的定义	2
1.1.2　数据要素的典型特征	3
1.2　数据要素相关的重要概念	5
1.2.1　数据	6
1.2.2　数字经济	7
1.2.3　数据资源	8
1.2.4　数据资产	8
1.2.5　数据产品	9
1.2.6　数据治理	12
1.2.7　数据资产确权	13
1.2.8　数据资产评估	14
1.2.9　数据资源入表	14
1.2.10　数据知识产权	15
1.2.11　数据产品/知识产权登记	16
1.2.12　数据交易平台	17
1.2.13　数据交易机构	17

	1.2.14	数据要素流通	18
	1.2.15	数据定价	18
	1.2.16	数据交易	19
	1.2.17	数据运营	19
	1.2.18	数据监管	20
	1.2.19	数据资源化	20
	1.2.20	数据资产化	21
	1.2.21	数据资本化	21
1.3	重要法律法规		22
1.4	中国数据要素的发展与布局		23
	1.4.1	从传统生产要素到数据生产要素	23
	1.4.2	数据要素赋能业务的 4 个阶段	25
	1.4.3	数据要素价值流通共享的 4 个挑战	28
	1.4.4	中国数据要素发展的 4 个阶段	33
	1.4.5	从应用优先到数据优先	36
	1.4.6	从应用副产品到战略要素的演进	36
	1.4.7	数字化时代数据战略的 6 个目标	37

| 第 2 章 | 数据要素的政策环境

2.1	相关政策法规解读		41
	2.1.1	详解"十四五"规划	41
	2.1.2	详解《数字中国建设整体布局规划》	45
	2.1.3	详解"数据二十条"	46
	2.1.4	详解《企业数据资源相关会计处理暂行规定》	48
	2.1.5	详解《关于加强数据资产管理的指导意见》	50
	2.1.6	详解《"数据要素 ×"三年行动计划（2024—2026 年）》	52
2.2	组建国家数据局		54
	2.2.1	国家数据局的成立背景和历程	54
	2.2.2	国家数据局的职能	56
	2.2.3	国家数据局的机构设置	56

2.2.4　国家数据局的重要举措　　　　　　　　　　　57
　2.3　新质生产力与数据要素　　　　　　　　　　　　　62
　　　2.3.1　新质生产力提出的背景　　　　　　　　　　62
　　　2.3.2　新质生产力解读　　　　　　　　　　　　　63
　　　2.3.3　数据要素是新质生产力的重要组成部分　　　68

第二篇　数据要素价值化

|第3章|　数据要素价值化链路

　3.1　数据价值化过程剖析　　　　　　　　　　　　　　72
　　　3.1.1　传统生产要素价值化的典型示例　　　　　　72
　　　3.1.2　数据报表价值化示例　　　　　　　　　　　73
　　　3.1.3　数据智能价值化示例　　　　　　　　　　　75
　　　3.1.4　数据产品交易价值化示例　　　　　　　　　77
　　　3.1.5　数据产品资本化示例　　　　　　　　　　　79
　3.2　数据要素价值化的4个特点　　　　　　　　　　　 80
　3.3　数据要素价值化的3种形式　　　　　　　　　　　 81
　3.4　实现数据价值化全链路的3个阶段　　　　　　　　82
　　　3.4.1　阶段一：数据生产（S1 源数据）　　　　　 83
　　　3.4.2　阶段二：数据采集加工（S2 数据资源）　　84
　　　3.4.3　阶段三：数据价值化（S3 数据资产）　　　87

|第4章|　数据资产管理

　4.1　数据资产管理基本知识　　　　　　　　　　　　　96
　　　4.1.1　数据资产管理的定义　　　　　　　　　　　96
　　　4.1.2　数据资产和普通资产的共性　　　　　　　　97
　　　4.1.3　数据资产管理的发展　　　　　　　　　　　97
　4.2　数据资产管理的重要性和价值　　　　　　　　　　99
　　　4.2.1　数据资产管理的七大重要性　　　　　　　　99
　　　4.2.2　数据资产管理的价值　　　　　　　　　　　100

4.3　数据资产管理的范围　　102
4.4　典型的数据资产管理框架介绍　　103
4.5　数据资产管理与数据治理、数据管理的关系　　112

第 5 章 数据治理与确权

5.1　数据治理概述　　116
　　5.1.1　数据治理的定义　　116
　　5.1.2　数据治理的价值　　117
　　5.1.3　企业级数据治理的主要工作内容　　119
5.2　价值驱动的精益数据治理　　121
　　5.2.1　传统数据治理的六大挑战　　121
　　5.2.2　六大挑战的四大应对策略　　122
　　5.2.3　精益数据方法打造价值驱动的数据治理　　123
　　5.2.4　精益数据治理的六大新范式　　124
5.3　数据确权概述　　126
　　5.3.1　数据确权的定义　　126
　　5.3.2　数据确权的必要性　　127
　　5.3.3　数据权属概念剖析　　128
5.4　数据确权的挑战和方法　　129
　　5.4.1　八大挑战　　129
　　5.4.2　典型方法　　131

第 6 章 数据资产评估与定价

6.1　数据资产评估文件解读　　133
　　6.1.1　《资产评估基本准则》解读　　134
　　6.1.2　《数据资产评估指导意见》解读　　141
6.2　典型的数据资产评估流程　　149
　　6.2.1　数据资产评估的 4 个阶段　　149
　　6.2.2　数据资产评估关键过程的检查点　　151
6.3　数据资产定价　　152

6.3.1 数据资产定价的难点和应对策略　　152

6.3.2 数据资产定价模型　　154

第 7 章 数据资源入表

7.1 数据资源入表概述　　156

7.1.1 数据资源入表概念解读　　156

7.1.2 数据资源入表对数据要素市场的十大推动作用　　156

7.1.3 数据资源入表，从费用化到资本化　　159

7.1.4 数据资源入表给企业带来新的机遇和创新　　160

7.2 数据资源入表关键解读　　161

7.2.1 数据资产的确认条件　　161

7.2.2 将数据资产以无形资产的形式披露　　165

7.2.3 将数据资产以存货的形式披露　　166

7.2.4 数据资源披露（未作为无形资产或存货确认的数据资源）　　167

7.3 如何实现数据资源入表　　168

7.3.1 数据资源入表的挑战和应对机制　　168

7.3.2 数据资产计量　　172

7.3.3 数据资源入表的九大步骤　　174

7.3.4 数据资源入表典型流程　　176

7.3.5 典型数据资源入表案例剖析　　180

第 8 章 数据监管、合规与安全

8.1 数据监管、合规与安全概述　　189

8.1.1 数据监管　　189

8.1.2 数据合规　　191

8.1.3 数据安全　　192

8.2 数据安全体系　　194

8.2.1 战略层　　194

8.2.2 管理层　　197

8.2.3　操作层　　　　　　　　　　　　　　198
　　　8.2.4　技术层　　　　　　　　　　　　　　202
8.3　数据分级分类与保护　　　　　　　　　　　　203
　　　8.3.1　数据分级分类　　　　　　　　　　　　203
　　　8.3.2　不同级别数据的保护策略　　　　　　　205
　　　8.3.3　敏感数据的特殊保护　　　　　　　　　206
8.4　数据隐私保护　　　　　　　　　　　　　　　207
　　　8.4.1　隐私保护原则与方法　　　　　　　　　207
　　　8.4.2　隐私风险评估与应对　　　　　　　　　209
8.5　数据泄露防范与应对　　　　　　　　　　　　211
　　　8.5.1　数据泄露风险分析　　　　　　　　　　211
　　　8.5.2　数据泄露的防范措施　　　　　　　　　212
　　　8.5.3　应急响应流程与恢复措施　　　　　　　213

第 9 章　数据资产的交易

9.1　数据资产交易的定义和类型　　　　　　　　　215
　　　9.1.1　按交付标的划分　　　　　　　　　　　216
　　　9.1.2　按交易模式划分　　　　　　　　　　　217
　　　9.1.3　按参与主体划分　　　　　　　　　　　220
9.2　数据资产交易的典型流程　　　　　　　　　　221
　　　9.2.1　深圳数据交易所的数据资产交易流程　　221
　　　9.2.2　上海数据交易所的数据资产交易流程　　224
9.3　数据资产交易的商业模式、价值和特点　　　　228
　　　9.3.1　数据资产交易的典型商业模式　　　　　228
　　　9.3.2　数据资产交易的价值　　　　　　　　　234
　　　9.3.3　数据资产交易与数据资源入表的关系　　234

第 10 章　数据要素市场

10.1　数据要素市场概述　　　　　　　　　　　　237
　　　10.1.1　数据要素市场的概念及现状　　　　　237

	10.1.2	数据要素市场的趋势	240
	10.1.3	数据要素市场面临的挑战	246
10.2	数据要素市场生态蓝图		248
	10.2.1	数据要素市场全景图	248
	10.2.2	数据要素供给方	252
	10.2.3	数据要素需求方	256
	10.2.4	数据要素中介方	258
	10.2.5	数据要素服务方	264

第 11 章 数据基础设施

11.1	数据基础设施概念剖析		268
	11.1.1	数据基础设施的六大功能	269
	11.1.2	数据基础设施的五大类型	278
11.2	数据基础设施的发展趋势		282
	11.2.1	数据基础设施成为世界各国竞争的重要内容	282
	11.2.2	数据基础设施的四大技术趋势	284

第三篇　公共数据要素价值化

第 12 章 公共数据要素概述

12.1	公共数据的基本内容		292
	12.1.1	公共数据的定义	292
	12.1.2	公共数据的特点	293
	12.1.3	公共数据的典型类型	294
12.2	公共数据利用的困难、挑战和应对		296
	12.2.1	公共数据利用的 8 项挑战	296
	12.2.2	公共数据利用的应对举措	298

第 13 章 公共数据要素价值蓝图

13.1	公共数据要素价值化	302

13.1.1　公共数据利用价值蓝图　　　　　　　　　302

　　　13.1.2　典型的公共数据要素价值化场景　　　　304

　13.2　公共数据授权运营　　　　　　　　　　　　　306

　　　13.2.1　公共数据运营建设的几种模式　　　　　309

　　　13.2.2　公共数据授权运营全景　　　　　　　　311

　　　13.2.3　公共数据资产运营探索——数科公司　　313

第四篇　产业数据要素价值化

第 14 章 | 产业数据要素概述

　14.1　产业数据要素的基本内容　　　　　　　　　　318

　　　14.1.1　产业数据要素的定义和分类　　　　　　318

　　　14.1.2　产业数据要素的特点　　　　　　　　　320

　14.2　产业数据要素流通交易的挑战和应对　　　　　321

　14.3　产业数据要素流通交易的 4 种典型模式　　　　323

　14.4　产业数据要素流通交易的趋势展望　　　　　　327

第 15 章 | 产业数据要素价值蓝图

　15.1　场景驱动的产业数据要素价值化　　　　　　　329

　　　15.1.1　产业数据要素的典型价值场景　　　　　330

　　　15.1.2　场景对于数据要素价值化的重要性　　　334

　15.2　产业数据要素价值化场景蓝图　　　　　　　　335

　　　15.2.1　数据要素 × 工业制造　　　　　　　　　337

　　　15.2.2　数据要素 × 现代农业　　　　　　　　　338

　　　15.2.3　数据要素 × 商贸流通　　　　　　　　　340

　　　15.2.4　数据要素 × 交通运输　　　　　　　　　342

　　　15.2.5　数据要素 × 金融服务　　　　　　　　　343

　　　15.2.6　数据要素 × 医疗健康　　　　　　　　　345

　　　15.2.7　数据要素 × 应急管理　　　　　　　　　346

　　　15.2.8　数据要素 × 气象服务　　　　　　　　　348

15.2.9　数据要素 × 城市治理　　　　　　　　　　　349

15.2.10　数据要素 × 绿色低碳　　　　　　　　　　351

第五篇　个人数据要素价值化

|第16章| 个人数据要素概述

16.1　个人数据的基本内容　　　　　　　　　　　354
　　16.1.1　个人对数据看法的转变　　　　　　　　354
　　16.1.2　个人数据的定义　　　　　　　　　　　355
　　16.1.3　个人数据的特点和生产加工利用的原则　356

16.2　个人数据的分类和生产过程　　　　　　　　357
　　16.2.1　个人数据的典型类型　　　　　　　　　357
　　16.2.2　不同类型个人数据的生产过程　　　　　358

|第17章| 个人数据要素价值蓝图

17.1　世界各国个人数据利用的现状分析　　　　　360
　　17.1.1　美国个人数据利用的现状分析　　　　　360
　　17.1.2　欧盟个人数据利用的现状分析　　　　　362

17.2　个人数据的业务场景蓝图　　　　　　　　　366
　　17.2.1　个人数据要素的价值实现　　　　　　　366
　　17.2.2　个人数据要素的典型应用场景　　　　　368

第一篇
数据要素基础与政策环境

随着信息技术的快速发展和数字化转型的加速,数据已经成为重要的战略资源和生产要素,深刻影响着经济和社会发展。在竞争日益激烈的国际形势下,数据的价值和重要性日益凸显,成为推动经济增长、创新和竞争力提升的关键因素。

中国是国际上率先提出将数据作为生产要素的国家。在 2019 年 10 月 31 日中国共产党第十九届中央委员会第四次全体会议上通过的《中共中央关于坚持和完善中国特色社会主义制度、推进国家治理体系和治理能力现代化若干重大问题的决定》中,首次明确提出数据是一种生产要素。这一理论创新为推动数字经济发展和数字化转型提供了重要的理论支撑。

数据成为新的生产要素以后,对生产方式、生活方式、社会治理方式产生了深刻的影响。这是一个全新的、没有经验可以遵循的体制创新、模式创新和市场创新,必然会面临许多新的问题。因此,只有厘清数据要素的特征、价值、资本化和产权特性,才能更好地梳理和应对这些问题。只有大胆试错、快速发展,加强体系法规制度的建设,才能构建高质量的数据要素市场。什么是数据要素?它的特征是什么?数据要素与数据资源、数据资产的关系是什么?数据要素包含哪些重要概念?数据要素的发展历程是怎样的?这些内容都是全面理解数据要素、发挥其价值、建立数据要素市场的基础。

第 1 章 | CHAPTER

全面认识数据要素

党的十八大以来，中国特色社会主义进入新时代，我国社会的主要矛盾发生了根本性变化，转化为人民日益增长的美好生活需要和不平衡不充分的发展之间的矛盾。以习近平同志为核心的党中央坚持和完善四种生产要素的市场化配置制度，创造性地将数据确立为新的生产要素，提出构建以数据为关键要素的数字经济，开启探索和实行数据要素市场化配置的新阶段。本章介绍数据要素的定义和特征、数据要素相关的重要概念、中国数据要素的发展与布局。

1.1 数据要素的定义和特征

1.1.1 数据要素的定义

为贯彻落实党的十九大精神，第十九届中央委员会第四次全体会议着重研究了坚持和完善中国特色社会主义制度、推进国家治理体系和治理能力现代化的若干重大问题，会议中将数据列为生产要素，这是世界上首个国家政府认可数据为生产要素。

数据要素源自经济学术语，是与土地、劳动力、资本、技术等生产要素对等的概念，指参与社会生产经营活动，为所有者或使用者带来经济效益的数据资源。它强调数据的生产价值，是数字经济发展的基础和关键资源；它不仅来自个人衣食住行、医疗、社交等行为活动，还来自平台公司、政府、商业机构提供服务后的统计和收集。

数据要素是数据被应用到生产领域，成为新的生产要素，发挥价值后的称呼。数据要素本质上是数据的一种呈现形式，可以被收集、存储、分析和利用，帮助人们更好地做出决策。以导航 APP 为例，导航 APP 生成出行路线、时间等信息，存储在数据库里，此时是数据，还不能被称为"数据要素"，但如果这些数据被应用起来，形成了对行人流量、区域交通现状、交通基础设施设计的洞察，帮助提升了生产效率，这时这些数据就可以被称为"数据要素"。

1.1.2 数据要素的典型特征

与传统的土地、劳动力、资本、技术生产要素相比，数据作为新的生产要素，具有许多完全不同的特征。

与最典型的土地生产要素相比，土地是一种有限的自然资源，在农业、房地产、工业等领域具有重要地位。土地供应相对固定，其价值主要取决于地理位置、土壤质量和可开发性等因素。土地使用受到法律和规划的限制，并且在一定程度上是不可再生的。土地的开发使用受限于技术的发展，往往需要大量资金和技术投入。

与土地不同，数据是一种无限、可再生的资源。它可以通过各种来源不断生成、积累，并可在不同领域和行业中被重复使用和分析。数据要素具有更大的灵活性和可扩展性。数据可以通过数字化技术快速传输、存储和处理，并在不同场景中被高效利用。数据的价值不取决于稀缺性，更多取决于质量、相关性和可用性。

通常，传统生产要素的价值在一定时间内相对稳定，变化较慢。然而，数据要素的价值可以随时间推移和技术进步迅速增长。因为随着数据分析技术和算法的改进，新的洞察和商业机会可以从数据中挖掘出来。此外，数据要素的价值还可以通过共享和流通实现最大化，不同组织和个人可以通过数据交换和合作创造更多价值。

土地和矿产等传统生产要素的使用往往受到地域和物理边界的限制。例如，一块土地只能用于特定用途，矿产资源的分布也受到地理位置的限制。相比之下，数据可以在全球范围内快速流动，不受地域和物理边界的限制。通过互联网和数字化平台，数据可以在不同国家和地区之间传输和共享，促进国际间的合作交流。

与传统生产要素相比，数据要素具有更大的创新潜力。数据的分析和应用可以激发新商业模式、产品和服务的诞生。通过对大量数据的挖掘和分析，企业可以发现消费者需求的变化、市场趋势的演变以及行业竞争的动态，从而进行创新和优化。此外，数据还可促进科学研究、技术发展和社会创新，为解决各种社会问题和推动可持续发展提供支持。

然而，数据要素也面临一些新的挑战和问题，其中包括数据安全和隐私保护、数据质量和可信度、数据治理和法规等。随着数据的广泛应用，确保数据安全和隐私保护变得至关重要，同时需要建立有效的数据治理框架和法规体系来规范数据使用和共享。

综上所述，数据要素与土地、矿产等传统生产要素在性质、特点和价值实现方式上存在明显的区别，这些区别可以归纳为以下几个重要特点，如图1-1所示。

图 1-1 数据要素的典型特点

- 易获得。数据要素在当今时代是很易获得的。互联网是一个无穷无尽生产数据资源的源头，只要你有想法、有需求，就一定能够在网上找到对应的数据。
- 易加工。以云计算、大数据、人工智能为代表的数字化技术应用越来越广泛，每个个体和组织都能相对容易地对数据要素进行加工生产，形成自己的数据产品。
- 易传播。在实体经济时代，传统生产要素的传播和移动是非常缓慢和复杂的，而数据生产要素的传播非常快速且方便。
- 易交易。借助数字化手段，数据产品相比实物产品可以跨越空间距离，实现快速交易，例如现在流行的知识付费产品就是典型的数据产品，能够跨越地域，快速被购买、传播。
- 易度量。数据生产要素实时在线的属性决定了数据产品的全生命周期可以被实时记录，更加容易测量和计算。

数据作为一种新兴生产要素，具有巨大的潜力和发展空间。它的无限性、可再生性、灵活性和创新性使其成为推动经济和社会发展的重要力量。然而，要充分发挥数据要素的作用，我们需要应对相关挑战，并建立合理的数据管理和治理机制。在未来的经济和社会发展中，数据要素将与传统生产要素相结合，共同推动产业升级和创新发展。

1.2 数据要素相关的重要概念

目前，与数据要素相关的概念有很多，常见的有数据、数据资源、数据资产、数据知识产权、数据产品。那么，它们分别是什么？相互之间的关系是什么呢？

图 1-2 相对全面地展示了数据要素相关的重要概念。

图 1-2 数据要素相关的重要概念

1.2.1 数据

广义的数据从人类文明诞生起就伴随着人类发展，从古代的结绳记事到刻舟求剑，所有对物理世界的信息记录都被称为"数据"。西方的数据（Data）是指事实或观察的结果，是对客观事物的逻辑归纳，用于表示客观事物未经加工的原始素材。

数据可以是连续的值，比如声音、图像（被称为"模拟数据"或"计量型数据"），也可以是离散的值，如符号、文字（被称为"数字数据"或"计数型数据"）。在计算机系统中，数据以二进制信息 0 和 1 的形式表示。

从字面意思上理解，数据由"数"和"据"组成。"数"指的是数值、数字和数字化的信息，或者是以数值形式存储的信息；"据"是指"证据"或"依据"。综合理解，数据的定义就是，数字化的证据和依据，是事物存在和发展状态或过程的数字化记录，是事物发生和发展留下的证据。

狭义的数据被称为"信息的原材料"，是以离散形式存在的事实、观察或记录，通常以数字、文字、图像、声音等形式呈现。数据是未经处理的原始材料，没有经过解释或加工，仅仅是对事物的描述或记录。例如，一组数字、一段文字、一幅图像都是数据。

与数据关系最紧密的概念是信息（Information）、知识（Knowledge）、洞见（Insight）和智慧（Wisdom）。它们之间的关系通常用图 1-3 进行描述。

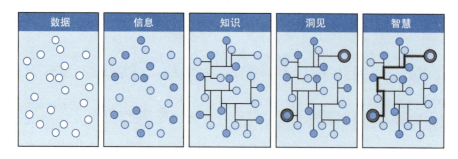

图 1-3　数据 – 信息 – 知识 – 洞见 – 智慧

信息是指"上下文语境中的数据"，通过结构化标注数据等方式进行加工后的数据集。信息具有意义和价值，可作为人们理解、行动或决策的依据。信息是对数据加工和处理，通过对数据分析、归纳、总结等过程得到的结果。例如，将一组数字排序并计算平均值，得到的平均数就是信息。

知识是对信息进行理解、学习和应用的结果。知识是经验、技能、理论等在特定领域的积累和应用，是对事物规律、原理、方法等的认知。知识是在信息的基础上进一步加工和组织形成的，经过了更高层次的抽象。例如，通过学习统计学原理和方法，掌握数据分析技能，这就是知识。

洞见基于对信息和知识的深刻理解，不仅是对事物表面现象的认知，更重要的是能够发现其中的内在联系、规律和趋势，并提出新的见解和观点。洞见是对信息和知识进行深入思考和分析后得到的结论或启示，具有创新性和预见性。例如，通过对市场数据的分析和研究，发现其中的消费趋势和行业发展方向，这就是洞见。再如，权威机构发布的行业趋势报告也是洞见的一种形式。

智慧是在经验、知识和洞见的基础上形成的高度综合和深刻的理解能力，是对复杂问题进行正确判断和决策的能力。智慧是在实践和经历中积累的，它超越了单一领域的知识和技能，涉及人类生活的方方面面。智慧是对人生、社会、自然等问题的深刻思考和领悟，是一种高级认知能力和人格品质。例如，通过智慧和经验，人们能够正确把握人生方向，做出符合道德和理性的选择。

总而言之，引用《中华人民共和国数据安全法》第三条规定，本法所称"数据"，是指以电子或者其他方式记录的任何信息。

1.2.2 数字经济

数字经济是指利用数字化知识和信息作为关键生产要素，以现代信息网络作为重要载体，以信息通信技术的有效使用作为效率提升和经济结构优化的重要推动力的一种新型经济形态。它的核心特征包括信息化、网络化、智能化、融合化和全球化。

数字经济是继农业经济、工业经济之后的主要经济形态。社会形态的变革会伴随新生产要素的出现。在农业经济中，土地和劳动是基本生产要素；在工业经济中，资本、管理、技术、知识等成为主要生产要素；在数字经济中，数据成为新的关键生产要素，对经济和社会发展产生深远影响。数字经济的主要表现形式包括数字产业化、产业数字化、数字化治理和数据价值化。其中，数字产业化和产业数字化是数字经济的核心内容，数字化治理是数字经济的重要保障，数据价值化是数字经济的关键支撑。数字经济的发展不仅提高了生产效率，降低了资源消耗和环境污染，还促进了产业结构的优化升级和经济的可持续发展。这些都为新质生产力的发展提供了有力的支撑和保障。

1.2.3 数据资源

数据资源是指组织或个人拥有的能够带来价值的数据集合。这些数据集合包含对业务、运营或研究活动有用的信息。数据资源可以是内部生成的，也可以是外部获取的。它的价值在于能够支持决策制定、业务分析和创新发展。

数据资源包括各种类型的数据，例如结构化数据（如数据库中的表格数据）、半结构化数据（如 XML、JSON 格式的数据）和非结构化数据（如文本文件、图像、音频、视频等）。这些数据可以来自企业内部的业务系统、社交媒体、传感器设备、公共数据库等。数据资源不仅包括原始数据，还包括经过处理和分析后得到的有价值的信息、知识和洞见。

数据资源管理涉及数据的收集、存储、处理、分析和共享等过程，以确保数据的质量、安全和可用性。有效管理数据资源能帮助组织更好地理解自身运营状况、市场趋势和客户需求，从而做出更明智的决策。

数据资源是战略性资产，可以为组织创造价值，提升组织竞争力。合理利用数据资源，组织能发现新商机、优化业务流程、提高生产效率、改善客户体验等。

1.2.4 数据资产

数据资产是组织或个人拥有的具有经济价值的数据集合，它们对实现组织的战略目标和业务目的具有重要意义。《企业会计准则——基本准则》中指出，数据资产是指由企业拥有或控制的、能够为企业未来带来经济利益的、以电子或其他方式记录，可以计量成本和价值的数据资源。这指明了数据资产区别于数据资源的 3 个特点。

- 数据资产需要企业对数据资源拥有明确的权属。
- 数据资产要能够为企业未来带来经济利益。

- 数据资产的成本和价值可以被计量。

由此可见，数据资源是数据资产的基础，没有数据资源就无法形成数据资产。数据资产是数据资源的价值体现，而缺乏对数据资源的加工、处理、分析、利用，数据资源无法成为数据资产。

数据资源和数据资产之间存在区别，但它们又紧密相关。首先，数据资源是指企业在日常运营中积累的原始数据，这些数据可以是结构化的，如数据库中的表格数据，也可以是非结构化的，例如文本、图像和视频等。它们的价值在于可以被进一步处理和分析，从而支持业务决策和运营活动。数据资产则是从数据资源中提炼出的具有明确经济价值的部分。这意味着数据资产不仅包含原始数据，还包括通过分析数据得到的有价值的信息和洞察。其次，数据资源更侧重于数据的集合和原始状态，数据资产强调数据潜在或实际的经济价值。不是所有的数据资源都能成为数据资产，只有那些经过有效管理和分析，能够为企业带来经济利益的数据资源，才能转化为数据资产。此外，在管理层面，数据管理和数据治理是确保数据资源转化为数据资产的关键活动。数据管理涉及数据收集、规划、组织、存储、保护、维护和利用过程，数据治理则关注数据的合规性、规范性和价值，确保数据与企业的策略、合规性、业务目标一致。两者相辅相成，共同推动数据资源的有效利用和企业的数据资产化进程。总的来说，数据资源是企业的基础，数据资产则是企业在数字化时代的重要财富。通过对数据资源的合理管理和分析，企业可以将其转化为能够带来经济效益的数据资产，从而支持企业的长期发展和竞争力提升。

数据资产的概念强调了数据的经济价值和权属，数据资源则侧重于数据的存在和可获取性。实际应用中，企业需有效管理和利用数据资源，以转化为数据资产，实现数据驱动的创新和发展。

1.2.5 数据产品

数据产品是指通过使用数据达成业务目标的产品。数据产品和数据资产是两个不同的概念，数据资产是从经济视角解读数据价值，而数据产品是从商业角度解读数据价值，两者并不冲突。数据产品可以产生价值，自然成为数据资产的一部分；数据资产能够出售，也可以被加工成数据产品。

数据产品的核心有两点,第一,它需要利用数据,把数据当作生产要素;第二,它是一个产品,企业借此来达成业务目标,解决问题,服务用户,从中获得业务价值。过去,数据产品大多以报表的形式呈现。在数字化时代,很多产品都需要利用数据来提升,很多产品将转为数据产品。因此,如何探索、识别最有价值的业务场景,然后针对这些场景设计、开发数据产品,并将产品交付给用户使用,是每个企业都在尝试的工作,也是数字经济中非常重要的价值载体。

数据产品可以分为 3 类、8 种,如图 1-4 所示。

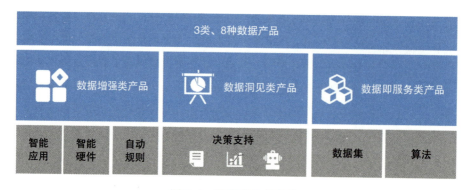

图 1-4　数据产品的分类

1. 数据增强类产品

数据增强类产品是指利用数据智能技术提升竞争力的结合数据的实体产品。数据增强类产品主要包括如下 3 种。

1)智能应用。智能应用是利用软件对数据进行加工处理,生成新数据,同时为用户提供需要的服务的应用系统和工具。智能应用是被广泛应用的数据产品。最常见的智能应用之一就是股票交易软件。该软件可以将上市企业的股票情况以数据、K 线的方式呈现在用户面前,然后用户通过对大盘、历史走势等各种情报进行分析来操作股市交易。

2)智能硬件。随着物联网的发展,很多硬件被赋予了数据能力,成为智能硬件。这类硬件能够采集数据、加工数据,并根据数据形成动作指令,从而完成某项业务动作和任务。例如,扫地机器人是典型的智能硬件。

3)自动规则。随着业务复杂度的提高和外部环境的快速变化,自动规则类数据产品应运而生。RPA（机器人流程自动化）产品是典型的基础自动规则类产品，通过录制自动化脚本，将原本人工的数据处理过程批量复制到业务系统中，提升处理效率。当然，自动规则类产品（比如风控模型、调度模型等）主要是自动识别业务流程中的控制节点，并掌握相应的判断规则。通过这类数据产品，业务部门可以简化原来需要人工审核和分析的过程，缩短时间，提高流程运转效率。

2. 数据洞见类产品

数据洞见类产品的典型代表是商业智能工具和决策支持类产品。在目前阶段，企业应用最多的是决策支持类数据产品，比如商业智能工具、管理驾驶舱、数据大屏和提供决策建议的对话机器人等。这类产品针对某些业务问题，将业务数据加工成支持业务决策的报表，并以语音、文字、图表等形式展示出来。

例如，使用数据洞见类产品助力销售目标拆解时，这类产品可以进行大数据分析，并将复杂的分析计算逻辑隐藏起来，通过可视化方式醒目地呈现简单、可执行的建议和洞见。

3. 数据即服务类产品

数据即服务是指将数据直接作为一种服务提供给用户。这是数据作为生产要素的主要应用形式。例如，大数据交易所提供的各类数据集和算法就是数据即服务类产品的典型代表。

数据即服务类产品有以下 5 种服务类型，如图 1-5 所示。

图 1-5　数据即服务类产品的 5 种服务类型

- 数据 API。以接口的形式提供数据，应用于查询出行信息等场景。数据 API 是未来最实时、最普遍的数据服务提供方式之一。
- 数据订阅。以订阅的方式主动推送数据，比如用户主动订阅天气数据。
- 数据库同步。在数据库间同步数据，比如定期同步定位数据。

- 文件。以文件的形式提供数据，比如通过 FTP 工具、文件服务器下载统计类报表等数据。
- 数据终端。用特定的程序终端（比如股票终端）来提供数据。

在数字化时代，产品最重要的能力是与市场用户实时互动和反馈的能力，因此，数据 API 是数据即服务类产品中最为重要的服务方式。

数据即服务类产品主要以两种形式提供给用户，一种是数据集，一种是算法。数据集形式是指企业直接将数据本身作为产品提供给用户。例如，数据库通过文件、表格或其他存储形式，将原始数据提供给用户。这是最直接的数据产品。如果企业对这些数据进行汇总、转换、抽象等加工处理，把加工后的数据提供给用户。这就是另一种数据即服务类产品的形式。在如今数据越来越被重视，且各个国家先后出台数据保护制度的情况下，直接交易原始数据的情况会逐渐减少。算法形式是指企业系统通过对数据样本的学习和训练，最终形成一个算法模型提供给用户。该算法模型能够解决某类业务问题。例如，企业系统经过训练得到一个路径优化算法，可作为产品提供给用户，用户输入自己的业务数据，通过算法得到最优的路径规划。

1.2.6 数据治理

数据治理是使数据成为数据资源、数据资产，乃至形成可消费的数据产品的重要工作。从数据产生到数据汇聚、采集，到形成具备业务价值的数据资源，数据治理是不可或缺的环节和必备动作。

数据治理是一种管理实践，包括组织、流程、方法和工具，旨在确保数据在全生命周期内得到适当管理、控制和保护，以实现数据质量、可用性、完整性和安全性保障。数据治理旨在确保数据满足组织需求，并遵守相关法律法规和政策标准要求。

数据治理的概念源于信息技术的发展和组织对数据管理需求的增强。随着信息时代的到来，组织对数据数量和重要性的认识提升。在早期，数据管理分散，缺乏明确的策略和标准。然而，随着数据量的不断增加，以及数据在业务中的核心地位日益凸显，人们开始意识到需要对数据进行更系统化、更专业化的管理。

数据治理的历史可以追溯到 20 世纪 90 年代末和 21 世纪初，那时企业开始关注数据管理的重要性，并在组织内部建立数据管理团队和流程。在这个时期，数据治理主要关注数据的规范化、一致性和准确性，以确保数据为业务决策提供可靠支持。

随着大数据、云计算、人工智能等技术的发展和应用，数据的复杂性和多样性不断增加，数据治理也在不断演进。现代数据治理不仅包括数据的管理和质量控制，还涉及数据隐私保护、合规管理和数据安全等方面。此外，数据治理也越来越多地与业务战略和创新密切相关，成为组织实现数字化转型的重要支撑。

1.2.7 数据资产确权

数据资产确权是指确定数据的权属，包括数据的所有权、使用权、收益权等。数据资产确权是数据资产管理的重要环节，也是数据资产交易和流转的基础。

数据的权属包括数据主权和数据权利。有人以为，数据主权的主体是国家，是国家独立自主地对本国数据进行管理和利用的权力，包括数据所有权和数据管辖权。

数据权利有多种界定方式。为了促进数据要素的流通共享，最大化发挥数据价值，我国创新性地根据数据来源和数据生成特征，界定数据生产、流通、使用过程中各参与方的合法权利，建立数据资源持有权、数据加工使用权、数据产品经营权等分置的产权运行机制。

数据资产确权的目的是阻止在未来某个时点第三方对数据资产持有人主张权利归属，或对数据资产持有人的数据权利实施侵权行为。数据资产的权利归属与传统知识产权、资产归属有差异。数据资产确权是一个综合性工作，涉及《知识产权法》、《民法典》之合同编、《民法典》之物权编、《中华人民共和国个人信息保护法》、《中华人民共和国数据安全法》、《中华人民共和国网络安全法》等多个领域。数据资产作为物权客体，权利人依法对其享有支配权、使用权、收益权和担保权。数据资产同时具有非排他性、效益规模倍增等特点。因为从法律层面进行确权是数据资源入表、数据资产价值化的前提，只有经过法律确权，才能实质性确认该数据资产是否由企业拥有或控制。第 5 章将具体阐述数据资产确权相关内容。

1.2.8 数据资产评估

数据资产评估是指评估机构及专业人员根据委托，对特定目的下的数据资产价值进行估算和评定，并出具资产评估报告的专业服务行为。

数据资产评估的主要目的是确定数据资产的价值，为数据资产的交易、投资、融资及企业决策等提供参考依据。数据资产评估的主要用途如下。

- 数据资产交易。数据资产评估能够为数据资产的买卖双方提供公平合理的交易价格参考，促进数据资产的流通和交易。
- 数据资产投资。数据资产评估为投资者提供价值评估，帮助投资者做出决策。
- 数据资产融资。数据资产评估可为数据资产所有者提供融资参考，帮助所有者获得更多资金支持。
- 企业决策。数据资产评估可以为企业提供准确的价值评估，帮助企业更好地管理和利用数据资产，提高竞争力。

第 6 章将详细介绍数据资产评估与定价。

1.2.9 数据资源入表

数据资源入表是将数据资源作为资产进行会计核算和信息披露的制度安排，是数据要素流通和价值实现的重要手段。

通俗地说，数据资源入表是指将数据作为一种资产纳入企业的财务报表，以反映企业的数据资产价值和使用情况。数据资源入表的目的是提高企业对数据资产的认识和管理水平，促进数据资产的流通和交易，增强企业的竞争力和创新能力。

企业需建立一套完善的数据资产会计准则和制度（涉及数据资产的定义、确认、计量、披露等规定），以实施数据资源入表；同时，还需建立相应的数据资产评估和审计机制，以确保数据资产的价值和使用情况得到准确反映和监督。

数据资源入表是企业数字化转型的重要部分，也是推动数字经济发展的关键举措。随着数字化转型的加速推进，数据资源入表将成为企业和政府的重要关注点。

1.2.10 数据知识产权

知识产权是一种无形财产权，是人们依法对自己智力活动创造的成果和经营管理活动中的标记、商誉及其他相关客体享有的专有权利。传统的知识产权包括作品、专利、商标、地理标志、商业秘密、集成电路布图设计、植物新品种、计算机软件等。

传统的知识产权有以下 3 个典型特征。

- 专有性。知识产权为权利人所专有。在权利人取得知识产权后，除非权利人许可或法律另有规定，其他任何人不能拥有或使用该权利，否则会构成侵权，受到法律制裁。例如，商标注册人对其注册商标享有排他性的独占权利，其他任何人不得在相同或类似商品或服务上擅自使用与注册商标相同或近似的商标。
- 地域性。任何一个国家或地区所授予的知识产权，只在该国家或该地区范围内受到保护，在其他国家或地区则没有约束力。例如，专利在中国申请，只在中国国内获得保护；商标在日本注册，只在日本国内获得保护，如果要在美国获得保护，就必须在美国申请专利或注册商标。著作权也同样具有地域性。
- 时间性。知识产权通常都有法定的保护期限，一旦保护期满，权利自行终止。知识产权所有人对其智力活动成果享有的知识产权不是永久的，而是受到法定有效期的限制。如集成电路布图设计专有权保护期限为十年，注册商标保护期限为十年。

我国的数据知识产权是在知识产权基础上的创新性衍生和延展。《知识产权强国建设纲要（2021—2035 年）》和《"十四五"国家知识产权保护和运用规划》对构建数据知识产权保护规则、实施数据知识产权保护工程做出部署。2023 年，国家知识产权局提出了构建数据知识产权保护规则的"四个充分"基本原则。一是充分考虑数据安全、公共利益和个人隐私；二是充分把握数据特有属性和产权制度的客观规律；三是充分尊重数据处理者的劳动和相关投入；四是充分发挥数据对产业数字化转型和经济高质量发展的支撑作用。

2022 年 11 月 17 日，国家知识产权局办公室发布关于确定数据知识产权工作试点地方的通知，确定在北京市、上海市、江苏省、浙江省、福建省、山东省、广东省以及深圳市 8 个省市开展试点工作，上线数据知识产权登记平台，目前已累计向经营主体颁发数据知识产权登记证书超过 2000 份。各试点地方的数据知识产权质押融资总额已超过 11 亿元。

2023 年 2 月 20 日，最高人民法院、国家知识产权局联合印发《关于强化知识产权协同保护的意见》，要求司法机关和知识产权管理部门"统筹推进数据知识产权保护相关制度研究，健全数据要素权益保护制度，推动数据基础制度体系建设"。

数据知识产权是基于数据资源（包括数据本身和经过技术开发或智力创作所生成的内容）产生的，指对依法获取、经过一定算法加工后具备实用价值和智力成果属性的数据进行保护的权利。数据本身不受《知识产权法》保护，但经过技术开发或智力创作生成的内容可能被纳入知识产权保护范围，例如商业秘密、软件程序及大数据分析方法等。

建立数据知识产权体系后，企业可以通过许可、转让、授权经营、投资和融资等形式帮助经营主体创造经济效益，获得资金支持，从而更好地促进数据要素的权利分配，鼓励数据从业者的创新和创造力，有效促进数据流动和交易，推动数字产业的发展和壮大。

目前，全国多家数据知识产权工作单位已向经营主体提供数据知识产权登记服务，从而通过数据知识产权质押融资。

1.2.11　数据产品 / 知识产权登记

登记是指对特定事物进行正式记录、注册或标识的过程，其基本含义是将有关事项或客观存在的事物记载在册籍上。

数据产品登记是指对数据产品或服务进行合规性审核，并将其权益归属和其他事项记载于数据资产登记凭证的行为。数据产品登记的目的是明确数据产品的权益归属和其他相关信息，保障数据产品的合法性和合规性，促进数据产品的流通和交易。目前，多个大数据交易所推出了数据产品登记服务。

数据知识产权登记是指对依法获取、经过一定算法加工处理，具有实用价值和智力成果属性的数据进行登记的工作。

数据产品/知识产权登记都是数据要素确权的一种形式，从而维护数据处理者合法权益，促进数据资源开放流动和开发利用。它们都是建立和壮大数据要素市场的手段和工具。

1.2.12　数据交易平台

数据交易平台是提供数据交易服务的在线平台，旨在促进数据买卖和共享。数据交易平台允许数据提供者将其数据产品或服务发布到平台上，并允许数据购买者浏览、查询和购买这些数据产品或服务。数据交易平台通常提供一系列工具和服务（例如数据评估、定价、交易撮合、支付和结算等），以帮助数据提供者和购买者进行交易。

数据交易平台的出现是为了满足市场对数据的需求，促进数据流通和共享。通过数据交易平台，数据提供者可以将数据产品或服务推向更大的市场，获得更多的收益；数据购买者可以更轻松地获取所需数据，提高数据使用效率和价值。同时，数据交易平台也为政府、企业和个人提供数据交易的监管服务，保障数据交易的合法性和安全性。

在数据交易平台上进行交易的主要产品包括数据集、数据分析报告、数据模型、数据应用等。这些数据产品或服务通常具有较高的商业价值，可应用于市场营销、金融、医疗、物流、制造等多个领域。

数据交易平台的发展仍面临一些挑战和问题，例如数据质量和隐私保护等。因此，在使用数据交易平台进行交易时，我们需要谨慎选择平台和数据提供者，并注意保护隐私和数据安全。

1.2.13　数据交易机构

数据交易机构是提供数据交易服务的组织，旨在促进数据的买卖和共享。数据交易机构可以是政府部门、企业或非营利组织。数据交易机构通常提供一系列工具和服务，帮助数据提供者和购买者进行交易。

国内典型的数据交易机构如下。

- 上海数据交易所由上海市人民政府批准成立，是省级数据交易所，旨在推动数据要素的流通和应用，促进数字经济的发展。
- 深圳数据交易所是由深圳市人民政府批准成立的数据交易机构，旨在推动数据要素的市场化配置，促进数字经济的发展。
- 贵州大数据交易所由贵州省人民政府批准成立，是全国首个大数据交易所，旨在推动大数据的交易和应用，促进数字经济的发展。

这些数据交易机构提供了数据评估、定价、交易撮合、支付和结算等一系列数据交易服务。这些机构还在不断探索和创新数据交易模式，以满足市场和技术发展需求。第9章将详细介绍交易所的典型数据交易业务模式和流程。

1.2.14 数据要素流通

数据要素流通是指数据在不同主体之间的传递和共享，即以数据要素为流通对象，按照一定规则从数据提供方传递到数据需求方的过程。在这个过程中，数据资源先后被不同主体获取、掌握或利用，从而实现数据价值最大化。数据要素流通的本质是实现数据要素的社会化配置，提升数据的价值。

数据要素流通的形式主要包括以下几种。

- 数据交易。数据提供者将其数据产品或服务发布到数据交易平台，数据购买者通过平台查询和购买。
- 数据共享。数据提供者将其数据共享给其他主体，以实现数据价值最大化。
- 数据开放。政府或其他主体将其数据开放给公众，以促进数据的流通和共享。
- 数据合作。不同主体之间通过合作，共同开发和利用数据，以实现数据价值最大化。

数据要素流通需要遵循相关法律法规和政策，保障数据的合法、安全和隐私，需要建立相应的技术和管理体系，以保障数据的质量和可靠性。

1.2.15 数据定价

数据定价是指确定数据产品或服务的价格，是数据要素流通过程中的重要环节。目前，数据定价有几种方式。
- 成本加成定价法：通常以生产投入为定价基础，特点是简单、方便，能保证企业不亏损。
- 需求导向定价法：一般以市场需求强度和消费者感受为主要依据来定价，比如认知定价和反向定价。
- 竞争导向定价法：指以市场上相互竞争的同类产品价格为基本依据，随着竞争状况的变化来确定和调整价格水平的定价方法，如随行就市定价和密封投标定价。

1.2.16 数据交易

数据交易是指数据提供方和数据需求方之间进行的数据交易活动，包括数据购买、销售、许可和交换等形式。数据交易可以包括数据集、数据产品和数据服务的交易活动。数据交易应当遵循自愿、平等、公平和诚实信用原则，遵守法律法规和商业道德，履行数据安全保护、个人信息保护、知识产权保护等方面的义务。

若有下列情形之一，不得交易。
- 危害国家安全、公共利益，侵害个人隐私的。
- 未经合法权利人授权同意的。
- 法律法规规定禁止交易的。

1.2.17 数据运营

数据运营是指通过数据让产品或服务持续产生价值，并不断优化产品或服务，具体范围包括使用数据进行用户运营、产品运营、渠道运营、活动运营、内容运营等。数据运营不仅服务于营销，还支持客户服务，有利于提升客户满意度。

数据运营的核心目标是通过对数据的分析和利用，提高企业的业务效率、降低成本、增加收入，并提升客户满意度。具体来说，数据运营可以帮助企业更好地了解市场和客户需求，优化产品或服务，提高营销效果，优化供应链管理，提高生产效率，降低风险。

1.2.18 数据监管

数据监管是对数据的收集、存储、处理、使用、传输等活动进行监督和管理，以确保数据的合法性、安全性和保密性。

数据监管的主要工作如下。

- 制定数据管理规则：政府和企业需要制定数据管理规则，明确数据的收集、存储、处理、使用、传输等活动的规范和标准。
- 监督数据处理活动：政府和企业需监督数据处理活动，确保数据的合法性、安全性和保密性。
- 保护个人隐私：政府和企业需要保护个人隐私，确保个人数据不被泄露或滥用。
- 促进数据共享和开放：政府和企业需要促进数据共享和开放，提高数据的价值和利用率。
- 加强国际合作：政府和企业需要加强国际合作，共同应对数据监管面临的挑战和问题。

1.2.19 数据资源化

数据资源化是指将原始数据经过脱敏、清洗、整合、分析、可视化等步骤，形成可重用、可应用、可获取的数据集合的过程。它是企业挖掘原始数据价值的过程，也是企业数据资源实现资产化的第一步。

数据资源化的具体工作步骤如下。

- 数据收集。通过各种渠道收集原始数据，包括内部数据和外部数据。
- 数据清洗。对原始数据进行清洗和预处理，去除冗余、错误和缺失数据，提高数据质量。
- 数据整合。将不同来源和格式的数据进行整合，形成统一的数据视图。
- 数据分析。对整合后的数据进行分析和挖掘，提取有价值的信息和知识。
- 数据可视化。将分析结果以可视化的方式展示出来，方便用户理解和使用。

数据资源化旨在将原始数据转化为有价值的数据资源，为企业决策和业务运营提供支持。通过数据资源化，企业可以更好地利用数据资源，提高业务效率和竞争力。

1.2.20 数据资产化

数据资产化是指将数据转化为可衡量的经济价值，并对其进行管理、保护和利用，也是企业实现数字化转型的重要手段之一。

数据资产化的主要工作如下。

- 场景挖掘。识别能够让数据在这些场景中产生价值的业务场景，从而使数据具备资产化的基础。
- 数据治理。建立数据治理框架，制定数据管理政策和流程，确保数据的质量和安全性。
- 数据评估。对数据进行评估和定价，确定数据的价值和潜在收益。
- 数据交易。通过数据交易平台或其他方式，将数据出售或出租给其他企业或机构，实现数据的商业应用。

通过数据资产化，企业能够更好地利用数据资源，提高业务效率和竞争力。

1.2.21 数据资本化

数据资本化是指将数据视为一种资本进行投资和运营，以实现数据增值和收益。这一过程将数据转化为可衡量的金融价值，也是企业实现数字化转型的重要手段之一。

数据资产化和数据资本化的区别如下。

- 目的不同。数据资产化的目的是将数据转化为可衡量的经济价值，为企业的决策和业务运营提供支持；数据资本化的目的是将数据作为一种资本进行投资和运营，以实现数据增值和收益。
- 手段不同。数据资产化的手段主要是通过数据治理、数据评估、数据交易等方式，将数据转化为可衡量的经济价值；数据资本化的手段主要是通过数据投资、数据运营、数据金融等方式，将数据转化为可衡量的金融价值。
- 价值不同。数据资产化的价值主要体现在数据可以为企业带来的经济效益上；数据资本化的价值主要体现在数据可以作为一种资本进行投资和运营，以带来收益和数据增值。

数据资产化和数据资本化是企业实现数字化转型的两种不同手段，它们的目的、手段和价值不同，但都能为企业带来经济效益和竞争力的提升。

1.3　重要法律法规

中国在数据保护和数据合规方面已经建立了一套较为完善的法律框架，主要包括以下几个关键法律法规。

1.《中华人民共和国个人信息保护法》

生效时间：2021年11月1日。

这是中国第一部全面的个人信息保护法律。该法律规定了个人信息处理活动应遵循合法、正当、必要的原则，明确了个人信息处理者的义务以及个人的权利，如知情权、决定权、访问权等。同时，对跨境数据传输提出严格要求，重要数据和个人信息出境需进行安全评估。

2.《中华人民共和国网络安全法》

生效时间：2017年6月1日。

该法律强调了网络安全的重要性，对网络运营者提出了数据保护和安全措施的具体要求。网络运营者需要采取技术措施和其他必要措施保障网络的安全和稳定运行，防止网络数据泄露、损毁和丢失。此外，关键信息基础设施的运营者还需将在中华人民共和国境内生成和收集的个人信息和重要数据存储在境内。

3.《中华人民共和国数据安全法》

生效时间：2021年9月1日。

该法律系统性地规定了数据安全的管理原则和监管措施，要求数据处理者建立健全数据安全管理制度，进行数据安全风险评估，及时应对数据安全事件。此法律还对数据的分类和分级保护提出明确要求，并对数据的出口进行了规范。

4.《电子商务法》

生效时间：2019 年 1 月 1 日。

该法律规范了电子商务活动，保护了消费者和经营者的合法权益，特别提到电子商务经营者在收集和使用用户个人信息时，应遵守法律法规的规定，不得非法收集、使用、加工、传输个人信息，不得非法出售或向他人提供个人信息。

5.《反不正当竞争法》（关于商业秘密部分）

修正时间：2019 年。

《反不正当竞争法》明确规定保护商业秘密，确定非法获取、披露或使用他人商业秘密的行为是违法的，保障了数据和信息的安全。

这些法律法规共同构成了中国数据保护和网络安全的法律基础。对于在中国运营的企业来说，了解并遵守这些法律法规是进行数据活动的前提。同时，随着数据活动的不断扩展和深入，相关法律法规也在不断更新和完善。

1.4 中国数据要素的发展与布局

1.4.1 从传统生产要素到数据生产要素

1. 传统生产要素的五大特点

传统生产要素以具有物理性质的实体资源为主，比如矿石、农作物、石油等，具有如下五大特点。

- 稀缺性。许多实体资源都是不可再生、稀缺的。企业和个人要想获得这些生产要素是很困难的。
- 壁垒性。实体资源的生产加工对生产设备和生产工艺要求很高，技术和流程具有很高的壁垒，因此非本行业的企业和个人难以掌握，比如没有现代化的大型设备是无法采矿的。在实体经济时代，企业间以抢占优质资源为核心布局，行业壁垒清晰，跨行业竞争困难。
- 地域性。实体资源具有很强的地域局限性，受地理位置和自然条件的影响很大，并且地域是天然形成的，不可复制和移动的。

- 封闭性。实体资源的流动性很差，大多数不具备流动性，一旦某些企业率先掌握该资源，其他企业获取就非常困难。掌握资源的企业容易形成封闭性优势，成为垄断型企业。
- 固定性。实体资源通常都有边界，如一块矿石、一口油井、一棵树，因此我们能清晰地界定这些资源的拥有者。在实体经济时代，每一个生产要素都是固定资产。

2. 数据生产要素的六大特点

数字经济是以数据为生产要素、打造以数据产品为核心的经济模式。数据生产要素有以下六大特点。

- 泛生性。数据是企业和个人随时随地产生的一种资源，是人类各项生产和生活活动的数字化描述形式。数据天生具有泛生性，拥有很强的二次生产和传播属性，不像实体资源不可再生。我们平常看到的短视频，很多都是对原始内容数据进行传播和二次加工形成的，也就是泛生的。很多时候，数据与数据之间存在关联性，不像实体资源一样边界清晰。
- 开放性。数据资源天生具有很强的开放性，互联网上每时每刻都在产生海量的数据。对于这些数据，拥有网络和计算终端的组织或者个体都可以很容易地访问。
- 易获取。单一的数据通常不具备业务价值，必须与其他数据融合集成。因此，相对于实体资源的稀缺性和壁垒性，数据资源是非常开放和容易获取的。
- 流动性。数据资源具有极强的流动性，一条信息可以在1s内跨越地球最远的距离进行传递，一个短视频可以同时分发给上亿观众。与需要通过陆运、海运或者空运才能移动的实体资源相比，数据资源具有极强的流动性。
- 普惠性。数据资源的泛生性、开放性和流动性决定了它拥有比实体资源更强的普惠性。数据资源的生产加工比实体资源要容易很多，只要有手机就可以对文字、图片、视频进行加工，生成新的短视频；只要有电脑就可以编程处理多样化的数据，并不需要购买工艺复杂、价格昂贵的工业设备。数据能够为广大的中小型企业和个体提供更实在的帮助，比如将手工抄表变成自动化抄表，通过 Excel 进行计算和统计以提升分析效率等。
- 虚拟性。与实体资源的固定性不同，数据资源具有虚拟性。对于同一个数据，不同用户看到的业务属性和价值是不同的；对数据进行加工组合，产生的产品形态也是千变万化的。

1.4.2　数据要素赋能业务的 4 个阶段

回顾国内企业数字化历程，我们用 20 年的时间走完了西方国家 80 年的道路，从大型机走向了云计算、大数据的数字化时代，这期间经历了 4 个阶段，如图 1-6 所示。

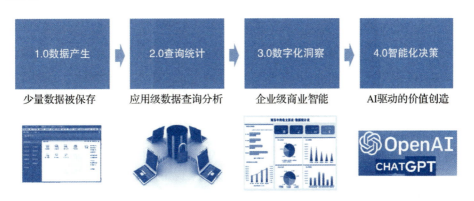

图 1-6　数据要素赋能业务的 4 个阶段

1. 第一阶段：数据产生

在我们今天的语境中，数据是伴随着软件的出现而产生的。最早的企业管理软件是单机版的，那时 IT 部门被称为"网络部"或"计算机部"，通常隶属于财务部。当时，某些计算量大的岗位很奢侈地配置一台计算机，安装单机应用软件，且只有具有特殊权限的工作人员才能访问。

这种软件会帮助业务人员处理人工所不能完成的工作，比如财务记账、库存管理等。这时，软件使用过程中的很多数据不会被记录和保存，只有少量业务结果数据会被计入纸质档案或保存在昂贵的硬盘中。

在这个阶段，数据是软件应用过程中的副产品，大量其他数据仍在纸质表单和档案中，没有被电子化和存储。

2. 第二阶段：查询统计

随着网络的诞生，企业应用从单机软件走向网络应用，进入我们常说的信息化建设初期。典型的情况是，各种应用系统在各个部门和业务条线中林立，包括财务、人力资源、生产、制造、设备管理、运维管理等，每个部门和业务条线都有自己的业务系统来支撑日常运营。

随着互联网的出现，企业的技术架构也逐渐从客户端—服务器架构转向客户端—服务器—数据库架构。与此同时，随着存储技术的发展，数据存储成本也越来越低。以 DB2 和 Oracle 为代表的关系型数据库，为大量数据的结构化存储和查询提供了核心能力。

在这个阶段，大量业务数据、流程过程数据和处理结果数据独立于应用被保存在关系型数据库中。基本上，每一个应用软件都包含一个查询统计模块，对这些数据进行查询统计。

在这个阶段，数据的价值逐渐显现出来，许多固定格式的报表被业务人员使用。然而此时，企业仍然以部门或业务条线数据为单位进行分析，跨系统的集成数据分析并不多。这个阶段的数据是基于业务架构、应用架构和技术架构建模后产生的，数据的核心是准确和安全。由于这一阶段企业的运营数据相对标准且静态，且集成分析的复杂度并不高，所以数据的准确性是可以保证的。

3. 第三阶段：数字化洞察

第三阶段是跨度最长的一个时期，也是数字化转型的起始阶段。

随着 ERP（企业资源计划系统）的出现，人财物的全面集成产生了大量经营数据，数据组合加工分析、不同的维度口径随之涌现。企业管理者也从追求规模化的粗放式发展逐渐走向精细化运营，希望打通业务壁垒、部门壁垒、数据孤岛，获取全面集成的数据。这一阶段有两个里程碑。

第一个里程碑是商务智能（Business Intelligence，BI）系统和数据仓库的出现。

在第二阶段的信息化建设过程中，大量关系型数据库存储了不同业务应用生成的数据。BI 系统基于数据仓库，将各个不同业务系统的数据分层汇总，通过统一的数据分析挖掘，形成报表、看板、管理驾驶舱等形式的数据洞察，并提供给管理者，帮助他们做出更精准的决策。

在这个过程中，数据质量逐渐受到关注，因为人们发现不同报表的计算口径不一致、维度不一致，根本原因是一些数据源头不正确，所以主数据管理应运而生。这时的主数据管理主要关注相对静态的公共数据，如用户基本信息、会计科目、企业组织结构等。

第二个里程碑是大数据的出现。

移动互联网和物联网的出现扩大了企业的运营范围。企业可以直接触达客户并获取用户的行为数据，从生产设备中采集设备的状态信息和运行信息等，这加速了数据量的爆发，因此大数据的概念也快速升温。行业里所讲的大数据，主要是指3V（Volume，数据量大；Velocity，数据传输速度快；Variety，数据形态多变）。大数据的出现，加速了企业数据价值的挖掘，也催生了很多新技术，如实时计算、内存计算、内存数据库、批流一体等。

在第三个阶段中，核心价值是对业务数字化产生的数据进行挖掘，形成业务洞察，辅助制定更全面、精准的业务和管理决策。

国内大量的企业正处在这个阶段，这个阶段有两个典型挑战。

第一个挑战是数据海量增长，没有任何企业能够全量采集和存储与业务相关的所有数据。因此，如何选择有针对性、能够创造业务价值的数据进行存储、加工、分析和利用，成为每个企业必须跨越的鸿沟。好的应用场景能够让数据快速发挥价值，不准确的应用场景则往往带来无效的投入成本和对数字化转型失去信心的迷茫。

第二个挑战是数据质量问题，所以数据治理成了很多企业非常关注的关键问题。如何让数据治理直接带来业务价值，并且持续落地，成为这一阶段需要摸索和探讨的话题。

对于这个阶段，笔者称其为"数据觉醒阶段"。越来越多的企业意识到了数据的价值，对数据的投资也越来越大，但往往由于场景不准确，出现了许多成效不大的投资。

4. 第四阶段：智能化决策

随着人工智能技术的快速发展，特别是 2023 年大模型技术的浪潮，数据的应用正在迈向智能化阶段。企业不再满足于报表、看板这些辅助分析决策手段，更希望能基于数据做出智能化决策，逐渐替代人工决策，直接驱动业务流程和自动化设备的行为。

智能化决策和数字化洞察的最大差异在于最大限度降低决策的不确定性，从全量数据中找到全局最优解，并直接用模型和算法驱动业务，因此也可以称为"数据驱动"。

1.4.3 数据要素价值流通共享的 4 个挑战

发达国家的数据主要被互联网巨头和产业大鳄垄断，推行数据模式创新阻力重重。早在十年前，许多国家已经提出国家数据战略，但尚未有具体的国家级行动举措落地，各国都在摸索中。

究其原因，数据要素价值流通共享面临 4 个主要挑战，如图 1-7 所示。

图 1-7　数据要素价值流通共享的 4 个挑战

1. 挑战一：属性独特

数据不同于实物主体，具有独特的属性，比如非标准化、高度依赖使用场景、取之不尽用之不竭、规模收益递增等。这给数据要素价值流通共享的众多环节带来了传统生产要素从未面对的问题，使数据资源的确权、价值评估、交易定价及全链路合规保障面临极其复杂的挑战。

数据要素的属性特点给其价值流通共享带来了以下几方面挑战。

- 数据安全和隐私保护方面：数据要素的共享性和产权属性使数据的流通共享更加复杂。在数据流通共享过程中，数据安全和隐私需要保护，防止被泄露和滥用。例如，在医疗领域，患者的个人信息和医疗记录需要严格保护，以防数据被泄露和滥用。
- 数据质量和可信度方面：数据要素的共享性和生产力使得数据的质量和可信度成为重要问题。在数据要素价值流通共享过程中，数据的准确性、完整性和可信度需要保障，以免数据被误导和决策失误。例如，在金融领域，数据的质量和可信度对于投资决策和风险管理至关重要。
- 数据治理和监管方面：数据要素的共享性和产权属性使数据治理和监管更加困难。在数据要素价值流通共享过程中，建立有效的数据治理机制，以确保数据的合法使用。例如，在政务领域，制定数据共享和开放的法律法规和政策，以促进数据流通共享和价值创造。
- 数据标准化和互操作性方面：数据要素的共享性使数据标准化和互操作性成为重要问题。在数据要素价值流通共享过程中，确保数据标准化和互操作性，以免数据孤岛和系统重复建设。例如，在工业领域，建立统一的数据标准和接口，以促进不同系统之间的数据共享和协同工作。
- 数据确权方面：数据要素的共享性和产权属性使数据的确权更加复杂。在数据要素价值流通共享过程中，确定数据的所有权和使用权，以免数据侵权和滥用。例如，在医疗领域，患者的个人信息和医疗记录需要明确归属，以保护患者的隐私和权益。
- 数据价值评估方面：数据要素的共享性使数据的价值评估更加困难。在数据要素价值流通共享过程中，建立有效的数据价值评估机制，以确定数据的价值和交易价格。例如，在金融领域，对金融数据进行价值评估，以确定金融数据的交易价格和使用价值。
- 数据定价方面：数据要素的共享性和产权属性使数据定价更加复杂。在数据要素价值流通共享过程中，确定数据定价机制，以确保数据公平交易和价值创造。例如，在广告领域，对广告数据定价，以确定广告数据的交易价格和使用价值。

- 数据合规保障方面：数据要素的共享性和产权属性使数据合规保障更加困难。在数据要素价值流通共享过程中，确保数据合规使用，以免数据侵权和滥用。例如，在政务领域，制定数据共享和开放的法律法规和政策，以促进数据流通共享和价值创造。

2. 挑战二：孤岛重重

所有人都意识到了数据的重要性，因此在没有公平、公正、统一、安全的机制保障下，所有的数据持有者、相关方对于数据的共享和流通都非常谨慎，甚至不愿意共享，数据孤岛现象非常普遍。数据孤岛给数据要素的流通和交易带来了以下挑战。

- 数据难以共享。不同部门或组织的数据存储在不同系统中，这些系统之间缺乏有效连接和沟通，导致数据难以共享。例如，医疗机构之间的数据无法互通，使得患者的医疗记录无法在不同医疗机构之间共享，这给医疗服务的协同和连续性带来了挑战。
- 数据质量问题。由于数据孤岛的存在，不同系统之间的数据格式、标准和定义可能不同，从而影响数据的质量。例如，在金融领域，不同银行之间的数据格式和定义可能存在差异，给金融数据的整合和分析带来挑战。
- 数据重复采集和处理。由于数据孤岛的存在，不同部门或组织可能需要重复采集和处理相同的数据，这不仅浪费了资源，还可能产生数据不一致问题。例如，企业不同部门可能需要重复采集和处理基本信息，这不仅浪费了资源，还可能导致信息的不一致。
- 数据安全和隐私问题。数据孤岛可能导致数据安全和隐私问题。由于不同系统之间的数据缺乏有效的连接和沟通，数据更容易被窃取或篡改。例如，在电子商务领域，不同电商平台之间的数据可能存在安全漏洞，这可能导致用户的个人信息被窃取或篡改。

3. 挑战三：动力不足

当前，数据主要用于企业内部的生产经营管理，属于数字化转型范畴，辅助提升业务价值，距离成为企业直接收入、资产等经营指标还有差距，且这一目标达成相对复杂，不确定性较高。这是许多企业在数字化转型推进中的重要阻力。

(1) 数据价值认知不一致，不够重视

- 数据价值难以量化。不同企业和组织对数据的价值认知存在差异，有些企业无法清晰量化数据带来的直接经济效益，因此对数据的重视程度不够。
- 数据驱动的商业模式不成熟。一些传统行业对数据的潜在价值缺乏深刻理解，尚未建立以数据为核心的业务模型，因此对数据的收集、分析和共享动力不足。
- 缺乏成功案例。缺少数据共享带来显著收益的实例，导致许多企业对数据共享的实际效果持怀疑态度，不愿投入资源进行数据共享和流通。

(2) 缺少基础机制保障

- 权利归属不清。在数据共享过程中，数据的归属权不明确，容易引发数据所有权和使用权的争议。例如，当多个主体共同拥有数据时，如何界定每个主体的权利是一个复杂的问题。一家医院和一家制药公司合作进行医疗研究，过程中产生了大量患者数据。医院认为这些数据属于它们，因为数据是从它们的患者那里收集的；制药公司则认为这些数据属于它们，因为它们在研究中投入了大量资源。权利归属的不明确导致双方在数据共享时产生矛盾。
- 利益分配机制不完善。数据共享带来的收益如何在各参与方之间分配缺乏明确的机制，这导致企业在进行数据共享时担心自身利益受损，降低了数据共享的积极性。例如，在一个智慧城市建设项目中，不同领域企业（如交通、环保、能源等领域企业）采集和分享数据是常见的。然而，如果交通领域企业分享的数据被用来优化能源，如何合理分配因此产生的经济效益就成为一个问题。由于缺乏明确的利益分配机制，交通领域企业可能不愿意共享它们的数据。
- 安全合规风险。数据共享涉及大量的隐私和敏感信息，存在数据泄露和滥用的风险。许多企业担心在数据共享过程中会违反数据保护法律法规（如GDPR等），因此对数据共享持谨慎态度。例如，一家电商公司希望与合作伙伴共享用户购买行为数据，以便进行更精准的广告投放。但如果这些数据共享不当，可能会违反用户隐私保护法律，导致法律风险和声誉损失。这样的风险让企业对数据共享更加谨慎。
- 技术和标准的不统一。不同企业和组织在数据存储格式、数据接口、数据质量等方面存在差异，缺乏统一的技术标准和规范。这增加了数据共享的难度和成本。

数据共享和流通动力不足是一个复杂的问题，涉及认知、机制、安全等多个层面。要解决这些问题，我们需要从提高数据价值认知、建立健全的权利归属和利益分配机制、确保数据安全和合规、统一技术和标准等方面入手。

4. 挑战四：安全风险

数据和信息安全一直被企业关注和重视。如何保证数据在流通和共享中的安全合规，降低和规避风险，是大家关注的问题。数据流通安全和合规是一个巨大的挑战，主要体现在以下几方面。

（1）数据隐私保护
- 个人隐私泄露。数据流通涉及大量个人信息，若处理不当，可能导致个人隐私泄露。例如，医疗数据、金融数据等都包含高度敏感的个人信息。一家金融机构与合作伙伴共享用户的交易数据，用于信用评估。如果在数据共享过程中没有做好隐私保护，用户交易数据可能会被第三方滥用，造成严重的隐私泄露问题。2017 年，Equifax 数据泄露事件导致 1.43 亿人的信息（包括社会保障号码、出生日期等）被泄露，直接影响了数据流通的安全性，带来了巨大的法律和经济后果。
- 匿名化和去识别化不足。尽管数据在共享前进行了匿名化处理，但如果处理不当或技术不过关，仍可能通过数据重组或关联分析重新识别出个人信息。

（2）数据安全防护
- 数据泄露。数据传输和存储过程中可能会遭遇黑客攻击或内部人员操作不当，导致数据被泄露。尤其是在跨组织的数据流通中，安全漏洞更加难以控制。
- 数据篡改和伪造。数据在流通过程中缺乏有效的防护机制，可能会被恶意篡改或伪造，影响真实性和可靠性。

（3）合规风险
- 法律法规的不确定性。各国关于数据保护的法律法规不同，而且不断更新。例如，欧盟的《通用数据保护条例》（GDPR）和中国的《中华人民共和国个人信息保护法》（PIPL）对数据跨境流通有严格规定。这些法律法规的复杂性增加了合规难度。
- 合规成本高。为了满足法律法规的要求，企业需要投入大量资源进行合规管理（如数据保护措施的实施、合规培训、审计等），增加了数据流通的成本。跨国公司在进行数据流通时，必须同时遵守多个国家的法律法规。例如，GDPR 对数据跨境传输有严格规定，要求企业数据在跨境传输中符合规定，否则可能面临高额罚款。

（4）技术挑战
- 数据加密和传输安全。确保数据在传输过程中的安全是一个技术难题，特别是在大规模数据流通中，平衡加密强度与传输效率是一个关键问题。
- 区块链技术应用。虽然区块链技术可以实现安全、透明的数据流通，但其实现和应用仍面临技术复杂性和性能问题的挑战。

1.4.4　中国数据要素发展的 4 个阶段

党和国家通过持续探索和实践，构建了数据要素市场的蓝图，创新性地走出了全球数据要素发展的开拓性步伐（见图 1-8）。

通过对图 1-8 所列的部分数据要素相关文件进行学习和理解，笔者清晰地看到了中国特色数据要素市场发展的 4 个阶段。

1. 第一阶段：统一思想，统一认知

自 2014 年 3 月大数据首次写入政府工作报告以来，从中共中央政治局到各基层机构，全面展开了大数据学习、数字素养培养，并发布了多个数据发展、大数据战略相关的重要文件，从而全面统一数据认知，统一思想。

通过全面的学习和培训，建立起全民对数字化和大数据的认知，统一思想和认知，是数据要素价值化蓝图构建的第一步。

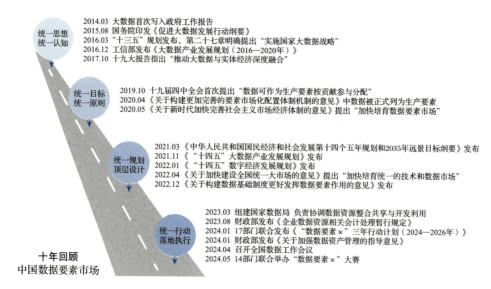

图1-8 中国数据要素发展的4个阶段

2. 第二阶段：统一目标，统一原则

数据要素市场的建立是实现数字经济最终目标的关键，这是数据要素价值蓝图实现的第二步。2019年10月十九届四中全会首次提出"数据可作为生产要素按贡献参与分配"，2020年4月发布的《关于构建更加完善的要素市场化配置体制机制的意见》提出将数据正式列为生产要素，2020年5月发布的《关于新时代加快完善社会主义市场经济体制的意见》提出"加快培育数据要素市场"。经过多年发展，数据要素从一个支撑性、辅助性的角色逐渐成为直接生产要素，参与价值创造和贡献分配。

3. 第三阶段：统一规划，顶层设计

在2021年3月，《中华人民共和国国民经济和社会发展第十四个五年规划和2035年远景目标纲要》（简称"十四五"规划）发布，这是纲领性文件。其中，第五篇"加快数字化发展 建设数字中国"详细阐述了数据要素市场发展的目标和方向。

"十四五"规划明确指出，要激活数据要素潜能，推进网络强国建设，实现生产要素（数据）和生产力（网络算力）的升级，驱动数字经济、数字社会和数字政府

的变革。为实现目标，我们需要营造良好的数字生态，包括建立健全的数据要素市场规则，营造规范有序的政策环境，加强网络安全管理，推动构建网络空间命运共同体。

"十四五"规划出台之后，又出台了一系列文件，包括《"十四五"大数据产业发展规划》《"十四五"数字经济发展规划》《关于加快建设全国统一大市场的意见》等。2022年12月份发布的《关于构建数据基础制度更好发挥数据要素作用的意见》俗称"数据二十条"，作为数据基础制度基础建设的指导性文件。

"数据二十条"包括五项工作原则、四类数据基础制度、四大保障体系，为数字经济和数据要素市场指明建设原则，提出保障要求，从而让相关部门加快推进，在推进过程中有章可循，有制度可依，有具体原则可以遵守。

五项工作原则为遵循发展规律，创新制度安排；坚持共享共用，释放价值红利；强化优质供给，促进合规流通；完善治理体系，保障安全发展；深化开放合作，实现互利共赢。首要引导是开放、共享、公用、创造价值、互利共赢，以发展为主干道，同时完善治理体系，保障安全发展。

四类数据基础制度包括数据产权制度、数据要素流通和交易制度、数据要素收益分配制度和数据要素治理制度。通过数据产权、流通交易、收益分配和安全治理4个方面基础制度的部署，首次明确了数据要素贡献的价值属性。

四大保障措施包括切实加强组织领导、加大政策支持力度、积极鼓励试验探索和稳步推进制度建设。这些措施为后续数据要素落地的具体细则指明了方向。

4. 第四阶段：统一行动，落地执行

财政部于2023年出台了《企业数据资源相关会计处理暂行规定》（简称《暂行规定》），进一步落实了"十四五"规划发展数字经济的决策部署的具体举措。《暂行规定》明确了数据资源可以被确认为无形资产或存货计入相关会计报表。

《暂行规定》是一个非常重要的抓手性文件，为企业提供了最直接、最强劲的动力来加工和利用数据。虽然数据资源入表还存在很多问题和挑战，但《暂行规定》一出台，将数据从企业CIO关心的技术层面一下子提升到企业CFO/CEO关心的业务战略层面，为企业数字化转型注入了强心剂，赋予了数字化转型确定性的商业价值。

"数据二十条"奠定了制度基础,《暂行规定》为企业提供了直接的数据价值化通道,国家数据局也于2023年挂牌成立,万事俱备,进入全面落地执行阶段。

2024年1月,国家数据局等17部门联合发布了《"数据要素×"三年行动计划(2024—2026年)》(以下简称《三年行动计划》),全面定量、定性地制定了构建以数据为关键要素的数字经济,推动高质量发展的行动规划。

该《行动计划》细化了落地执行的颗粒度,4个"统一"的数据要素宏伟蓝图徐徐展开。

1.4.5 从应用优先到数据优先

在信息化时代,以应用为第一优先级,主要是将线下的业务和流程通过软件应用转到计算机和软件处理,从而提升效率,但业务本质没有发生变化。

在数字化时代,企业的业务大部分已经线上化,希望通过对数据的融合和洞察,发现新的业务模式,优化业务流程,这是对业务的重构和升级。为了达成这一目标,处在数字化转型时期的企业最重要的就是充分利用数据,从数据中挖掘价值。所以,大量头部企业的架构核心正在从应用优先转向数据优先。

在数据优先的模式下,数据架构不再是辅助角色,成为企业决策、优化和创新过程中的核心。企业通过数据分析获得业务洞察,利用人工智能等技术深入解析数据,从而指导业务决策,提高效率和竞争力。

1.4.6 从应用副产品到战略要素的演进

企业的数据旅程可以划分为以下4个阶段,反映了对数据价值认识的深化和数据利用方式的演变。

- 第一个阶段:数据作为业务应用的副产品被保存和使用。
- 第二个阶段:通过数据融合和商务智能,数据开始被系统管理和分析。
- 第三个阶段:大规模获取和分析数据,数据成为重要的资产和决策基础。
- 第四个阶段:利用人工智能等前沿技术深度挖掘数据价值,以数据驱动企业的管理和运营。

在这四个阶段中,企业对数据的需求从简单的记录和查询发展到复杂的分析和预测，管理方法也从基本的存储和访问发展到集成、大数据处理和智能化分析。随着企业对数据依赖的加深，数据管理的策略和技术也在不断进化，以适应更高级别的数据需求和利用目标。

在第一到第三阶段，企业以信息管理为主；到了第四阶段，数据已经成为业务的存在形式，每个企业都需要建立与业务战略匹配的数据战略。企业信息管理与数字化时代数据战略相比具有五大区别，如图 1-9 所示。

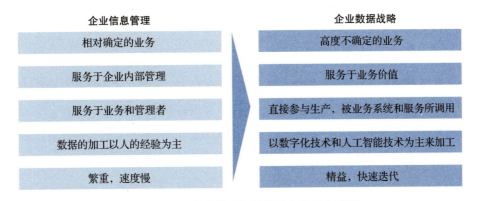

图 1-9　企业信息管理与数据战略的五大区别

从资源到资产，从辅助业务决策到成为业务的数字化呈现形式，数据已经成为企业向前发展的战略资源和关键手段。在新阶段，如何让数据发挥作用已经成为国家和企业都在研究和实践的课题。为了解决这一问题，利用数据产生业务价值成为每个组织首先要做的事情。企业在制定数据战略之前，需要明确数据战略的目标。

1.4.7　数字化时代数据战略的 6 个目标

在数字化时代，企业面临更复杂、更混沌、更不确定的业务问题，如何充分发挥数据要素的资产属性并创造业务价值是数据战略涉及的问题。精益数据方法认为，要发挥数据的作用，企业的数据战略要对齐 6 个目标，如图 1-10 所示。

1. 创造业务价值

对于企业来说，管理数据、分析数据不是真正的目的，真正的目的是用数据创造业务价值。数据战略要服务于业务价值，从数据管理走向价值创造。因此，数据战略要从业务问题出发,而不是从数据问题出发。

图 1-10　企业数据战略的 6 个目标

2. 探索价值场景

定义问题永远是解决问题的前提,定义好数据要素发挥作用的价值场景是创造业务价值的关键。因此,制定企业的业务场景蓝图是数据战略规划的核心工作。传统的数据战略以数据需求为出发点,往往是解决业务人员提出对数据的需求。这些需求往往不是业务需求,而是在现有的业务场景和流程基础上对数据的管理需求。在数字化时代,数据战略应该识别出服务于业务目标的业务场景。

3. 规划数据资产

数据资产的形成要经历 4 个主要阶段、5 个关键步骤,如图 1-11 所示。

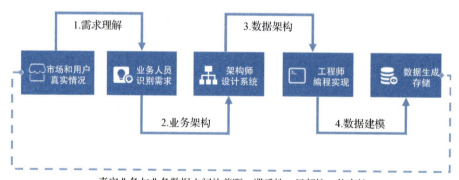

图 1-11　数据资产形成的 4 个阶段

这四个阶段中的每一个阶段都需要花费时间,因此在传统业务的数据生产模式下,数据必然滞后于实际业务。此外,工作人员在执行不同步骤时,对前一步骤的理解是局部的，很难将前一步骤的所有内容完全复制到新的设计中。最终，形成的业务数据在大多数情况下与真实的业务情况存在一定的偏差。为弥补这些差距，企业在制定数据战略时需要规划数据资产蓝图，并在数据生成前就用该蓝图指导业务数据化的实现。具体而言，企业应在转型初期描绘出业务在某个阶段结束时的数据资产全貌，并以此为框架规划应用系统的建设，同时根据该蓝图设计应用系统之间的数据共享、集成和协作，以免数据孤岛的形成。

在数字化时代，一切应用系统服务于数据的生产和利用，应用架构会经历快速迭代，甚至完全重构，数据作为业务的数字化存在形式则会持续存在，所以应先于业务应用进行规划。

4. 构建数字技术

数据战略应从业务价值出发，根据业务场景提出对企业数字化技术能力的需求，指导和牵引技术平台建设及新技术应用。企业的数字化技术蓝图应清晰描述在某一阶段建设价值场景、数据资产所需的技术及其服务方式。数字化技术蓝图能准确、有效地指导企业技术能力建设，最大化技术资源的投入产出比。每个企业需要制定自己的数字化技术蓝图，以指导内部技术能力建设和工具平台搭建。

5. 制定清晰的可执行路径

新时代的数据战略应将规划与落地有机结合，既要制定蓝图、指明方向，又要聚焦关键问题，提供执行路径。只有这样，该战略才能快速启动实施。企业需要梳理价值场景、数据资产和数字化技术之间的联系，导出它们之间的解码关系，基于这些关系规划数字化转型落地的举措，以更贴近业务并迅速产生价值。

6. 快速反馈，持续优化

外部环境和用户关注点都是变化的。为了始终有效地服务业务，数据战略需持续迭代。精益数据方法认为，制定数据战略首先要构建反馈闭环，获取新的用户数据，分析这些数据以洞察市场与用户需求的变化，然后快速调整和优化，并持续进行下去。

第 2 章 CHAPTER 2

数据要素的政策环境

党的十八大以来，党中央高度重视发展数字经济，推动数字经济上升为国家战略。特别是党的十九大提出，要推动互联网、大数据、人工智能与实体经济深度融合，进一步突出了大数据作为我国基础战略性资源的重要地位。

中国是全球数据增长最快、拥有数据最多的国家。我们掌握了丰富的高质量数据，如何将这些数据转化为新的经济增长动力是经济发展的下一个主要任务。对海量数据进行有效管理是我们共同面临的主要问题。2023 年 12 月 31 日，国家数据局等十七部门联合印发《"数据要素 ×"三年行动计划（2024—2026 年）》。随着数据乘数效应的加速释放，2024 年数据产业将不断加速成长，催生的新业态将成为经济发展的新动力。数据赋能效应将加速释放，成为传统产业转型发展的驱动力，数据也将从资源优势转变为竞争优势，驱动我国从"数据大国"向"数据强国"加速迈进。

2022 年 6 月，习近平主持召开中央全面深化改革委员会第二十六次会议，强调促进数据高效流通使用、赋能实体经济，加快构建数据基础制度体系。2023 年 3 月，十四届全国人大一次会议表决通过了《国务院机构改革方案》，从组织层面提出组建国家数据局，这是我国数据要素市场化建设的又一个里程碑。

2024年1月31日，习近平总书记在主持中共中央政治局第十一次集体学习时指出，要大力发展数字经济，促进数字经济和实体经济深度融合，打造具有国际竞争力的数字产业集群，更是将数字经济提到了前所未有的高度。

本章将分析我国数据要素相关的主要政策法规、国家数据局的职能与重要举措，以及数据要素与新质生产力的相关内容。

2.1 相关政策法规解读

中国是世界上第一个将数据要素作为国家战略落地执行的国家，为此党和政府发布了众多相关的政策法规和文件来统一思想，统一目标，统一行动。与数据要素相关的重要文件包括《中华人民共和国国民经济和社会发展第十四个五年规划和2035年远景目标纲要》（以下简称"十四五"规划）、《中共中央 国务院关于构建数据基础制度更好发挥数据要素作用的意见》（以下简称《数据二十条》）、《企业数据资源相关会计处理暂行规定》（以下简称《暂行规定》）、《关于加强数据资产管理的指导意见》（以下简称《指导意见》）、《"数据要素×"三年行动计划（2024—2026年）》（以下简称《三年行动计划》）。

这些文件目标一致，互为支撑，构成了数据要素的政策支持，为数据要素市场的发展和壮大奠定了法治基础。这些重磅文件自顶向下构建了数据要素市场、数字经济的目标远景、基础制度和行动部署。只有深刻理解这些文件，才能全面掌握数据要素的底层逻辑和整体布局。数据要素市场的顶层规划如图2-1所示。

2.1.1 详解"十四五"规划

"五年规划"（原称五年计划），全称为"中华人民共和国国民经济和社会发展五年规划纲要"，是中国国民经济计划的重要部分，主要对国家重大建设项目、生产力分布和国民经济重要比例关系等做出规划，为国民经济发展设定目标和方向。每个五年规划都是分阶段落实国家总体发展战略，例如，"一五"计划⊖的实施为工业

⊖ 中国从1953年开始制定第一个"五年计划"。从"十一五"起，"五年计划"改为"五年规划"。——编辑注

化奠定了基础，"三五"至"五五"计划建立了比较完整的工业体系和国民经济体系。

全面布局，顶层规划中国数据要素市场

"十四五"规划

"数据二十条"

《企业数据资源相关
会计处理暂行规定》

《关于加强数据资产
管理的指导意见》

《"数据要素×"三年行动
计划（2024—2026年）》

图 2-1 数据要素市场的顶层规划

"十四五"规划在"十三五"规划的基础上，从"实施国家大数据战略，拓展网络经济空间"升级为"加快数字化发展 建设数字中国"，首次提出激活数据要素潜能，以数字化转型整体驱动三大变革。

数据要素和数字经济已经成为当下最热门的词语，正在从各方面应用和融入国家的每一个角落，就像千万点星光在闪烁。"十四五"规划则是这一切的顶层设计和远景目标。

"十四五"规划中的数字中国蓝图如图 2-2 所示。

1. 打造数字经济新优势

数字经济包括产业数字化和数字产业化两个落地路径。产业数字化是利用数字化和数据要素的优势，赋能现有产业转型升级；数字产业化是数字技术与实体经济深度融合后催生出新业态新模式，推动数字经济的发展。

在"十四五"规划中，数字经济的打造包括三方面内容。

- 加强关键数字技术的创新应用。这本身是数字经济的一部分，同时也是打造数字经济的生产力和工具。没有高端芯片、操作系统、人工智能算法、传感器等关键技术，数字经济将无从谈起。这一部分是我们数字经济的基石和基础设施。

图 2-2 "十四五"规划中的数字中国蓝图

- 加快推动数字产业化。基于新数字技术构建的平台型、共享型新业务模式和新市场，形成如滴滴打车、产业互联网平台等数字化新产业。
- 推进产业数字化转型（上云用数赋智）。将数据和数字化技术应用于传统领域，深入推动数字化转型，降本增效。

这部分内容指明了产业数据要素价值化的方向，也是后面分享的产业数据要素资源化、资产化和资本化的价值锚点。

2.加快数字社会建设步伐

数字社会建设步伐是指利用数据要素和数字化生产力，提升社会服务水平，打造人民的美好幸福生活，主要包括以下几方面内容。

- 提供智慧便捷的公共服务。推动数字化服务普惠应用，提升群众获得感。通过数字化服务，推进学校、医院、养老院等公共服务机构资源的开放共享和应用。推进线上线下公共服务融合，发展在线课堂、互联网医院、智慧图书馆等，支持高水平公共服务机构对接基层和欠发达地区，扩大优质公共服务资源覆盖范围。加强智慧法院建设。鼓励社会力量参与"互联网＋

公共服务",创新服务模式和产品。

- 建设智慧城市和数字乡村。分级分类推进智慧城市建设,将物联网感知设施、通信系统纳入公共基础设施统一规划建设,推进市政公用设施、建筑物的物联网应用和智能化改造。完善城市信息模型平台和运行管理服务平台,构建城市数据资源体系,推进城市数据大脑建设。探索数字孪生城市建设。加快推进数字乡村建设,构建面向农业农村的综合信息服务体系,建立涉农信息普惠服务机制,推动乡村管理服务数字化。
- 构筑美好数字生活新图景。打造智慧共享、和睦共治的新型数字生活,需要综合运用物联网、大数据、人工智能、云计算等前沿技术,推动购物、旅游、交通等各类场景的数字化,建设智慧社区和便民惠民的智慧服务圈,发展数字家庭,丰富数字生活体验;同时,加强全民数字技能教育,提升公民数字素养,注重信息无障碍建设,开发针对老年人、残疾人的友好应用和服务,确保各群体共享数字化带来的便利。

数字社会建设与个人数据、消费数据、智慧城市、智慧乡村等社会公共服务数据息息相关,如何将这些数据要素充分整合,从而精准识别人民的生活需求,做到有效供给和高质量供给,是数据要素流通和交易环节的重要命题。

3. 提高数字政府建设水平

提高数字政府建设水平包括以下几个方面内容。

- 加强公共数据开放共享。健全国家公共数据资源体系,确保公共数据安全,推进数据跨部门、跨层级、跨地区汇聚融合和深度利用。建立数据资源产权、交易流通、跨境传输和安全保护等基础制度和标准规范,推动数据资源开发利用。扩大基础公共信息数据安全有序开放,探索将公共数据服务纳入公共服务体系,构建统一的国家公共数据开放平台和开发利用端口,优先推动企业登记监管、卫生健康、交通运输、气象等高价值数据集向社会开放。开展政府数据授权运营试点,鼓励第三方深化对公共数据的挖掘利用。
- 推动政务信息化共建共用。加大政务信息化建设统筹力度,健全政务信息化项目清单,深化政务信息系统整合,构建全国一体化政务大数据体系,促进政务数据共享。推动建设国家政务服务平台，完善全国一体化在线政务服务平台功能，加快推进政务服务标准化、规范化、便利化，提升政务服务数字化、智能化水平，实现更多政务服务事项网上办、掌上办、一次办。推动政务服务线上线下融合，加强政务服务平台和各级政务服务大厅建设，推广"一件事一次办"，提高基层政务服务能力，推动政务服务向基层延伸。

- 提升数字化政务服务效能。全面推进政府运行方式、业务流程和服务模式的数字化、智能化。深化"互联网＋政务服务"，提升全流程一体化在线服务平台的功能。加快构建数字技术辅助政府决策机制，提高基于数据的科学决策能力。强化数字技术在公共卫生、自然灾害、事故灾难、社会安全等突发公共事件应对中的应用，全面提升预警和应急处置能力。

在提升数字政府建设水平的任务中，以公共数据拉通共享为核心。只有数据多跑路，才能让人民少跑路，才能更好地提升政务服务的质量与效能。

本书第三篇将重点阐述此部分内容。

2.1.2 详解《数字中国建设整体布局规划》

2023年，中共中央、国务院印发了《数字中国建设整体布局规划》，指出建设数字中国是数字时代推进中国式现代化的重要引擎，是构筑国家竞争新优势的有力支撑。加快数字中国建设，对全面建设社会主义现代化国家、全面推进中华民族伟大复兴具有重要意义和深远影响。如图2-3所示，数字中国建设按照"2522"的整体框架进行布局，即夯实数字基础设施和数据资源体系"两大基础"，推进数字技术与经济、政务、文化、社会、生态文明建设"五位一体"深度融合，强化数字技术创新体系和数字安全屏障"两大能力"，优化数字化发展国内国际"两个环境"。

数字中国建设整体布局规划具体地给出了数据要素相关的建设目标，具体如下。

- 构建国家数据管理体制机制，健全各级数据统筹管理机构，推动公共数据汇聚与利用，释放商业数据的价值潜能。
- 构建国家数据资源体系，推动公共数据汇聚融合和深度利用，加强数据资源安全保护。

- 构建国家数据要素市场体系，加快数据要素市场化流通，促进数据要素价值释放。
- 构建国家数据安全保障体系，加强数据安全防护，保障数据要素市场健康发展。
- 打通数字基础设施大动脉，畅通数据资源大循环，促进数据要素全面、有效、高质量流通。

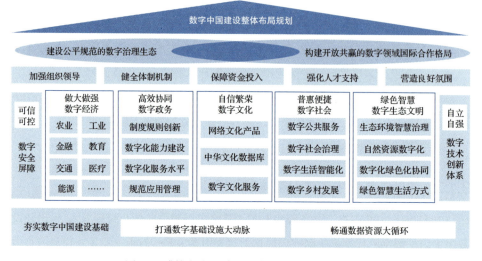

图 2-3 《数字中国建设整体布局规划》解读

这些内容是数字中国建设的重要基础和支撑，也是推动数字经济发展的关键要素。《数字中国建设整体布局规划》是对"十四五"规划的落地实现路径，同时提出了数据管理机制，以及数据要素市场建设、数据安全保障、数字基础设施、数据资源循环等各方面的具体要求。

2.1.3 详解"数据二十条"

2022年底，"数据二十条"发布，系统性地布局了数据基础制度体系的"四梁八柱"，加速了数据流通交易和数据要素市场的发展，如图 2-4 所示。

图 2-4 "数据二十条"解读

1. 核心内容

1）一条主线。数据合规高效的流通使用。

2）五项工作原则。遵循发展规律，创新制度安排；坚持共享共用，释放价值红利；强化优质供给，促进合规流通；完善治理体系，保障安全发展；深化开放合作，实现互利共赢。

3）四个制度。包括数据产权制度、数据流通交易制度、数据收益分配制度、数据治理制度。

- 数据产权制度。探索数据产权结构性分置制度，建立数据资源持有权、加工权和产品经营权三权分置，推进非公共数据市场化、共同使用、共享收益的新模式。
- 数据流通交易制度。在规则、市场、生态、跨境 4 个方面，建立合规高效、场内外结合的数据流通和交易制度，构建适合我国的数据交易体系。
- 数据收益分配制度。体现效率，促进公平的收益分配，要求收益向数据价值和使用价值的创造者倾斜。
- 数据治理制度。建立安全可控、弹性包容的数据治理制度。

4）四项措施。切实加强组织领导，强调党对构建数据基础制度工作的全面领导；加大政策支持力度，做大做强数据要素企业；积极鼓励试验探索，支持有条件的行业、企业先行先试；稳步推进制度建设，逐步完善产权界定、数据流通和交易等主要领域关键环节的政策和标准。

2. 价值

- 推动数据要素发展。"数据二十条"为数据要素的发展提供了政策支持和制度保障，有助于推动数据要素的市场化配置和流通，促进数据要素价值的释放。
- 保障数据安全。"数据二十条"强调数据安全和隐私保护的重要性，通过建立数据治理制度，保障数据的合法使用和安全流通，防止数据泄露和滥用。
- 促进数据共享。"数据二十条"鼓励数据共享，通过建立数据资源持有权、加工权和产品经营权三权分置的产权制度，推进非公共数据市场化方式共同使用、共享收益的新模式，提高数据的利用率和价值。
- 推动数字经济发展。"数据二十条"的出台有助于推动数字经济的发展，通过建立数据流通交易制度，促进数据的高效流通和交易，提高数据的利用率和价值。

2.1.4　详解《企业数据资源相关会计处理暂行规定》

为了规范企业数据资源相关会计处理，强化相关会计信息披露，2023年8月1日，财政部根据《中华人民共和国会计法》和《企业会计准则》等相关规定，制定了《企业数据资源相关会计处理暂行规定》（简称《暂行规定》）。该规定从《企业会计准则》的角度，明确了企业数据资源的会计处理、披露、确认、计量和报告的规则，如图2-5所示。

《暂行规定》主要从3个方面对数据资源入表进行了规范，具体如下。

1）数据资产的定义。用3个必要条件统一规范了什么是数据资产：数据资产是基于过去交易或事项形成的，数据由企业拥有或控制，数据资产预期会给企业带来经济利益。

2）数据资产的确认。与数据资产相关经济利益很可能流入企业，相关数据资产的成本或价值能够可靠地计量。

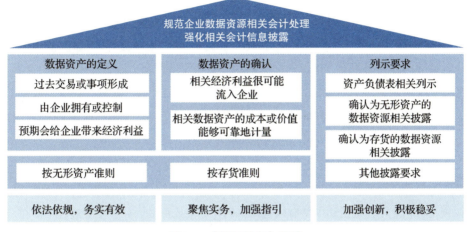

图 2-5 《暂行规定》解读

3）列示要求如下。

- 资产负债表相关列示。企业需要在资产负债表中展示与数据资产相关的信息，确保透明度。
- 确认为无形资产的数据资源相关披露。如果数据资源被确认为无形资产，需要按照无形资产的准则进行披露。
- 确认为存货的数据资源相关披露。若数据资源被认为是存货类资产，则需要按照存货的披露要求进行报告。

《暂行规定》通过规范的数据资产定义和确认，确保企业在财务报告中的数据资产信息披露合规、清晰、可靠，是数据要素市场建设过程中的锚点型文件，有着深远的意义。《暂行规定》适用于企业按照《企业会计准则》相关规定确认为无形资产、存货等资产类别的数据资源，以及企业合法拥有或控制的、预期会给企业带来经济利益但由于不满足《企业会计准则》相关资产确认条件而未确认为资产的数据资源的相关会计处理。这限定了按照企业会计准则相关规定入表列示和披露的数据资源的范围。《暂行规定》适用的数据资源类型总共包括三类。

第一类：符合无形资产规定的数据资源，按照无形资产入表。将数据资源作为无形资产入表，是指将数据资源视为企业的一种无形资产，并在财务报表中列示和披露。无形资产是指企业拥有或者控制的、没有实物形态的可辨认非货币性资产，包括专利权、商标权、著作权、土地使用权、非专利技术、商誉等。

将数据资源作为无形资产入表，意味着企业需要评估和计量数据资源，并将其价值计入无形资产中。将数据作为无形资产入表，则意味着企业需要建立相应的会计政策和内部控制制度，确保数据资源的评估和计量符合会计准则和法规的要求，需要在财务报表中进行相应的披露，包括数据资源的种类、数量、价值、取得方式、使用情况等信息。这有助于投资者和其他利益相关者更好地了解企业的资产状况和经营成果，提高财务报表的透明度和可靠性。

第二类：符合存货规定的数据资源，按照存货入表。将数字资源作为存货入表，意味着将数字资源视为企业的一种资产，并在财务报表中以存货形式列示和披露。存货是指企业在日常活动中持有以备出售的产成品或商品、处在生产过程中的在产品、生产过程或提供劳务过程中耗用的材料和物料等。将数字资源作为存货入表，意味着企业需要对数字资源进行评估和计量，并将其价值计入存货。这需要企业建立相应的会计政策和内部控制制度，确保数字资源的评估和计量符合会计准则和法规的要求。

第三类：不满足会计准则的资产确认条件，但满足企业合法拥有和控制的，预期会给企业带来经济利益的数据资源，可以通过市场比较法、收益法和成本法确定其价值，并在内部管理报表中记录分类、价值和预期收益。定期评估和更新数据价值，使用数据资产管理系统全面管理和监控数据资源，可提高其利用效率，尽管它们不能在财务报表中被确认为资产。

2.1.5 详解《关于加强数据资产管理的指导意见》

随着数字经济的快速发展，数据已经成为一种重要的战略资源，其价值日益凸显。为了加强数据资产管理，提高数据资产的价值和效益，推动数字经济的健康发展，国家相关部门制定了《关于加强数据资产管理的指导意见》（以下简称《指导意见》），如图 2-6 所示。

1. 意义

《指导意见》的目标是建立健全数据资产管理制度，促进数据资产合规高效流通与使用，构建共治共享的数据资产管理格局，为加快经济社会数字化转型、推动高质量发展、推进国家治理体系和治理能力现代化提供有力支撑。

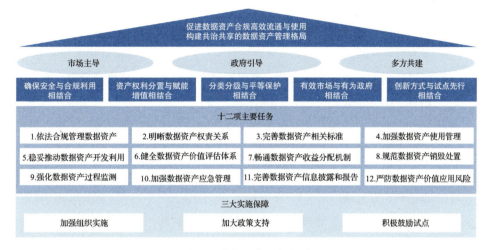

图 2-6 《指导意见》解读

2. 主要内容

- 三大原则。市场主导，政府引导，多方共建，形成数据资产合规高效流通使用的新格局。
- 五大总体要求。确保安全与合规利用相结合，资产权利分置与赋能增值相结合，分类分级与平等保护相结合，有效市场与有为政府相结合，创新方式与试点先行相结合。

3. 十二项主要任务

- 依法合规管理数据资产。确保数据资产管理的所有过程都符合法律和法规的要求，确保合规性和合法性。
- 明晰数据资产权责关系。清晰界定数据资产的所有权、管理权和使用权，确保权责明确，避免纠纷。
- 完善数据资产相关标准。制定和优化数据资产的管理标准和技术规范，确保各类数据资产管理流程的统一性和标准化。
- 加强数据资产使用管理。强化对数据资产使用过程中的监督和管理，确保数据资产的高效利用。

- 稳妥推动数据资产开发利用。在确保安全和合规的前提下，逐步推动数据资产的开发和应用，提升其价值。
- 健全数据资产价值评估体系。建立科学合理的数据资产评估体系，准确衡量数据资产的价值。
- 畅通数据资产收益分配机制。确保数据资产带来的经济收益合理分配，激励各方参与数据资产的开发和利用。
- 规范数据资产销毁处置。制定规范的数据资产销毁和处置流程，确保敏感数据的安全销毁，防止数据泄露。
- 强化数据资产过程监测。加强对数据资产管理全流程的监测，确保管理过程透明、可追溯。
- 加强数据资产应急管理。建立健全应急管理机制，能够快速应对数据资产管理中的突发情况。
- 完善数据资产信息披露和报告。提高数据资产管理的透明度，定期披露和报告数据资产的管理状况和价值变化。
- 严防数据资产价值应用风险。制定防范措施，严控数据资产在应用中的风险，保障数据价值的安全性和稳定性。

4. 三大实施保障

- 加强组织实施。建立数据资产管理领导小组，统筹协调数据资产管理工作，制定相关政策和规划，加强对数据资产管理工作的指导和监督。
- 加大政策支持。制定和完善数据资产管理的法律法规和政策文件，明确数据资产管理的权利、义务和责任，规范数据资产管理行为，保障数据资产管理工作的顺利开展。
- 积极鼓励试点。形成示范标杆效应，通过试点拉动一批高质量的数据资产流通使用的示范工程。

2.1.6 详解《"数据要素×"三年行动计划（2024—2026年）》

《"数据要素×"三年行动计划（2024—2026年）》(以下简称《三年行动计划》)

的发布标志着中国在全球数字经济竞赛中的重要一步。《三年行动计划》明确了数据要素的重要性和发展方向，为数据要素的管理和应用提供了指导和保障。该计划的实施有助于推动中国数字经济的发展，提高数据要素的价值和效益，促进数据要素的流通和使用，为构建新发展格局、推进国家治理体系和治理能力现代化提供有力支撑。

《三年行动计划》以一条主线为抓手，遵循四个原则，做好三方面保障，实施五大举措，推动十二项行动，定义了四类定量的行动目标，如图 2-7 所示。

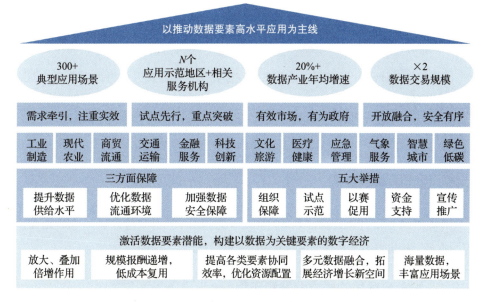

图 2-7 《三年行动计划》解读

- 一条主线。以推动数据要素高水平应用为主线，推进数据要素协同优化、复用增效和融合创新，通过强化场景需求牵引，带动数据要素高质量供给、合规高效流通，培育新业态、新模式，充分实现数据要素价值，为推动高质量发展提供有力支撑。
- 四个原则。需求牵引，注重实效；试点先行，重点突破；有效市场，有为政府；开放融合，安全有序。
- 三方面保障。提升数据供给水平，具体为完善数据资源体系、加大公共数据资源供给、引导企业开放数据、健全标准体系、加强供给激励；优化数据流通环境，具体为提高交易流通效率、打造安全可信环境、培育流通服务主体、促进数据有序跨境流动；加强数据安全保障，具体为落实数据安全法规制度、丰富数据安全产品、培育数据安全服务。

- 五大举措。加强组织保障、开展试点示范、推动以赛促用、加强资金支持和加强宣传推广。
- 十二项行动。聚焦工业制造、现代农业、商贸流通、交通运输、金融服务、科技创新、文化旅游、医疗健康、应急管理、气象服务、智慧城市、绿色低碳 12 个行业和领域，明确数据要素价值的典型场景，推动激活数据要素潜力。

《三年行动计划》旨在通过推动数据在多场景应用，提升资源配置效率，创造新产业、新模式，培育发展新动能，实现经济规模和效率倍增，力争在 2026 年底打造 300 个以上示范性强、显示度高、带动性广的典型应用场景。

2.2　组建国家数据局

2023 年 3 月，中共中央、国务院印发《党和国家机构改革方案》，提出组建国家数据局，标志着国家在数据发展管理体制机制建设上迈出了一大步。

2.2.1　国家数据局的成立背景和历程

2023 年 10 月 25 日，国家数据局正式挂牌成立。该局由中华人民共和国国家发展和改革委员会（以下简称"国家发改委"）管理。国家数据局从组建到确定五大司局名称的主要历程如图 2-8 所示。

1. 提请组建国家数据局

2023 年 3 月 7 日，十四届全国人大一次会议在北京人民大会堂举行第二次全体会议。受国务院委托，国务委员兼国务院秘书长肖捷做关于国务院机构改革方案的说明。

图 2-8 国家数据局的主要历程

来源：国家数据局公众号

根据国务院关于提请审议国务院机构改革方案的议案，组建国家数据局，负责协调推进数据基础制度建设，统筹数据资源整合、共享和开发利用，统筹推进数字中国、数字经济、数字社会规划和建设等，由国家发改委管理。

2. 中共中央、国务院印发了《党和国家机构改革方案》

2023 年 3 月 16 日，中共中央、国务院印发《党和国家机构改革方案》，组建国家数据局，具体来说，将中央网络安全和信息化委员会办公室（以下简称"中央网信办"）承担的研究拟订数字中国建设方案、协调推动公共服务和社会治理信息化、协调促进智慧城市建设、协调国家重要信息资源开发利用与共享、推动信息资源跨行业跨部门互联互通等职责，以及国家发改委承担的统筹推进数字经济发展、组织实施国家大数据战略、推进数据要素基础制度建设、推进数字基础设施布局建设等职责划入国家数据局。

3. 国务院任免国家工作人员

2023 年 7 月 28 日，国务院任免国家工作人员，任命刘烈宏为国家数据局局长。

4. 国务院任免国家工作人员

2023 年 10 月 11 日，国务院任免国家工作人员，任命沈竹林为国家数据局副局长。

5. 国家数据局正式挂牌成立

2023年10月25日，国家数据局正式挂牌成立。

6. 国务院任免国家工作人员

2023年12月20日，国务院任免国家工作人员，任命陈荣辉为国家数据局副局长。

7. 国务院任免国家工作人员

2024年1月26日，国务院任免国家工作人员，任命夏冰为国家数据局副局长。

8. 国家数据局五大司局名称确定

据国家公务员局官网发布的《国家数据局2024年公务员录用面试公告》显示，国家数据局下设5个司局，名称分别为综合司、政策规划司、数据资源司、数字经济司、数字科技和基础设施建设司。

国家数据局的成立有利于统筹推进数字中国整体建设，提供科技创新驱动的发展契机，促进传统企业数字化转型发展，以及增强制度保障和指导。

2.2.2 国家数据局的职能

国家数据局的具体职能分为3类，数据应用建设、数据拉通共享和数据基础制度，如图2-9所示。

2.2.3 国家数据局的机构设置

国家数据局的机构设置如图2-10所示。

- 综合司负责机关日常运转，从事数据治理和发展政策研究，参与数据领域和数字经济的国际合作。
- 政策规划司参与数据基础制度和政策研究，参与数据相关重大战略制定、重大规划制定、重大改革、重大活动等工作。
- 数据资源司从事数据资源管理和开发利用推进相关工作。
- 数字经济司参与拟定数字经济发展战略、规划和政策，推进数字产业化和产业数字化，承担综合管理工作。
- 数字科技和基础设施建设司负责数据领域技术应用推广示范及基础设施规划建设等相关工作。

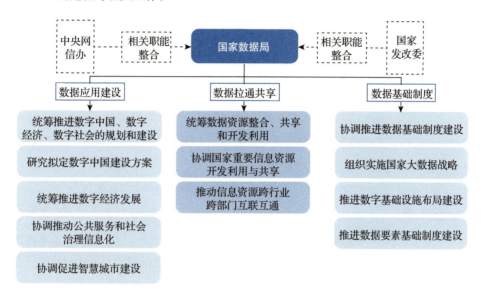

图 2-9　国家数据局的职能

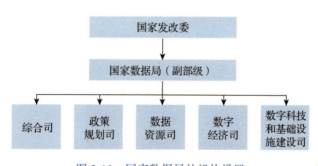

图 2-10　国家数据局的机构设置

2.2.4　国家数据局的重要举措

国家数据局自成立以来，推出了以下重要举措，全面落地了三大职能。

（1）起草《"数据要素×"三年行动计划（2024—2026 年)(征求意见稿)》

2023 年 12 月 15 日，国家数据局研究起草了《"数据要素×"三年行动计划

（2024—2026 年)(征求意见稿)》。

（2）联合印发《数字经济促进共同富裕实施方案》

2023 年 12 月 25 日，国家发改委、国家数据局印发《数字经济促进共同富裕实施方案》，明确了通过数字经济促进共同富裕的指导思想、发展目标、重点举措和保障措施。

（3）联合印发《深入实施"东数西算"工程 加快构建全国一体化算力网的实施意见》

2023 年 12 月 26 日，国家发改委、国家数据局、中央网信办、工业和信息化部（以下简称"工信部"）、国家能源局联合印发《深入实施"东数西算"工程 加快构建全国一体化算力网的实施意见》。

（4）联合印发《"数据要素×"三年行动计划（2024—2026 年)》

2024 年 1 月 4 日，国家数据局会同中央网信办、科技部、工信部、交通运输部、农业农村部、商务部、文化和旅游部、国家卫生健康委（以下简称"国家卫健委"）、应急管理部、中国人民银行、金融监管总局、国家医保局、中国科学院、中国气象局、国家文物局、国家中医药局等部门联合印发《"数据要素×"三年行动计划（2024—2026 年)》。

（5）联合开展全国数据资源情况调查

2024 年 2 月 7 日，国家数据局、中央网信办、工信部、公安部联合开展全国数据资源情况调查，调研各单位数据资源生产、存储、流通、交易、开发、利用、安全等情况，为相关政策制定、试点示范等工作提供数据支持。

（6）开展 2024 年全国数据工作会议

2024 年 4 月 1 日，国家数据局主持的全国数据工作会议在北京召开。会议的主要任务是梳理总结前一阶段的工作情况，安排部署今年的重点工作。

会议提出坚持数据要素市场化配置改革主线，履行统筹"三个建设"的工作职责。

会议部署了 2024 年的 8 项数据工作要点。

- 健全数据基础制度。
- 提升数据资源开发利用水平。

- 以数字化赋能高质量发展。
- 促进数据科技创新发展。
- 优化数据基础设施布局。
- 强化数据安全保障能力。
- 提升数据领域国际合作水平。
- 发挥试点试验的引领作用。

（7）征集国家数据局 2024 年研究课题

2024 年 4 月 15 日，国家数据局向社会公开征集研究课题，研究题目及要点主要包括以下 12 项。

- 牢牢把握数据事业在国家发展大局中的战略定位，推动数据事业发展体制机制研究。
- 数据赋能推动培育新质生产力作用机理研究。
- 数据领域国际合作战略路径研究。
- 数据流通安全治理理论框架研究。
- "十五五"时期数据事业推动国民经济和社会发展的目标及主要指标。
- "十五五"时期数据事业发展现状及形势挑战。
- "十五五"时期数据资源高质量供给和高效利用路径及任务举措研究。
- "十五五"时期数据基础设施发展布局体系研究。
- "十五五"时期数字经济高质量发展路径研究。
- "十五五"时期我国数字产业集群建设研究。
- "十五五"时期国家数据产业分类布局及任务举措研究。
- "十五五"时期以数字中国建设助力中国式现代化路径研究。

（8）印发《数字社会 2024 年工作要点》

国家数据局印发《数字社会 2024 年工作要点》，部署了 2024 年数字社会的重点工作。

根据《数字中国建设整体布局规划》和"十四五"规划关于推进数字社会建设的重点任务安排，《工作要点》围绕促进数字公共服务普惠化、推进数字社会治理精准化、深化智慧城市建设、推动数字城乡融合发展、着力构筑美好数字生活 5 个方面部署重点任务。

（9）印发《数字经济2024年工作要点》

2024年4月29日，国家发展改革委办公厅、国家数据局综合司印发《数字经济2024年工作要点》，对2024年数字经济重点工作做出部署，明确提出9个落实举措。

1）适度超前布局数字基础设施，深入推进信息通信网络建设，加快全国一体化算力网建设，全面发展数据基础设施。

2）加快构建数据基础制度，推动落实"数据二十条"，加大公共数据开发开放力度，释放数据要素价值。

3）深入推进产业数字化转型，深化制造业智改数转网联，大力推进重点领域数字化转型，营造数字化转型生态。

4）加快推动数字技术创新突破，深化关键核心技术自主创新，提升核心产业竞争力，大力培育新业态、新模式，打造数字产业集群。

5）不断提升公共服务水平，提高"互联网＋政务服务"效能，提升养老、教育、医疗、社保等社会服务的数字化智能化水平，推动城乡数字化融合，打造智慧数字生活。

6）推动完善数字经济治理体系，强化数字化治理能力，加强新就业形态劳动者权益保障，推进构建多元共治格局。

7）全面筑牢数字安全屏障，增强网络安全防护能力，健全数据安全治理体系，切实有效防范各类风险。

8）主动拓展数字经济国际合作，加快贸易数字化发展，推动"数字丝绸之路"深入发展，积极构建良好的国际合作环境。

9）加强跨部门协同联动，强化统筹协调机制，加大政策支持力度，强化数字经济统计监测。

（10）2024年联合14个部门举办"数据要素×"大赛

2024年5月，国家数据局联合14个部门共同举办2024年"数据要素×"大赛。大赛分为地方分赛和全国总决赛。地方分赛由国家数据局、有关部门和当地政府作为指导单位，由各地方数据管理部门主办或联合地方相关部门共同主办。全国总决赛由国家数据局联合有关部门主办，举办地数据管理部门承办。

围绕《三年行动计划》部署的工业制造、现代农业、商贸流通、交通运输、金融服务、科技创新、文化旅游、医疗健康、应急管理、气象服务、智慧城市、绿色低碳12个行业领域，对应设置12个赛道，大赛组委会针对每个赛道分别制定赛题指南，鼓励地方结合本地实际情况合理选择赛道，并结合赛题指南细化赛题。赛题要聚焦解决实际问题，突出数据要素价值。

（11）联合起草《关于深化智慧城市发展 推进城市全域数字化转型的指导意见》

2024年5月14日，为全面落实2024年政府工作报告中关于"深入推进数字经济创新发展"和"建设智慧城市"的要求，国家发改委、国家数据局、财政部、自然资源部联手，将城市作为推进数字中国建设的综合载体，研究起草了《关于深化智慧城市发展 推进城市全域数字化转型的指导意见》，并向社会公开征求意见。

（12）陆续推出8项制度文件

2024年7月2日，国家数据局局长刘烈宏在2024全球数字经济大会上表示，国家数据局今年将陆续推出数据产权、数据流通、收益分配、安全治理、公共数据开发利用、企业数据开发利用、数字经济高质量发展、数据基础设施建设指引等8项制度文件。

（13）坚持推进数据要素市场化配置改革

2024年7月22日，国家数据局有关负责人在国新办举行的"推动高质量发展"系列主题新闻发布会上介绍，坚持推进数据要素市场化配置方面的三大进展和成效。

- 用得好：数据融入经济社会生活。
- 有支撑：加快数据基础设施建设。
- 强保障：建立健全数据基础制度。

（14）发布城市全域数字化转型典型案例

2024年9月，重庆召开城市全域数字化转型现场推进会，国家数据局首次发布城市全域数字化转型典型案例，涉及北京、上海、重庆等地50个典型案例，涵盖数据流通交易、居民碳普惠等一大批新场景。国家数据局局长刘烈宏表示，接下来要加强先进规划理念、建设经验、管理模式复制推广，探索建立国家共性组件共享机制。政府组织能力强、基础条件好的城市要先行先试，勇于打造数据领域"先行区"。已取得阶段性成效、具备良好基础的城市要加强协同优化，推动城市产业、服务、治理整体转型。基础相对薄弱的城市要尽力而为、量力而行，探索利用共享组件，降低转型成本。

2.3 新质生产力与数据要素

2023 年 9 月，习近平总书记在黑龙江考察调研期间首次提到"新质生产力"。在 2023 年 12 月召开的中央经济工作会议上，习近平发表重要讲话，强调"以科技创新引领现代化产业体系建设"列为 9 项重要任务之首，强调"以科技创新推动产业创新""发展新质生产力"。2024 年 1 月 31 日，习近平在中共中央政治局第十一次集体学习时强调，加快发展新质生产力，扎实推进高质量发展。新质生产力能够促进生产要素高效组合。塑造适应新质生产力的生产关系将为打通经济循环中的堵点、卡点提供持续动力，形成生产、分配、流通、消费各环节螺旋式上升的发展。数据要素则是打造和发展新质生产力的重要组成部分。充分利用数据要素的超维优势和差异化特性，能够更好地赋能新质生产力。

2.3.1 新质生产力提出的背景

新质生产力是基于对全球宏观格局、科技产业发展局势、国家经济发展现状、社会化大生产总体构成做出的战略决定和前瞻谋划。新质生产力提出的目标是整合科技创新资源，引领发展战略性新兴产业，这意味着以科技创新推动产业创新，体现以产业升级构筑新竞争优势、赢得发展的主动权和战略布局。

新质生产力的提出是生产力发展到一定阶段后，实践与理论高度结合形成的理念创新，具有以下鲜明的时代背景。

- 数字经济的快速发展。随着互联网、大数据、人工智能等技术的快速发展，经济活动的数字化转型已经成为全球趋势。这些技术不仅改变了人们的生活方式，也深刻影响了生产方式和企业经营模式，促进了新一代信息技术与经济社会的深度融合，催生了新的业态和商业模式，使数据成了重要的生产资料、基础资源和关键资产。
- 高质量发展需求。随着全球化的深入和环保要求的提升，传统的发展模式和生产力结构已经难以满足可持续发展的需求。追求高质量发展成为国家和社会的重要目标。
- 科技革命与产业变革。新一轮科技革命和产业变革不断深化,尤其是信息技术的创新对经济社会发展产生了深远的影响。这一阶段的科技和产业变革以数据为关键要素,越来越多地表现为智能化、网络化、数字化,推动了新质生产力的兴起。
- 增长动力转换的要求。传统增长模式依赖资源消耗,环境成本高,且随着经济社会的发展,边际收益递减。这使得寻找新的增长动力,实现增长动力的转换成为当务之急。提出新质生产力就是为了找到新的、更为可持续的增长动力。
- 全球竞争格局的变化。全球经济的竞争逐渐从传统的劳动力和资本驱动转向创新驱动,创新能力和科技进步成为国家竞争力的关键。新质生产力强调以创新为核心,推动经济转型升级,从而在全球竞争中获得优势。

综上所述,新质生产力是在数字经济崛起、高质量发展要求、产业技术变革以及全球竞争格局变化等多重时代背景下形成的,是对当下和未来一段时期经济社会发展规律、趋势的深刻把握和创新性回应。

2.3.2 新质生产力解读

2024年两会期间,央视新闻发布了一张新质生产力逻辑关系图,清晰地对新质生产力进行了结构化解读,如图2-11所示。

1. 新质生产力的定义

新质生产力是社会生产力发展到一定阶段的产物。它是以创新为主导,摆脱传统经济增长方式、传统生产力发展路径,具有高科技、高效能、高质量的特征,符合新发展理念的先进生产力质态。它由技术革命性突破、生产要素创新性配置、产业深度转型升级催生,以劳动者、劳动资料、劳动对象及其优化组合的跃升为基本内涵,以全要素生产率大幅提升为核心标志,特点是创新,关键在质优,本质是先进生产力。

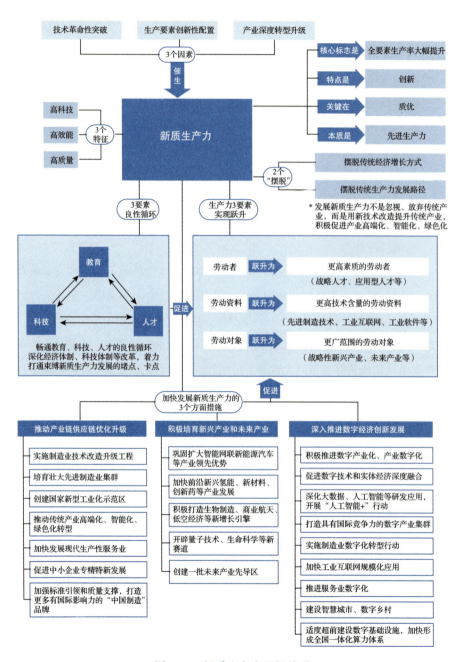

图 2-11 新质生产力逻辑关系

2. 新质生产力的 3 个催生因素

新质生产力的产生源自 3 个因素。

- 技术革命性突破。过去的 30 多年，技术有了众多重大突破。这些突破是由新的科学发现、技术创新或技术融合带来的。它们带来新的生产方式、新的产品和服务，以及更高的生产效率。例如，人工智能、区块链和物联网等技术的发展，都为新质生产力的产生提供了重要的技术支持。
- 生产要素创新性配置。在技术革命性突破的背景下，全数据要素，如劳动力、资本、土地、技术和数据，可以进行创新性的配置和组合，从而提高生产效率和经济效益。生产要素创新性配置可以通过优化生产流程、提高生产效率、降低生产成本、提高产品质量等多种方式实现。例如，通过数字化技术和智能化设备的应用，可以实现生产流程的自动化和智能化，从而提高生产效率和产品质量。
- 产业深度转型升级。当下，我国正在进行产业结构的调整和升级，从传统的劳动密集型、资源密集型产业向技术密集型、知识密集型产业转变。产业深度转型升级推动新质生产力的发展，带来更高的附加值和经济效益。例如，在数字化转型的背景下，许多传统产业通过应用人工智能、大数据、物联网等技术，提高生产效率和产品质量，从而实现转型升级。

技术革命性突破为新质生产力的产生提供了技术支持，生产要素创新性配置为新质生产力的产生提供了动力和保障，产业深度转型升级为新质生产力的产生提供了市场和需求。在 3 个因素的共同作用下，新质生产力应运而生，并获得快速发展。

3. 新质生产力的 3 个特征

相较于传统生产力，新质生产力具备 3 个典型特征。

- 高科技。新质生产力中的新技术是对传统模式、渐进式科技创新的超越，是由前瞻性、颠覆性关键技术突破而产生的。高科技是新质生产力的核心特征之一，体现了新质生产力在技术水平上的领先地位。高科技的应用可以提高生产效率、降低生产成本、提高产品质量，从而推动经济发展。

- 高效能。新质生产力的高效能特征体现在能够以更少的资源投入获得更多的产出。高效能的实现依赖技术、管理和生产要素的合理配置。通过采用先进技术和管理手段，新质生产力可以实现资源的高效利用，提高生产效率和经济效益。
- 高质量。新质生产力的高质量特征体现在能够生产出高品质、高附加值的产品和服务。高质量的实现依赖技术创新、人才培养和品牌建设。通过不断推进技术创新和人才培养，新质生产力可以提高产品和服务的质量水平，满足消费者日益增长的需求。

新质生产力的高科技、高效能和高质量特征相互关联、相互促进。高科技是新质生产力的核心特征，高效能和高质量是新质生产力的重要表现。

4.新质生产力的本质和关键特点

新质生产力的本质是新时代下的先进生产力，能够摆脱传统经济增长方式和传统生产力发展路径，实现全要素生产率的大幅提升。与传统生产力相比，新质生产力一般具备以下关键特点。

（1）数据驱动

- 数据作为核心资源。数据被视为一种新的生产要素，与土地、劳动力、资本等传统生产要素并列，成为推动经济增长与社会进步的重要力量。
- 大数据分析。企业和组织通过收集、存储、处理和分析海量数据，获得新的洞察和知识，从而提升生产效率和决策水平。

例如，电商平台通过分析用户行为数据，可以精准推荐商品，提高销售转化率；制造企业通过实时监控和分析生产数据，可以优化生产流程，提高生产效率。

（2）信息化与网络化

- 信息技术的广泛应用。信息技术在各行各业的应用大大提高了生产力，尤其是互联网、物联网和云计算等技术的普及，使得信息的传递和处理更加高效。
- 全球网络连接。全球范围内的信息网络连接使资源配置更加高效，促进国际协作，提升全球生产力水平。

例如，企业通过建设智能工厂，利用物联网技术实现设备互联互通，实时监控生产状况，进行远程维护和管理，从而大大提高生产效率和产品质量。

（3）智能化
- 人工智能。人工智能技术的发展，使机器能够执行复杂任务，替代部分人工劳动，提高了生产效率。
- 自动化与机器人技术。自动化生产和机器人技术在制造业和服务业中的应用，提升了生产效率和产品质量。

例如，汽车制造业采用机器人进行焊接、喷漆和装配，大大提高了生产效率，减少了人为失误，提高了产品一致性和质量。

（4）创新驱动
- 技术创新。技术创新是新质生产力的核心驱动因素。新技术、新工艺和新产品的不断涌现，使得生产力快速提升。
- 商业模式创新。在数字经济背景下，新的商业模式（如平台经济、共享经济）不断涌现，这些创新模式重新定义了生产关系和市场结构。

以汽车行业为例，电动汽车技术和自动驾驶技术的创新不仅改变了传统汽车行业的生产方式，还引领了整个汽车产业的技术变革。

（5）融合化
- 跨界融合。不同产业和领域之间的深度融合（例如"互联网＋"战略）推动了传统产业的数字化转型和升级，形成了新的产业形态和生产力。
- 产学研融合。加强企业、科研机构和高校之间的合作，促进科技成果的转化与应用，提高整体创新能力和生产力水平。

例如，通过"互联网＋医疗"模式，将医疗服务与信息技术结合，实现了远程医疗、在线问诊等新型医疗服务，提高了医疗服务的效率和质量。

新质生产力的本质在于通过数据驱动、信息化、智能化、创新驱动和融合化，重新定义生产要素和生产方式，极大地提升生产效率和经济效益。这种新型生产力形态不仅改变了传统的生产关系和市场结构，也为经济的可持续发展提供了新的动力。

5. 新质生产力的 3 要素

新质生产力是传统生产力在劳动者、劳动资料和劳动对象 3 个层面上的跃升，具体表现在以下几个方面。

- 劳动者：新质生产力的劳动者是高素质、高技能的人才，掌握了先进的科学技术和管理知识，能够胜任高技术、高附加值的工作。相比于传统生产力，新质生产力的劳动者更加注重创新和创造，能够不断推动技术和管理的进步。
- 劳动资料：新质生产力的劳动资料是先进的生产设备和工具，比如先进制造技术、工业互联网、工业软件、人工智能、大模型技术等。它们具有高精度、高效率、高自动化、强智能化等特点。与传统生产力相比，新质生产力的劳动资料更加注重智能化和数字化，能够实现生产自动化和智能化。
- 劳动对象：新质生产力的劳动对象是高附加值、高技术含量的新兴产业及未来产业中的产品和服务，具有高品质、高效益等特点。与传统生产力相比，新质生产力的劳动对象更加注重创新和创造，能够不断满足消费者的需求。

2.3.3 数据要素是新质生产力的重要组成部分

新质生产力的核心内涵是创新，这是区别于传统生产力的根本属性。数据要素作为新质生产力的重要组成部分，具有以下创新点。

1）乘数效应：数据要素可以与其他生产要素结合，形成乘数效应，从而提高生产效率和经济效益。数据要素的乘数效应体现在以下几个方面。

- 生产效率提升：数据要素可以优化生产流程，提升生产效率。
- 创新能力提升：数据要素可以促进技术创新和管理创新，推动产业升级和转型。
- 资源优化配置：数据要素可以优化资源配置，提高资源利用效率，降低生产成本。
- 经济增长推动：数据要素可以促进经济增长，提高国家综合竞争力。

数据要素具有规模效益递增的特点，即收益随着数据的增加呈指数级增长。

2）非竞争性：传统生产要素是独占的，具有竞争性的特点，一旦被使用，就会排除被其他主体利用的可能性。数据要素则具备非竞争性的特点。

- 数据要素可以被多个主体同时使用，而不会相互影响。

- 数据要素的使用不会导致资源的消耗，可以被多次复用，降低生产成本。

企业可以通过提高数据要素的利用效率，降低生产成本，提高经济效益，做到一数多用，一数多产。

3）强渗透性：数据要素和其他生产要素可以形成全面的协作关系。数据要素可以在不同的行业、地域、领域、组织之间自由流动和共享。这就是数据要素的强渗透性，主要体现在以下 4 个方面。

- 跨行业渗透：数据要素能够在不同行业间自由流动和共享，打破传统的的行业壁垒和信息孤岛。例如，医疗行业的数据可以用于保险行业的风险评估，金融行业的数据可以用于物流行业的供应链管理等。
- 跨地域渗透：数据要素可以在不同地域间自由流动和共享，打破传统的地域限制和信息孤岛。例如，企业可以通过互联网获取全球数据资源，实现全球化生产和经营。
- 跨领域渗透：数据要素能够在不同领域之间自由流动和共享，从而打破传统的领域壁垒和信息孤岛。例如，财务领域的数据可以与生产、设备、人力资源领域的数据集成融合，从而呈现业务全貌，为企业管理者提供更加精准的洞察服务。
- 跨组织渗透：数据要素可以在不同组织之间自由流动和共享，打破传统的组织壁垒和信息孤岛。例如，政府部门的数据可以用于企业的市场调研和决策分析，企业的数据可以用于政府的公共服务和社会管理等。

数据要素的强渗透性是其独特的优势之一，可以促进不同行业、地域、领域和组织之间的协同发展，提高生产效率和经济效益，推动经济社会的数字化转型。

4）低成本复用：数据要素的使用成本相对较低，可以被多次复用，具体体现在以下几个方面。

- 无成本复制：同一组数据可以同时被多个企业或个人使用，额外的使用者不会减少其他现存数据使用者的效用。
- 无限复制：数据要素可以被无限复制，因此可以满足大规模使用需求。这使得数据要素的使用范围非常广，可以应用于各个领域和行业。
- 快速复制：通过互联网、区块链、云计算等技术，数据要素可以被快速复制，因此能快速满足市场需求。这使得数据要素的供应非常灵活，可以根据市场需求快速调整。

5）高附加值：与传统生产要素相比，数据要素具有更高的附加值，主要体现在以下 3 个方面。

- 数据分析和挖掘：通过对数据的分析和挖掘，可以发现数据背后的规律和趋势，为企业或个人提供有价值的信息和决策支持。这些信息和决策支持能够帮助企业或个人更好地把握市场机会，提高生产效率和经济效益。
- 数据驱动的创新：数据要素能够驱动创新，促进企业或个人在技术、产品、服务等方面的创新。数据驱动的创新能够提高企业或个人的核心竞争力，带来更高的附加值。
- 数据资产化：数据要素可以被视为一种资产，通过交易和共享等方式实现价值变现。数据资产化可以为企业或个人带来更高的经济效益，提高附加值。

数据要素作为新质生产力的重要组成部分，其创新点对推动经济发展和社会进步具有重要意义。

第二篇
数据要素价值化

数据只有参与社会化大生产，成为增值的生产资料，才能转变为数据要素。数据要素价值化是数据转化为数据资源、数据资产、数据产品、数据资本的过程和手段。如果数据不能找到对应的业务价值，赋能业务本身，那么数据资产化、资本化都会变成空中楼阁。

本篇重点分析数据要素价值化的关键业务环节和具体执行策略，主要包括数据要素价值化链路、数据资产管理、数据治理与确权、数据资产评估与定价、数据资源入表、数据监管、合规与安全、数据资产的交易与流通。

| 第 3 章 | CHAPTER

数据要素价值化链路

激活数据要素价值,推动经济高质量发展,是数据利用的主要目标和终极目标。构建从数据到业务价值的高效、合规链路,是数据要素市场构建的重要工作内容。本章详细阐述数据价值化的典型链路,帮助读者全面理解数据产生业务价值的全过程。

3.1 数据价值化过程剖析

数据要素作为新的生产要素,参与生产并产生业务价值的过程与传统生产要素有很大区别。通过剖析数据要素价值化的过程,能够帮助我们理解其底层逻辑和通用法则。

3.1.1 传统生产要素价值化的典型示例

铝土矿经过烧结、高温煅烧、沉降、提纯等多个生产工序形成氧化铝,再经过电解工艺形成工业用铝制品(见图3-1),成为汽车、家电、设备等商品的组件。在这个过程中，铝土矿是典型的实体生产要素，通过一系列加工生产，最终成了产品的一部分。它是在产品中客观存在，能够被感知、计量的部分。

图 3-1　传统生产要素价值化示例

以上是传统生产要素价值化的典型过程。通过某种工艺工序，传统生产要素最终成为独立的产品的一个组件，实现价值创造。它是不可替代的、被消耗的。

数据要素赋能业务，产生业务价值的过程完全不同。我们以数据报表价值化和数据智能价值化、数据产品交易价值化、数据产品资本化典型的数据应用为例进行说明。

3.1.2　数据报表价值化示例

数据要素产生价值的主要方式之一是将数据汇聚，开发形成可视化报表等形式，然后业务人员从数据报表中获得更好的生产和经营洞察，从而提升生产效率，降低成本，形成业务价值。

例如，同样是铝土矿的加工过程，原来配矿的方式是以工人师傅的肉眼观察和经验为主。利用数据报表后，通过设备采集矿石状态，结合历史配矿产出的数据，得到当前矿石的最优配矿方案，并基于此方案对铝土矿的加工过程进行优化，从而提升同样一批铝土矿的产能，如图 3-2 所示。

在这个过程中，工厂收集与分析生产数据，通过数据报表和洞察获得生产全过程的优化建议，选择性实施这些建议，从而提升铝土矿加工成电解铝的效率，降低生产成本，提高产品质量，从而获得更大的价值。

1. 收集与分析生产数据

在整个生产过程中，各个环节会产生大量数据。工厂可以通过传感器、数据采集与监视控制（SCADA）系统、生产管理系统（MES）等进行数据实时收集和监控。关键数据如下。

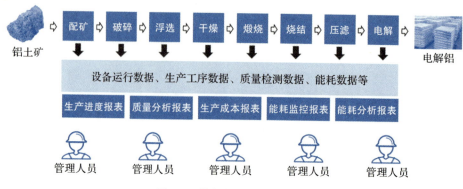

图 3-2 数据报表价值化示例

- **设备运行数据**：设备的温度、压力、转速、电流、电压等参数。
- **生产工艺数据**：各个工艺参数，如反应温度、时间、原料配比等。
- **质量检测数据**：原材料和产品的质量检测数据，如纯度、含杂质量等。
- **能耗数据**：各个环节的能耗数据，包括电力、燃料等。

2. 通过数据分析和工具优化生产过程

（1）提高生产效率

- **设备预测性维护**：通过监控设备运行数据，利用数据分析和机器学习算法预测设备故障，提前安排维护，避免非计划停机，从而提高设备利用率和生产效率。
- **工艺优化**：通过分析生产工艺数据，优化温度、压力、反应时间等工艺参数，提高生产过程的稳定性和产品质量。

（2）降低生产成本

- **能耗优化**：分析能耗数据，找到高能耗环节并进行优化，如调整电解工艺参数、改进加热设备等，降低能源消耗，减少生产成本。
- **原材料管理**：分析原材料使用数据和质量检测数据，优化采购和使用策略，提高利用率，减少浪费。

（3）提高产品质量

- **质量控制**：通过实时监控质量检测数据，及时发现和处理质量问题，确保产品质量稳定和一致性。

- 生产追溯：建立完整的生产数据追溯系统，确保每批产品的生产过程可追溯，提升产品质量管理水平。

3. 数据工具的应用

（1）数据分析
- 数据分析平台：利用大数据平台（如 Hadoop、Spark）对海量生产数据进行存储和分析，挖掘有价值的信息和规律。
- 数据可视化工具：如 Tableau、Power BI，通过可视化手段直观展示生产数据，帮助管理者快速了解生产状况和问题所在。

（2）报表
- 定期报表：定期汇总和分析各个环节的生产数据，帮助管理者决策。
- 实时报表：动态展示生产过程中各项关键指标的实时数据，以便及时调整生产策略。

（3）看板
- 生产看板：在生产现场设置电子看板，实时显示各个环节的生产数据和关键指标，如设备状态、生产进度、质量情况等，提高生产透明度和管理效率。
- 管理看板：为管理层提供综合管理视图，汇总展示生产、质量、能耗等各类数据，帮助管理层全面掌握生产情况，做出科学决策。

3.1.3 数据智能价值化示例

除了数据报表可视化帮助业务人员进行分析之外，数据要素产生业务价值还可以基于人工智能算法模型，直接驱动生产设备，从而获得业务增值。

同样以从铝土矿到电解铝的加工生产过程为例，在电解铝的生产过程中，充分利用人工智能技术实现对数据的深度分析，并优化现有的生产流程和工艺，减少人工干预，实现智能化生产。图 3-3 详细展示了这一过程，并列出典型的人工智能算法及其对应的业务场景。

（1）数据收集与预处理
- 传感器数据采集。在各个生产环节安装传感器，实时采集设备运行数据、工艺参数、能耗数据、质量检测数据等。

- 数据存储与预处理。将采集的数据存储在大数据平台（如 Hadoop、Spark），并进行数据清洗、缺失值填补、降噪等预处理，确保数据质量。

图 3-3　数据智能价值化示例

（2）数据分析与建模

- 特征工程。从原始数据中提取重要特征，如设备运行状态、工艺参数组合、能耗指标等，为后续模型训练提供输入。
- 模型训练与评估。对预测模型、分类模型、优化模型等进行训练，并进行评估和验证，以确保模型的准确性和可靠性。

（3）实时监控与预测

- 实时监控系统。实时分析生产过程中的各项数据，预测可能的故障、质量问题、能耗异常等。
- 预测性维护。使用时间序列分析和异常检测算法，预测设备故障，提前安排维护，减少设备非计划停机。

（4）调度与优化

- 生产调度系统。基于实时数据和预测结果，利用优化算法和强化学习算法自动调整生产计划和调度，提高生产效率。
- 工艺参数优化。利用机器学习和优化算法，自动调整生产参数，优化生产过程，降低能耗，提高质量。

（5）智能化决策与控制

- 智能决策系统。利用人工智能技术，自动生成生产决策建议，减少人工干预，实现智能生产。
- 自动化控制系统。结合工业自动化控制技术，实现生产过程的全自动控制，并根据实时数据和预测结果自动调整生产设备和工艺参数。

通过实时数据分析、预测、调度和优化，工厂可以显著提高生产效率、降低成本、提高产品质量，最终实现智能化生产目标。

3.1.4 数据产品交易价值化示例

当 A 铝厂生产过程中利用的算法模型经过长时间优化，已经形成确定性规则，能够适用于类似场景时，这批算法模型就具备了泛化到铝产业链的能力，可以形成数据产品，进而进入数据交易市场进行交易，如图 3-4 所示。其他铝厂购买该数据产品后，可以提升自身生产效率。

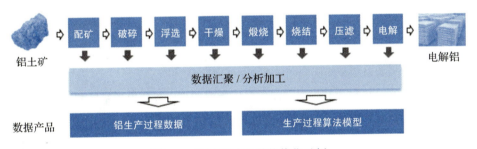

图 3-4 数据产品交易价值化示例

这个过程是数据资源产品化后，进入产业链交易流通的过程，主要包括以下几方面。

1. 数据产品的形成和泛化
- 数据产品的形成。A 铝厂通过长期实践和优化，利用生产数据和算法模型，形成了适用于铝产业链的确定性规则。这些规则包含生产过程中各环节的数据处理和优化方法。
- 数据产品的泛化。这些确定性规则和算法模型经过验证后，具备了泛化到铝产业链的能力，即可以在不同的铝厂中应用，提高其生产效率。

2. 数据产品交易典型场景

- 生产优化场景。其他铝厂购买 A 铝厂的数据产品后，可以优化自己的生产流程，减少原材料浪费，提高生产效率，降低生产成本。
- 质量控制场景。通过数据产品，铝厂可以实现精准的质量控制，降低次品率，提高产品质量。
- 设备维护场景。利用数据产品提供的预测性维护算法，铝厂可以提前发现设备潜在故障，减少停机时间，提高设备利用率。
- 供应链优化场景。数据产品可以帮助铝厂优化供应链管理，包括库存管理和物流优化，提高整体供应链效率。

3. 数据产品交易的价值

- 提升生产效率。通过购买 A 铝厂的数据产品，其他铝厂可以直接应用成熟的算法模型和生产优化规则，快速提升生产效率，减少摸索和优化时间。
- 降低生产成本。其他铝厂利用数据产品可以在生产过程中发现并解决问题，减少资源浪费和降低生产成本。
- 提高产品质量。其他铝厂能够利用数据产品实现精准质量控制和预测性维护，提高产品质量，增强市场竞争力。
- 促进产业升级。通过数据产品的交易和应用，铝产业链中的企业可以共同进步，推动整个产业链实现数字化和智能化，促进产业升级。
- 数据增值。A 铝厂通过将数据产品化并交易，实现了数据增值，创造了新的收入来源。

4. 数据产品交易市场的角色

- 平台提供商。平台提供商可以提供一个安全、可靠的数据交易平台，保障数据产品交易安全、合法。
- 数据产品供应商。如 A 铝厂提供经过验证和优化的数据产品，满足市场需求。
- 数据产品购买者。如其他铝厂购买数据产品，以提升自身生产和管理效率。
- 第三方评估机构。第三方评估机构提供数据产品的质量和效果评估，确保交易双方的权益。

3.1.5 数据产品资本化示例

当 A 铝厂的数据产品和算法模型经过市场验证，获得行业认可后，这些数据产品和算法模型即使没有卖出，已经具备市场价值，并拥有资本化的可能性。A 铝厂对这类数据产品进行确权、评估、登记可以获得数据产品证书或数据知识产权，通过金融机构的增信或质押获得贷款、融资，并且还可以证券化，使其成为在金融市场上可以交易的金融产品，即通过数据产品资本化实现价值创造。

1. 数据产品的确权、评估和登记

- 数据确权。A 铝厂需要对数据产品进行确权，明确数据的所有权和使用权。这可以通过法律手段和技术手段（如区块链）来实现。
- 数据评估。对数据产品进行评估，可以考虑数据的准确性、实用性、创新性和市场需求等因素，确定其市场价值。
- 数据登记。将数据产品登记为数据产品证书或数据知识产权，确保其合法性和可交易性。

2. 数据产品的金融化

- 增信。通过金融机构对数据产品进行信用增级，提升其市场认可度。金融机构可以提供担保或保险，增强数据产品的信用。
- 质押贷款。A 铝厂可以将数据产品质押给金融机构，以获得贷款。质押贷款是将数据产品作为抵押品，以换取融资的一种方式。
- 证券化。数据产品可以打包成资产支持证券，通过金融市场进行交易。证券化将数据产品的未来收益转化为可在市场上交易的金融产品。

3. 数据产品资本化的价值

- 获得融资。通过质押或增信，A 铝厂可以利用数据产品获得资金，扩大企业经营、增加研发投入。
- 提高企业估值。高价值的数据产品可以提高企业的整体估值，增强企业在资本市场的竞争力。

- 增强市场竞争力。A 铝厂通过数据产品的资本化，可以获取更多资源，增强自身在市场中的竞争力。
- 风险分散。证券化可以使数据产品的收益风险在金融市场中分散，降低企业的财务风险。
- 创新金融产品。数据产品资本化可以催生新的金融产品和服务，丰富金融市场的产品种类，促进金融市场的创新和发展。

数据产品资本化不仅能给企业带来直接经济收益，还能提升企业整体价值和市场竞争力。通过确权、评估、登记等操作，数据产品可以合法化、标准化。通过质押贷款、增信、证券化等金融手段，数据产品可实现资本化。在数据驱动的经济坏境中，数据产品资本化为企业提供了新的融资渠道和发展机遇，推动了数据经济和金融市场的创新与发展。

3.2 数据要素价值化的 4 个特点

数据报表价值化、数据智能价值化、数据产品交易价值化、数据产品资本化的 4 种数据价值化过程，体现了数据要素产生价值的 4 个特点。

（1）非独立生产要素

传统实体生产要素可以作为独立的生产要素为最终产品提供价值，例如，铝土矿经过加工，最终的铝元素会存在于铝产品中。数据要素无法作为独立的生产要素为实体经济产生价值。脱离了实体经济，数据要素只是一堆数字化形式的符号，不具备任何业务价值。

（2）赋能其他生产要素

数据要素的业务价值是通过赋能其他生产要素的生产过程、生产工艺而产生的增值部分。例如，同样的一吨铝土矿，经过不同的工艺、工序、流程，最终产生的电解铝的数量、质量都不一样。通过驱动更优的生产过程，数据要素能够产生更大的业务价值。

（3）价值效益与数据量正相关

数据要素赋能其他生产要素产生的价值，在很大程度上取决于数据量。例如，数据量和数据种类越多，所包含的业务含义和能够优化的业务环节就越多，能够产生的业务价值也就越大。所以，数据要素的价值效益与数据量成正比。

（4）数据要素价值化有一定的不确定性

数据要素所形成的洞察对业务优化指导有一定的不确定性。例如，对于同样的数据报表，不同经验的业务人员看到后产生的理解和所采取的行动不尽相同。对于同样的算法模型，输入不同的参数，产生的结果也不相同。

数据要素价值化过程中需要管理数据价值的不确定性，从而最大限度提升同样数据要素的价值产出，尽量减少对其他生产要素的价值依赖，形成通用的数据产品。

3.3 数据要素价值化的 3 种形式

通过对数据要素价值化的剖析，我们可以得出数据要素价值化的 3 种形式，如图 3-5 所示。

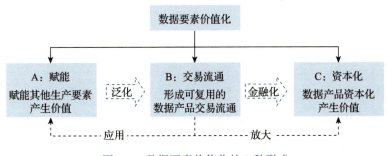

图 3-5　数据要素价值化的 3 种形式

（1）形式 A：赋能

数据资源应用于实体产业生产过程，赋能其他生产要素，产生业务价值。这是数据产生价值的最终形式，其他两种数据要素价值化形式都需要依托于这种形式。

如果一个数据产品不能应用于实体生产，不能赋能实体业务，那么所有的数据交易、流通和资本化都是空中楼阁，最终无法存在。

（2）形式 B：交易流通

当数据被证明具备可复用性，并且可以泛化到其他组织和企业，从而产生业务价值时，我们即可将该数据资源开发成数据产品，进入数据交易流通环节，通过交易流通产生业务价值。

数据通过交易流通产生的价值，有一定的不确定性，因为交易流通的数据产品是否能最终产生业务价值，受很多因素的影响。因此，在这个环节中，数据的确权和产品设计非常重要。

（3）形式C：资本化

在数据产品具备交易流通价值的基础上，我们可以利用金融工具将数据产品资本化，例如，通过质押融资、证券化等形式放大数据的价值创造。

3.4 实现数据价值化全链路的3个阶段

从数据到价值化的全链路可以用3个阶段、10个模块来概括阐述，如图3-6所示。

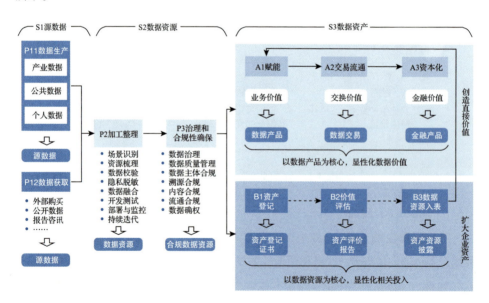

图3-6 数据价值化全链路的3个阶段

3.4.1 阶段一：数据生产（S1 源数据）

1. 模块一：数据生产（P11）

数据是伴随所有社会活动的伴生品。只要有行为，就会产生数据。根据产生源头的类型，数据可以分为 3 类源：产业数据、公共数据和个人数据。这三类数据的生产过程如下。

（1）产业数据生产过程

- 需求识别。企业根据内部需求确定需要收集和分析的数据类型，如销售数据、生产数据、客户反馈等。
- 数据收集。通过各种工具（如 ERP 系统、CRM 系统、生产控制系统等）收集数据。
- 数据存储。使用数据库和数据仓库存储收集的数据，确保数据安全、可查询。
- 数据分析。应用统计方法和数据挖掘技术对数据进行深入分析，以支持决策。
- 数据共享与利用。组织内部共享数据以支持跨部门决策，有时也与外部合作伙伴共享数据以提高业务效率。

（2）公共数据生产过程

- 数据源确定。公共数据通常来源于政府部门、教育机构、国际组织等，包括人口普查、经济调查、环境监测等数据源。
- 数据收集。收集方法可能包括调查问卷、公共记录电子化、卫星和其他遥感设备等。
- 数据处理。数据处理包括数据清洗、去除错误和重复的数据。
- 数据整合。数据整合是将不同来源的数据的格式合并为一致的格式。
- 数据发布。数据通常会被转换成公众易于访问和使用的格式，并在政府或相关机构的公开平台发布。
- 数据维护和更新。定期维护和更新数据以确保其时效性和准确性。

（3）个人数据生产过程

- 数据源确定。个人数据来源包括社交媒体、在线购物、移动应用等。

- 同意获取。根据数据保护法规（如 GDPR），在收集个人数据之前必须获得数据主体的明示同意。
- 数据收集和存储。以安全的方式收集个人数据，并确保数据在存储和传输过程中安全。
- 数据处理。基于数据分析的需求和目的，比如提供个性化的服务和广告，对个人数据进行处理加工，确保数据匿名化和去标识化，以保护个人隐私。
- 数据删除和管理。根据法律要求和个人要求删除不再需要的数据。

在所有这些数据生产过程中，数据安全和隐私保护是共同要求。确保数据在收集、存储和使用过程中符合相关的法律和伦理标准，是数据生产过程的关键。

2. 模块二：数据获取（P12）

除了获取模块一由数据主体通过社会活动产生的数据之外，企业还可以通过外部购买、合法的技术手段获取公开数据、报告和资讯，从而补充数据。不同阶段产生的数据不同，本阶段的数据旨在实现业务目标。例如为了构建线上交易能力，企业会开发电子商务系统。该开发过程不仅包括技术实施，还涉及数据生成、收集和分析，以优化系统性能和提升客户体验。

3.4.2 阶段二：数据采集加工（S2 数据资源）

源数据是在以软件开发和应用为目的的过程中生成和采集的，是分散的、割裂的，分布在不同的业务系统中，且往往具有重叠、不一致、碎片化等特点。为了让这些数据形成有价值的数据资源，我们需要进行加工整理、治理和合规性确保。

1. 模块三：加工整理（P2）

数据加工整理的目的是实现特定业务目标，比如提高电商平台的用户购买转化率。

下面对数据加工整理关键步骤进行详细介绍。

（1）场景识别

- 目标定义。明确业务目标，例如提高转化率，这需要根据用户行为数据、购买历史数据和市场趋势进行分析。
- 需求分析。分析所需数据类型和来源，确定分析模型和关键性能指标。

（2）资源梳理

- 数据源识别。识别所有可能的数据源，包括内部数据源（如 CRM 系统、ERP 系统、网站后台）和外部数据源（如社交媒体、市场研究报告）。
- 数据收集。根据既定的数据源列表，收集相关数据，可能涉及 API 调用、数据库查询等技术手段。

（3）数据校验

- 数据清洗。检查数据的完整性和准确性，修正错误和填补缺失值，删除重复项。
- 数据验证。验证数据的合理性和一致性，确保数据符合预定格式和范围，使用统计方法检验数据的有效性。

（4）隐私脱敏

- 识别敏感数据。识别含个人识别信息的字段，如姓名、电话号码、电子邮件地址等。
- 数据脱敏。应用脱敏技术（如数据掩码、伪装、哈希处理）保护个人隐私，确保数据处理符合数据保护法规（如 GDPR、CCPA）。

（5）数据融合

- 数据整合。将来源不同的数据整合，建立一个全面的数据视图。
- 数据丰富。根据业务需要，通过采集和添加额外的数据字段或通过外部数据源丰富现有数据，形成更完整的数据集，以增强数据价值。

（6）开发测试

- 模型开发。基于清洗和融合后的数据，开发机器学习模型或统计模型，以预测用户行为或购买意向。
- 测试验证。在独立的测试集上验证模型性能，评估准确度、召回率和其他相关指标。
- 迭代优化。根据测试结果对模型进行调整和优化。

（7）部署与监控

- 系统部署。将经过测试验证的模型部署到生产环境中，实时处理数据和输出预测结果。

- 性能监控。监控系统运行稳定性和模型效果，收集系统日志和用户反馈，持续优化系统性能。

（8）持续迭代

- 反馈循环。基于用户反馈和系统性能指标，持续迭代更新数据处理流程和算法模型。
- 业务调整。根据市场变化和业务发展需求，调整业务战略和数据分析目标。

通过这一系列复杂的步骤，企业可以有效地从杂乱的数据中提取有价值的信息，支持业务决策并实现业务目标。这一过程不仅需要技术和数据处理专业知识，还需要对业务需求和数据保护法规有深刻的理解。

在整个过程中，最核心的是第一步——场景识别。识别数据能够产生业务价值的场景是一切的基础，否则数据就是一堆没有意义的编码，没有任何价值。

2. 模块四：治理和合规性确保（P3）

企业发现多个业务场景后，需要从整体角度对这些场景相关数据进行体系化治理和合规处理，以确保数据的质量和合规性。企业数据治理和合规性确保是一项复杂而多层面的任务，涉及多个关键步骤，包括数据治理、数据质量管理、数据主体合规、溯源合规、内容合规、流通合规和数据确权。以下是这些步骤的详细描述。

（1）数据治理

- 建立治理框架。建立全面的数据治理框架，定义数据治理的策略、原则、标准和责任，包括设定数据治理组织架构，如成立数据治理委员会。
- 制度和程序。制定详细的数据管理制度和操作程序，确保所有部门和员工明白其在数据处理中的角色和责任。

（2）数据质量管理

- 质量标准设定。定义数据的准确性、完整性、一致性、及时性和可靠性。
- 质量监控。定期实施数据质量检查和监控，以识别和纠正数据问题。使用自动化工具提高数据质量管理效率。
- 改进措施。对识别到的数据问题制定并实施改进措施，持续提升数据质量。

（3）数据主体合规

- 合规评估。定期评估数据处理活动是否符合适用的数据保护法规，如《中华人民共和国个人信息保护法》《中华人民共和国网络安全法》等。
- 最小化数据处理。确保只收集实现业务目标所必需的数据，不超出最小必要数据范围。
- 许可和报告。确保所有数据收集和处理活动有适当的法律依据，必要时进行数据保护影响评估并向监管机构报告。

(4) 溯源合规
- 数据来源记录。记录数据的来源，确保数据收集是合法和合规的。
- 数据流追踪。通过数据流追踪系统，监控数据从收集、存储到使用的全过程，确保每个阶段的数据处理都符合政策和法规。

(5) 内容合规
- 内容审查。定期审查数据内容，确保数据中不包含非法、不道德或与公司制度不符的信息。
- 敏感数据管理。对敏感数据实施加密、访问控制等保护措施，确保敏感数据的安全处理。

(6) 流通合规
- 数据访问控制。确保只有授权用户能够访问敏感数据或受限数据。
- 数据传输安全。确保数据在内部和跨界传输过程中的安全，使用加密和安全协议保护数据不被未授权访问。

(7) 数据确权
- 明确数据所有权。清晰定义数据的所有权和使用权，确保所有数据资产有明确的责任主体。
- 权益管理。实施数据权益管理措施，包括数据许可、数据共享协议执行，保护企业和数据主体权益。

通过实施这些步骤，企业不仅可以提升数据治理的有效性，还能确保遵守日益严格的数据保护法规，从而降低合规风险，提高声誉及增强客户信任度。

3.4.3　阶段三：数据价值化（S3 数据资产）

数据价值化有 3 种形式：赋能、交易流通、资本化。

1. 模块五：赋能（A1）

数据赋能是应用数据科学和技术解决实际问题和优化业务流程的一种方式。在赋能实体经济的背景下，数据赋能通常涉及以下几个主要步骤。

（1）业务需求分析

在开始任何数据产品开发之前，首先需要深入理解业务部门的需求，明确它们面临的挑战、目标和期望，以确定需要解决的数据产品核心问题。

（2）数据收集和处理

根据确定的业务需求，收集相关数据。这些数据可能来源于组织内部（如销售记录、库存数据等），也可能来源于外部（如市场调研、公共数据集等）。收集数据后，我们需要对数据进行清洗和处理，以确保数据质量和可用性。

（3）数据分析和模型开发

利用统计分析和机器学习技术对数据进行深入分析。这一步骤可能包括探索性数据分析（EDA）、特征工程、建立和训练模型等。目标是从数据中提取有价值的洞见，或者开发能够自动化决策和预测的模型。

（4）产品原型开发和测试

基于分析结果和模型，开发数据产品原型。这可能是仪表板、报告系统，或者完整的决策支持系统。我们需要在实际业务环境中进行原型测试，以评估其性能和效果。

（5）部署和监控

一旦原型测试成功，接下来将产品部署到生产环境中。部署后，我们需要持续监控产品的表现，确保其稳定运行，并对产生的任何问题迅速响应。

（6）持续优化和迭代

数据产品开发不是一次性任务，而是一个持续的过程。我们需要根据用户反馈和业务变化，持续优化和更新数据产品，以确保其能够不断满足业务的发展需求。

通过这些步骤，数据产品能够有效支持实体经济各个方面，例如提高生产效率、优化供应链管理和客户关系管理等。这不仅帮助企业提升竞争力，还能在更广泛层面上促进经济健康发展。

一个数据产品被证明具备一定的复用性，能够泛化到其他企业和领域时，便具备了交易的可能性，即交换货币产生价值。

2. 模块六：交易流通（A2）

数据产品的交易流通涉及数据资产在不同组织之间的转移和共享。这个过程需要技术支持，还涉及法律、经济和策略的考量。

数据产品交易流通主要包括 7 个关键步骤。

（1）数据产品标准化与封装

在数据产品交易之前，首先需要对数据进行标准化处理和封装。这包括确保数据的格式、质量和结构满足行业标准，以及将数据产品封装成易于传输和集成的形式（如 API、数据包等）。

（2）价值评估与定价

数据产品价值评估是交易流通的关键步骤，通常涉及分析数据的稀缺性、可用性、影响力和潜在经济效益。根据这些因素制定合理的定价策略，确保数据提供者和使用者之间的利益平衡。此步骤也是数据资源入表的关键操作，将在后文详细描述。

（3）交易（场内/场外）

数据产品的交易需要平台来促成。这些平台提供买卖双方匹配服务、交易执行监督以及交易后服务。平台还需要确保交易的透明性和安全性，包括数据隐私保护和法律遵从。

（4）许可和合约管理

交易双方必须通过许可协议规定数据的使用权，包括数据的使用范围、时间限制和任何特定的使用条件。合约还需详细规定违约责任和争议解决机制。

（5）数据传输与集成

一旦交易达成，数据产品需安全传输到买方系统中并进行集成，确保数据完整性和安全性。

（6）监管和合规性

在数据交易过程中，遵守相关数据保护法律和行业规定，包括确保个人数据隐私安全、数据源合法、交易双方行为合规。

（7）价值产生与分配

- 价值产生。数据产品通过提供决策支持、优化业务流程、创新服务等途径创造价值。
- 价值分配。价值分配通常依赖于交易双方的协议。数据提供者可以通过销售数据、许可使用权或提供数据驱动的服务来获得收益。数据使用者通过利用这些数据提升业务效率或创造新的收入来源来获得回报。

3. 模块七：资本化（A3）

当数据产品具备市场交换价值后，我们可以通过将其转化为金融产品来实现资本化。这一过程涉及多个步骤和金融创新手段。通过这种转化，可以提高数据产品的流动性，扩大潜在的投资者范围，并为数据所有者提供新的资金来源。

数据资本化主要包括以下 7 个步骤。

（1）数据产品的评估与分类

首先，对数据产品的质量、稳定性、市场需求和成长性进行评估。此外，根据数据产品的实时性、周期性和独特性进行分类，以确定最适合的金融化策略。

（2）结构化金融产品设计

根据数据产品的特性设计相应的结构化金融产品，具体包括以下设计。

- 资产支持证券（ABS）。将数据产品或数据流能够带来的未来收益打包，形成以这些收益为支持的证券。
- 数据衍生品。基于数据产品的预期表现，设计期权、期货或掉期等衍生品。
- 收益分享协议。制定协议规则，从而支持投资者提供资金来实现数据产品的开发和商业化，以换取收入。

（3）风险评估与定价

对金融产品进行详细的风险评估，包括市场风险、信用风险、操作风险等。基于这些风险因素进行定价，确保金融产品的价格反映其真实的风险和收益潜力。

（4）合法性与合规性审核

确保金融产品符合法律监管要求。我们可能需要与金融监管机构咨询，并解释数据产品的特性和金融产品的结构，确保所有操作在法律框架内。

（5）市场推广与销售

开展市场推广活动，向潜在的投资者介绍这些金融产品的优势和潜在收益，包括与投资银行及其他金融中介机构合作，确保金融产品广泛覆盖市场。

（6）交易

通过交易所或场外交易市场（OTC）进行金融产品交易，建立金融产品交易机制，包括交易规则、清算和结算流程，以提升其流动性和透明度。

（7）监控与管理

持续监控金融产品的表现和市场动态。根据市场条件和产品表现调整策略，处理可能出现的风险事件，并定期向投资者报告。

通过上述步骤，可以有效地将数据产品转化为金融产品，实现在资本市场中交易，从而为数据所有者创造经济价值，并为投资者提供新的投资机会。数据资本化不仅提高了数据资产的商业价值，也推动了金融市场的创新和发展。

以上是数据产品直接为主体企业或其他企业创造价值的 3 种形式。这三种形式是企业过去利用数据创造价值的主要手段和路径。

4. 模块八：资产登记（B1）

数据资产登记是由权威第三方机构对数据主体提供的数据进行审查和公示，最终颁发数据资产证书或数据产品证书的过程。这是一个标准化且严格的行政程序，旨在确保数据资产的合法性、安全性，从而从法律层面对数据资产后续的交易流通处理做出认定。

不同机构对于数据资产登记的流程有所不同，这一过程通常涉及多个步骤，包括登记申请、合规审查、登记审查、登记公示、证书颁发、监管和维护。

（1）登记申请

- 提交资料。企业需准备并提交一系列资料，通常包括数据产品的详细描述、数据来源和采集方法、数据处理和存储安全措施，以及数据的用途和潜在价值。
- 申请表格。填写专门的数据产品登记申请表，包括企业基本信息和数据产品关键特性。

（2）合规审查

- 合法性检查。相关机构审核数据产品的合法性，确保数据的采集和使用符合现行的数据保护法律和行业规定。
- 隐私保护。检查数据是否涉及个人隐私，以及企业是否采取了合适的隐私保护措施。

（3）登记审查

- 技术和安全性评估。对数据产品的技术方案和安全性进行深入评估，包括数据的准确性、完整性、可靠性及安全防护措施。
- 价值和可行性分析。评估数据产品的商业价值和实际应用的可行性，确定其对企业及客户的潜在影响。

（4）登记公示

- 公开信息。将申请的数据产品相关信息公示，通常会将信息在官方网站或其他公共平台展示一定时间。
- 公众反馈。在公示期间，允许公众和其他利益相关者提出意见，确保过程透明、公正。

（5）证书颁发

- 审批决定。根据审查结果和公众反馈，相关机构做出是否批准的决定。
- 证书颁发。对于审批通过的数据产品，相关机构将颁发正式的数据资产登记证书。证书上详细说明数据产品的范围和使用条件。

（6）监管和维护

- 定期更新。企业需要定期更新数据产品的相关信息，并对部分数据产品进行必要的评估，以确保数据产品持续符合合规要求。
- 监督检查。相关机构将定期或不定期监督检查，以确保数据产品持续符合登记时的标准和要求。

通过这一过程，企业可以获得相关机构认可的数据资产登记证书。这不仅增强了数据产品的市场信任度，也有助于企业在竞争中获得优势。此外，登记证书还能为企业在融资、合作和扩展业务时提供重要支持。

5. 模块九：价值评估（B2）

数据资产登记过程中存在数据价值的可行性分析部分，但并不能最终确定数据资产的商业价值，只是定性的框架分析。

数据资产的价值评估是一个财务和商业分析的过程，而非行政流程，仅在确定某一类（或某一个）数据资产的经济价值，通常涉及以下 9 个步骤。

（1）明确评估内容及目标

- 明确评估需求。说明为何评估数据资产的价值，是为了内部管理、合规性、财务报告、投资决策，还是销售。
- 确定评估内容。确定要评估哪些数据资产，明确评估目标对象，主要评估信息包括资产种类、使用范围及相关的业务实现目标。

（2）数据资产识别与分类

- 资产清单识别。编制涵盖数据资产的清单，包括数据库、数据仓库、大数据环境等。
- 资产分类。根据数据的来源、类型（结构化、非结构化）、敏感性、存储位置等分类。

（3）评估数据质量

- 质量检查。评估数据的准确性、完整性、一致性、时效性和可靠性。
- 影响分析。确定数据质量问题对业务影响的严重性，识别需要改进的部分。

（4）确定数据的使用情况和使用频率

- 使用分析。分析数据的实际使用情况，包括访问频率、使用部门、使用目的等。
- 用户反馈分析。收集内部或外部用户对数据价值的看法和使用体验并进行分析。

（5）评估数据的独特性和不可替代性

- 竞争优势。评估数据是否提供竞争优势，是否难以被竞争对手复制或获取。
- 替代成本评估。评估替代现有数据资产所需的成本。

（6）分析法律和合规性要求

- 合规性评估。评估数据资产的收集、存储和使用是否符合相关的法律法规要求。
- 风险管理。识别与数据资产相关的合规风险，如数据泄露、不当使用等。

（7）评估数据资产的经济价值
- 直接收入评估。评估数据资产是否能直接产生收入，例如通过数据销售、授权使用等。
- 成本节约评估。评估使用数据资产能否帮助减少成本或提高效率。
- 间接价值评估。评估数据资产对其他业务活动的支持，如提升客户满意度、优化营销策略等。

（8）撰写评估报告
- 报告编制。整理评估过程和结果，详细记录方法、数据资产描述、价值估计以及给出该报告可用于哪些场景的建议。
- 审查和批准。报告需经相关部门或管理层审查和批准。

（9）制定优化和增值策略
- 改进计划。基于评估结果，制订数据资产管理和使用的优化计划。
- 增值活动。探索数据资产潜在的增值途径，如开发新的分析工具、改进数据产品等。

数据资产价值评估是一个动态的过程，需要定期重新评估，以适应新的业务环境和技术变化。确保评估方法科学且实施到位，可以帮助企业最大化数据资产的价值。

6. 模块十：数据资源入表（B3）

企业完成数据资产价值评估后，将数据资产纳入财务和会计记录的过程需要符合现行会计准则和财务报告要求。数据资产的会计处理较为复杂，因为它们通常不符合传统物理资产的特征。以下是数据资源入账的关键步骤。

（1）确定数据资产的资本化条件
- 识别资产。首先需要确认数据资产是否符合资本化条件，即是否可以明确量化、是否有实现未来经济收益的潜力，并且成本可以可靠计量。
- 区分费用。区分与数据资产相关的开发成本和维护成本，通常，仅将直接增加资产价值的成本（如购买、开发成本）资本化，而将日常维护或运营成本计入当期费用。

（2）评估数据资产的初始价值

- 成本确定。数据资产的初始价值评估通常基于其获取或创建成本，即包括直接成本如采购费、开发费，以及直接归于资产准备和初期形成的其他相关费用。
- 公允价值评估。如果数据价值是通过交易获取的，还需考虑其公允价值，尤其是在购买或交换数据产品时。

（3）记录数据资产

- 资产分类。将数据资产记入无形资产，在资产负债表上单独列示。数据资产作为无形资产，需区别于物理资产和其他类型的无形资产。
- 分录录入。在会计系统中创建相应的资产账户，录入初始价值，并根据企业会计政策进行成本分摊或摊销。

（4）定期审查

- 价值复核。定期审查数据资产的账面价值，考虑任何可能的减值。当市场环境变化或数据资产的使用预期发生变化时，我们可能需要进行减值测试。

（5）合规审计与财务报告制定

- 合规审计。确保数据资产的会计处理符合国际财务报告准则（IFRS）、通用会计准则（GAAP）或其他地区的相关会计准则。
- 财务报告制定。年度财务报告和其他财务沟通报告中包含数据资产的相关信息，以提高企业财务透明度和增强利益相关者信心。

通过这一系列过程，数据资产被合理评估并纳入企业财务会计体系，为企业管理层和投资者提供重要的决策支持信息。

第4章 CHAPTER

数据资产管理

前一章详细描述了数据要素价值化的全过程。整个过程链条非常长，跨越多层次、多体系、多领域，不同阶段的数据资产管理往往是割裂的、独立的。这就需要企业建立全链路的数据资产管理能力。

本章将探讨数据资产管理在企业和组织中的关键作用及实施方法和策略。首先，了解数据资产管理的基本知识对企业和组织的重要性及其价值。然后，深入讨论数据资产管理的范围，帮助读者全面理解数据资产管理的内容和重要性。接着，阐述典型的企业数据资产管理框架，指导读者建立和优化自身的数据资产管理体系。最后，探讨数据资产管理与数据治理、数据管理之间的关系，强调它们之间的联系和相辅相成的作用，引导读者进行更深入的思考。

4.1 数据资产管理基本知识

4.1.1 数据资产管理的定义

数据资产管理是指对企业内部数据进行有效管理和控制，包括数据的采集、存储、维护、使用和删除等各环节的管理。

信通院在《数据资产管理实践白皮书（5.0 版）》中将数据资产定义为，企业合法拥有或控制的数据资源，以电子方式记录如文本、图像、语音、视频、网页、数据库、传感信号等结构化或非结构化数据，可计量或交易，能直接或间接带来经济效益和社会效益。

它的主要目的是提高数据的价值利用率，确保数据安全，并支持企业的决策。数据资产管理不仅涉及数据的质量和完整性，还涉及数据治理、数据安全、数据隐私保护等方面。

4.1.2 数据资产和普通资产的共性

数据资产和普通资产的两大共性如下。

第一，必须满足合法性要求。《中华人民共和国数据安全法》四十七条明文规定，企业只有合法拥有和控制的数据才能算作自己的资产，如果是通过非法途径获得，则不能算作自己的资产，并且可能带来法律风险。这给企业的数据管理和交易设定了一条红线，越线可能会给企业带来非法交易所得 10 倍的处罚。

第二，必须满足收益性要求。无论数据资产还是普通资产，都必须能够给企业带来直接或间接经济利益。数据资产应具备明确的价值特征，能够为企业带来直接或间接的经济和社会效益，不能产生价值的数据不仅不是资产，还会浪费企业资源，属于企业成本。

4.1.3 数据资产管理的发展

企业对数据资产的管理可以分为 5 个阶段，如图 4-1 所示。

（1）早期阶段（1980 年代末至 1990 年代初）

在这个阶段，数据主要用于简单的业务运算。企业对数据的管理非常基础，主要依靠数据库管理系统（DBMS）来存储和查询数据，对数据资产的概念并不明确。

（2）数据仓库与数据挖掘阶段（1990 年代）

随着数据仓库的出现，企业开始重视从大量数据中提取价值。数据仓库的建设使数据集中管理成为可能,数据挖掘技术的应用也开始兴起,支持更复杂的业务决策。

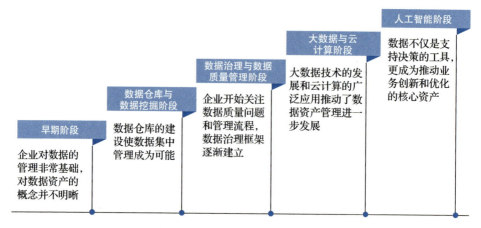

图 4-1　数据资产管理的发展阶段

（3）数据治理与数据质量管理阶段（2000 年代初）

数据治理的概念开始形成。企业开始关注数据质量问题（如数据清洗、数据整合和数据一致性等）和管理流程。数据质量管理工具和方法得到发展，数据治理框架逐渐建立。

（4）大数据与云计算阶段（2010 年代）

大数据技术的发展和云计算的广泛应用推动了数据资产管理进一步发展。企业开始关注海量数据的存储、处理和分析。数据资产管理不仅要关注数据的规模，还要关注数据的多样性和实时性。

（5）人工智能阶段（近期和未来）

随着人工智能技术的普及，尤其是大模型技术的迅猛发展，数据不仅是支持决策的工具，更成为推动业务创新和优化的核心资产。现在，数据资产管理更多地包括数据实时动态管理，以及利用先进的分析技术来挖掘数据的深层价值。

作为一个持续发展的领域，数据资产管理重要性与日俱增。随着技术的进步和企业需求的变化，数据资产管理的策略和工具也将逐渐演化。

4.2 数据资产管理的重要性和价值

4.2.1 数据资产管理的七大重要性

数据资产管理是企业确保其数据资源得到有效管理和利用的关键活动。随着数据量的爆炸性增长和技术的迅速发展，数据已成为企业获取竞争优势的重要资产。数据资产管理重要性主要体现在 7 个方面，如图 4-2 所示。

图 4-2 数据资产管理的七大重要性

1. 确保高质量的决策制定

企业通过有效的数据资产管理，可以确保高质量的决策制定。数据驱动的决策过程有助于企业更快地响应市场变化，预测业务趋势，从而提高决策效率和效果。

2. 提高运营效率

数据资产管理可以帮助企业优化业务流程，消除冗余和低效操作。通过对数据的有效监控和分析，企业能够识别流程中的瓶颈和改进点，从而降低成本，提高运营效率。

3. 加强风险管理

数据资产管理不仅可以帮助企业在处理数据时遵守相关法规和标准，还可以通过对数据的持续监控和分析来预测并缓解风险。例如，在金融服务行业，有效的数据资产管理可以帮助检测并预防欺诈行为。

4. 促进创新和新业务的发展

数据资产管理能够为企业提供新的洞察力。这些洞察力可以用于开发新产品和服务，优化现有产品，或创造全新的业务模式。数据洞察力是推动企业创新和长期增长的关键。

5. 提升客户满意度和忠诚度

通过分析客户数据企业可以，了解客户需求和行为模式，提供更加个性化的产品和服务，从而提高客户满意度和忠诚度。数据资产管理可以帮助企业更好地理解客户群体，有效定位市场和优化客户关系管理。

6. 数据安全与合规

在全球范围内，数据保护法规日益严格。有效的数据资产管理可以确保企业在处理、存储和使用数据时遵守法律法规，避免违规带来的高额罚款及品牌声誉受损。

7. 优化数据生命周期流程

从数据的创建、存储、使用到最终的销毁或归档，数据资产管理能够优化其整个生命周期流程。这不仅有助于数据的有效使用，还能确保数据在不再需要时能够被安全且合规地处理。

综上所述，数据资产管理对于希望在现代商业环境中保持竞争力的企业来说至关重要。它不仅可以提高业务效率，还能增强企业在战略决策、风险管理和客户服务等方面的能力。

4.2.2　数据资产管理的价值

在当今的企业和组织中，数据资产极其重要。随着信息化和数字化的不断深化，数据已经成为企业决策和运营的核心支撑。

数据资产对于企业和组织的重要性，可以总结为图 4-3 所示的 6 个方面。

1. 提升业务响应能力

通过数据资产管理，电商平台能够实时监控销售数据、库存情况、客户购买行为等。数据的及时更新和准确记录，使得平台能够快速响应市场变化，比如调整库存、优化营销策略等，从而有效地提升业务响应速度和市场竞争力。

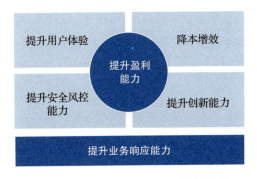

图 4-3　数据资产对企业和组织的价值

2. 提升盈利能力

制造企业通过数据资产整合,能够链接更多的供应商和分销商信息资源,实现资源的最优配置。比如,通过数据分析,企业可以识别最可靠的供应商,预测原材料价格波动,优化采购计划,从而减少成本并提高盈利能力。

3. 提升用户体验

流媒体服务公司利用用户的观看习惯、喜好和反馈数据来定制个性化推荐。这些数据帮助公司不断优化算法,提供更加贴心的用户体验,增强用户黏性和满意度,从而提升整体服务价值。

4. 降本增效

在智能制造领域,企业通过数据资产管理,监控设备性能和生产流程来优化操作。例如,通过实时数据分析,制造商可以预测设备维护需求,执行预防性维护,减少停机时间,提高生产效率,从而显著降低运营成本。

5. 提升安全风控能力

银行和金融机构使用大数据分析评估贷款申请者的信用风险。基于历史交易数据、用户行为分析及外部信用报告分析,银行和金融机构可以精准识别潜在高风险客户,从而降低信用损失,增强整体风险管理能力。

6. 提升创新能力

医疗机构利用患者数据、治疗结果和研究数据开发新的治疗方案或药物。医疗机构通过数据驱动的创新不仅可以加速新药研发，还可以提供个性化医疗解决方案，直接提升了医疗服务质量和效果。

综上所述，数据资产管理对企业和组织的重要性不言而喻。它不仅可以帮助企业和组织更好地了解客户需求、提升运营效率、降低成本，还能够为决策制定提供科学依据，从而促进企业和组织持续发展和提升竞争优势。

4.3 数据资产管理的范围

数据资产管理是确保数据资产被有效管理和利用的重要过程。下面详细介绍数据资产管理的范围。

- 数据采集。这涉及从各种来源收集数据，并确保数据的准确性和完整性。例如，一家零售企业需要采集顾客购物数据、销售数据和库存数据，以支持业务运营和决策。
- 数据存储。数据资产管理还涉及数据的存储管理。这包括选择合适的数据存储技术和平台，确保数据的安全性和可靠性。例如，金融机构需要建立安全可靠的数据存储系统，以存储大量的客户交易数据和账户信息。
- 数据清洗和加工。数据资产管理还涉及数据清洗和加工。这包括去除数据中的噪音和异常值，使数据能够被有效地分析和利用。例如，制造业企业需要对从传感器收集到的生产数据进行清洗和加工，以确保数据的准确性和可靠性。
- 数据分析和挖掘。数据资产管理还涉及数据分析和挖掘，旨在发现数据中隐藏的规律和价值，为决策提供科学依据。例如，市场调研公司需对市场数据和消费者行为数据进行分析和挖掘，以帮助客户制定营销策略和产品定位。
- 数据共享和保护。数据资产管理还涉及数据共享和保护，以确保数据被合适的人员和部门访问、利用，同时保护数据隐私和安全。例如，医疗机构需要确保患者的个人健康数据得到妥善保护，并可被授权的医生和研究人员访问、利用。

4.4 典型的数据资产管理框架介绍

数据资产管理是一个复杂的领域，涉及数据的整合、管理、维护和增值。企业实施有效的数据资产管理策略需要依赖成熟的框架和标准。

1. 数据管理能力成熟度评估模型（DCMM）

DCMM 是我国首个数据管理领域正式发布的国家标准，将组织内部数据能力划分为 8 个部分，描述了每个组成部分的定义、功能、目标和标准。该标准适用于信息系统建设单位、应用单位等在进行数据管理时的规划、设计和评估，也可以作为信息系统建设指导、监督和检查依据。

（1）DCMM 的来源

2014 年，工信部信软司和国家市场监管总局标准技术管理司成立了全国信标委大数据标准工作组，以负责国家大数据领域的标准化工作，并对 ISO/IEC JTC1/WG9 大数据国际标准进行归口管理。

工作组成立当年，DCMM 国家标准立项并正式启动研制，经过近 4 年的研制和试验验证，于 2018 年 3 月 15 日正式发布，这是我国数据管理领域最佳实践的总结。

（2）DCMM 的主要内容

DCMM 国家标准结合数据生命周期管理各阶段的特征，按照组织、制度、流程、技术对数据管理能力进行了分析和总结，提炼出组织数据管理的八大过程域，并对每项能力域进行了二级过程项（28 个过程项）、发展等级（5 个等级）的划分以及相关功能介绍和评定指标（445 项指标）的制定，如图 4-4 所示。

DCMM 包括数据战略、数据治理、数据架构、数据应用、数据安全、数据质量和数据标准 7 个核心领域，通过组织、技术、制度和流程 4 个维度进行全面管理和评估，确保数据从需求、设计和开发、运维到退役的全生命周期管理，最终实现数据管理的系统性和有效性。

2. DAMA 数据管理知识体系指南（DAMA-DMBOK）

DAMA-DMBOK 是由国际数据管理协会提出和推动的一套全面的数据管理领域的综合性知识框架。该框架涵盖数据管理的各个方面，包括数据治理、数据架构、数据建模、数据标准、数据应用、数据生命周期、数据战略、数据安全、数据质量等。整体框架如图 4-5 所示。

图 4-4 DCMM 框架

图 4-5 DAMA-DMBOK 框架

DAMA-DMBOK 提供系统化方法来帮助组织管理数据资产，以确保数据资产的正确性和价值最大化，可作为评估和改进数据管理实践的基准。

3. 数据管理能力评估模型 (DCAM)

DCAM 由 EDM Council 开发，是一套用于帮助组织建立和评估数据管理能力的模型。DCAM 框架涵盖数据管理的各个方面，从战略到执行，确保数据资产的高效利用和治理。整体框架如图 4-6 所示。

（1）**数据战略与商业案例**

- **数据战略**。定位数据为企业战略资产，明确数据治理和管理的愿景、目标及方法。
- **商业案例**。集成优秀的商业案例，证明数据管理对企业业务的价值，包括投资回报和具体业务成果。

图 4-6　DCAM 框架

（2）数据管理项目与资金

- 数据管理项目。建立和维护企业级数据管理项目，包括组织结构、职责和流程。
- 资金保障。确保数据管理项目获得充足的资金支持，以实现其目标和持续改进。

（3）业务与数据架构

- 业务架构。定义业务过程和数据流，确保数据与业务需求一致。
- 数据架构。建立全面的数据架构，包括数据模型、数据字典和元数据管理，确保数据的一致性和可用性。

（4）数据与技术架构
- 数据与技术架构选型。选择适合的数据技术架构，包括数据存储、处理和传输技术，以支持数据管理和分析，建立稳健的技术基础设施，确保数据的安全性、可扩展性和性能。

（5）数据质量管理
- 数据质量框架。建立数据质量框架，定义数据质量的度量指标和目标。
- 数据质量监控。实施数据质量监控和报告机制，及时识别并解决数据质量问题，确保数据准确和完整。

（6）数据治理
- 数据治理框架。建立数据治理框架，包括数据治理的政策、流程和职责分配。
- 数据治理实施。通过培训、沟通和变更管理，确保数据治理在组织内有效。

（7）数据控制环境
- 数据控制。建立和维护数据控制环境，包括数据隐私保护、安全控制和合规管理。
- 风险管理。识别和管理数据风险，确保数据使用符合法律法规和企业制度。

（8）分析管理
- 分析能力。建立和提升数据分析能力，包括数据科学、机器学习和人工智能技术的应用。
- 分析工具与平台。选择和应用适合的分析工具和平台，支持数据驱动的决策制定和业务优化。

（9）基础、执行、协同与应用
- 基础。DCAM 的基础部分包括数据管理战略和架构，是数据管理能力建设的起点。
- 执行。通过有效的项目管理和资金支持，确保数据管理项目的成功执行。
- 协同。促进组织内部和外部的协作，确保数据管理的持续改进和创新。
- 应用。将数据管理能力应用于具体业务场景，通过数据驱动的分析与决策，实现业务价值。

DCAM 框架提供了一套系统的方法，从战略制定到技术实现帮助企业和组织全面提升数据管理能力。通过实施 DCAM 框架，企业和组织可以更好地管理和利用数据资产，提高数据质量，确保数据安全，实现数据驱动的业务转型和创新。DCAM 框架适用于需要严格数据管理和数据合规的行业，帮助企业和组织评估其数据管理能力，并帮助识别改进数据管理策略。

4. 能力成熟度模型集成（CMMI）

CMMI 是一个广泛应用于软件开发和服务管理过程改进成熟度评估的模型，也被扩展到了数据管理领域。该框架定义了不同的成熟度级别，如图 4-7 所示。

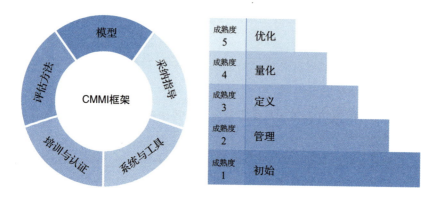

图 4-7　CMMI 框架

CMMI 框架旨在帮助企业和组织提升过程能力和绩效。CMMI 框架设计了 5 个成熟度等级，每个等级描述了企业和组织在过程改进方面的成熟度。以下是 CMMI 框架的详细介绍。

（1）CMMI 框架的组成部分

1）**模型**。CMMI 框架提供了一套最佳实践，帮助企业和组织提升其过程改进能力。这些实践覆盖产品开发、服务交付和采购管理等领域。

2）**采纳指导**。CMMI 框架提供了在组织中实施和采纳这些最佳实践的指导，确保过程改进与业务目标一致。

3）**系统与工具**。框架还包括了一些系统和工具，以实现过程管理和改进。

4）**培训与认证**。CMMI 框架提供了培训和认证计划，帮助从业人员理解和应用过程改进最佳实践。

5）**评估方法**。CMMI 框架提供了一套评估方法，以评估企业和组织的过程改进成熟度和能力。

（2）CMMI 框架的 5 个成熟度等级

1）**成熟度等级 1：初始**。

特征。结果不可预测，过程不一致。

描述。在这个级别，过程管理依赖个人，缺乏稳定性和一致性。

2）**成熟度等级 2：管理**。

- 特征。相关人员在项目级别上进行管理。项目被规划、执行、测量和控制。
- 描述。基本的项目管理过程已经建立。相关人员可以跟踪项目的进度和质量，确保项目在控制范围内完成。

3）**成熟度等级 3：定义**。

- 特征。全组织范围内的标准为项目、程序和组合提供指导。
- 描述。企业和组织已经建立了标准的执行过程。这些过程被文档化、理解并遵循，确保在所有项目中实施一致的过程管理。

4）**成熟度等级 4：量化**。

- 特征。过程被测量和控制。企业和组织以数据为驱动，通过定量的绩效改进目标进行管理。
- 描述。企业和组织利用数据和统计方法来管理过程和产品质量，确保过程的稳定性和可预测性。

5）**成熟度等级 5：优化**。

- 特征。稳定且灵活。企业和组织专注于持续改进，并建立了应对机会和变化的机制。
- 描述。在这个级别，企业和组织不断通过过程改进和创新来提升绩效，具备高度的敏捷性和创新能力。

（3）CMMI 框架的价值

CMMI 框架的价值体现在以下几个方面。

- 提高过程效率。通过标准化和优化过程，提高工作效率和生产力。
- 提高产品质量。通过严格的质量控制和持续改进，提高产品和服务的质量。
- 降低成本和风险。通过有效的过程管理和风险控制，降低预算超支和项目失败的风险。
- 提高客户满意度。通过提供高质量的产品和服务，满足客户需求，提高客户满意度。
- 支持业务目标达成。通过过程改进与业务目标的对齐，支持组织的战略目标实现。

（4）应用场景举例

- 软件开发公司通过实施CMMI，标准化软件开发过程，提高开发效率和产品质量，确保项目按时、按预算完成。
- 制造企业通过利用CMMI实现过程改进，优化生产流程，降低生产成本，提高产品一致性和质量。
- 金融服务机构通过CMMI实现风险管理和质量控制，提升服务质量，确保合规，降低操作风险。

CMMI框架为企业和组织提供了一套系统方法，帮助提升过程改进能力和绩效。通过逐步提高成熟度等级，企业和组织可以实现过程的标准化、持续优化，最终达成高效、高质量的业务运营目标。

5. 数据质量系列标准ISO 8000

ISO 8000是国际标准化组织制定的数据质量系列标准。该标准提供了关于管理数据质量的具体指导，尤其是数据的准确性、完整性和交换性。ISO 8000标准覆盖了数据质量管理的各方面，从概念、术语到具体的质量测量和管理方法，如图4-8所示。

ISO 8000标准的应用如下。

1）数据管理。ISO 8000标准可帮助组织建立系统的数据管理流程，确保数据的一致性、准确性和完整性。

2）数据质量评估。ISO标准可提供工具和方法，帮助组织评估数据的质量水平，识别需要改进的领域。

通用原则	1. ISO 8000-1-介绍：提供ISO 8000标准的概述和介绍，解释数据质量管理的重要性和基本原则 2. ISO 8000-2-术语：定义数据质量相关的术语和概念，确保在数据质量管理过程中使用一致的语言 3. ISO 8000-1-概念和度量信息：介绍信息和数据质量的基本概念，以及如何度量数据质量 4. ISO 8000-1-数据质量管理：描述数据质量管理的框架和方法，包括数据质量的评估和改进策略
主数据质量	1. ISO 8000-100-总览：概述主数据质量管理的框架和关键要素 2. ISO 8000-110-语法和予以编码规则：定义主数据的语法和语义编码规则，确保数据符合特定的规范 3. ISO 8000-120-可追溯性：描述数据的来源和历史，确保数据的可追溯性和可信性 4. ISO 8000-130-准确性：定义数据准确性的标准和测量方法，确保数据的精确度 5. ISO 8000-140-完整性：定义数据完整性的标准，确保数据的全面性 6. ISO 8000-150-质量管理框架：提供主数据质量管理的整体框架，涵盖从数据采集到使用的各个环节
交易数据质量	ISO 8000 200-299：涉及交易数据质量的标准，定义如何管理和确保交易数据的质量。这部分标准内容涵盖了交易数据的收集、处理和分析，确保交易数据的准确性和完整性
产品数据质量	ISO 8000 300-399：涉及产品数据质量的标准，定义如何管理和确保产品数据的质量。这部分标准内容涵盖了产品数据的定义、规范、验证和维护，确保产品数据的一致性和可靠性

图 4-8　ISO 8000 框架

3）数据治理。ISO 标准可支持组织执行全面数据治理策略，保障数据整个生命周期的高质量管理。

4）数据整合。在数据整合和共享过程中，ISO 8000 标准可确保不同系统和部门之间的数据兼容性和互操作性。

5）数据保护和隐私。在数据质量管理过程中，ISO 8000 标准可确保数据保护和隐私遵从相关法规。

ISO 8000 标准适用于需要高标准数据质量管理的组织，如制造业、医疗行业等，可帮助组织建立符合国际标准的数据管理体系，提高数据的可用性和互操作性。

4.5 数据资产管理与数据治理、数据管理的关系

1. 数据管理

（1）定义

数据管理是对数据进行整体处理和维护的一系列实践，确保数据在整个生命周期的质量、可用性、可靠性和安全性。数据管理涉及数据的收集、存储、保护、处理和集成。

（2）工作内容

- 数据收集。确保收集的数据准确无误，并满足后续处理的需求。
- 数据存储。设计和实施数据存储解决方案，确保数据安全存储并易于检索。
- 数据保护。实施数据安全措施，防止数据泄露或丢失，确保数据隐私安全和合规。
- 数据质量管理。定期清理、验证和更新数据，确保数据的准确性和完整性。
- 数据集成和共享。集成不同来源的数据，确保数据共享的流畅性和一致性。

2. 数据资产管理

（1）定义

数据资产管理是识别、分类、监控和增值企业内所有数据资产的过程。它的核心在于将数据视为资产，对其进行价值评估、管理和优化，以最大化数据的商业价值。

（2）工作内容

- 数据资产识别和分类。明确哪些数据构成了组织的数据资产，并进行适当的分类和标记。
- 价值评估。评估数据资产的潜在价值，以及如何通过数据驱动的决策和创新实现这些价值。
- 资产优化。制定策略（例如，提升数据质量或开发新的数据产品和服务），以提高数据资产的使用效率和经济价值。

- 风险管理。识别和管理与数据资产相关风险，包括合规性、隐私等方面的风险。

3. 数据治理

（1）定义

数据治理是一种管理架构，包括数据控制机制、政策、标准和流程，确保数据资产在整个组织中得到有效管理和利用。数据治理强调控制和质量管理，确保数据满足业务策略和法规要求。

（2）工作内容

- 制定政策和标准。制定数据相关的政策、标准和流程，包括数据访问权限、数据质量标准、数据安全政策等。
- 组织结构建设。建立数据治理组织结构（如数据治理委员会），确保各方责任和角色清晰。
- 监督和合规性保障。监控数据管理活动，确保它们符合内部政策和外部法规要求。
- 数据质量监控。建立并实施数据质量监控机制，持续提升数据质量。
- 利益相关者沟通。与业务部门和IT部门等利益相关者沟通协调，确保数据治理策略得到实施并支持业务目标实现。

数据资产管理、数据治理和数据管理是与数据相关的3个关键概念，它们在实践中密切相关但又有所区别，如表4-1所示。

表4-1 数据资产管理、数据治理和数据管理的关系

特性	数据管理	数据治理	数据资产管理
定义	对数据进行整体处理和维护的实践，确保数据在整个生命周期中的质量、可用性、可靠性和安全性	设计并实施一组控制机制、政策、标准和流程，以确保数据资产在组织中得到有效的管理和利用	管理企业内所有数据资产的过程，重点在于识别、分类、监控和增值这些资产
范围	数据收集、存储、保护、验证、处理和集成	数据质量、合规性、政策制定、标准化、风险管理	数据资产的识别、价值评估、优化和风险管理
对象	结构化和非结构化数据，包括所有数据集合	与数据相关的政策、标准、流程和所有数据资产	具有商业价值的数据集合，尤其是作为资产被识别和管理的数据

(续)

特性	数据管理	数据治理	数据资产管理
主要工作内容	• 数据收集 • 数据存储 • 数据保护 • 数据质量管理 • 数据集成和共享	• 制定数据政策和标准 • 组织结构建设 • 监督合规性保障 • 数据质量监控 • 利益相关者沟通	• 数据资产识别和分类 • 价值评估 • 资产优化 • 风险管理
业务价值	• 提高数据的可用性和可靠性 • 支持有效的业务决策	• 确保数据质量和合规性 • 提升组织数据透明度和信任度	• 最大化数据的商业价值 • 提高数据资产的 ROI
主要流程	• 数据收集流程 • 数据存储和备份流程 • 数据清洗和维护流程	• 数据政策制定 • 数据标准开发 • 数据合规性评审	• 数据资产审核 • 价值评估流程 • 资产管理策略制定
交付物	• 数据存储系统 • 数据集 • 数据质量报告	• 数据治理框架 • 政策和标准文档 • 合规和监控报告	• 数据资产清单 • 价值评估报告 • 资产管理策略

第 5 章 CHAPTER

数据治理与确权

在当今数字经济迅速发展的环境中,数据已经成为企业最宝贵的资产之一。然而,正如一枚硬币总有两面,数据的发展潜力与其管理和使用中的复杂性紧密相关。数据治理与确权是确保数据资产得以合法、有效利用的关键环节。

数据治理不仅仅关乎数据的质量和安全性,它更是一个全面的管理过程,用于确保数据在整个组织中被合理维护和使用。这包括制定数据相关的策略、规范,以及建立监督实施的组织机构。数据确权涉及明确数据的所有权、访问权和使用权,这是实现数据要素价值化的前提。在数据要素价值化过程中,数据治理与确权是两个相互关联的必备过程,理解它们之间的关系在实际操作中非常重要。

本章将探讨数据治理与确权的核心内容、重要价值及其在数据要素价值化和数据资源入表中的独特作用。通过学习本章,你将了解如何构建有效的数据治理框架,并结合数据治理流程完成数据确权工作。

5.1 数据治理概述

5.1.1 数据治理的定义

数据治理是一个通过一系列信息相关的过程来实现决策权和职责分工的系统。它涉及数据质量、数据安全、数据隐私和合规性管理等方面，旨在使数据成为支持业务决策、提升工作效率和创造商业价值的可靠资源。不同的数据治理框架有不同的关注点，下面介绍几种主要的数据治理框架。

1. DAMA-DMBOK

DAMA-DMBOK是由国际数据管理协会提出的数据治理框架，定义数据治理为综合管理数据的权限、监督、政策和程序，确保数据在企业中得到正确管理和使用。该框架的作用如下。

- 数据原则和政策的制定。明确数据管理的指导原则和组织内的执行政策。
- 数据质量控制。确保数据的准确性、完整性和可靠性。
- 合规和安全管理。符合相关法律法规并保护数据免受未授权访问。

2. 信息和相关技术控制目标（COBIT）

COBIT是一个信息技术管理和治理框架，由信息系统审计与控制协会（ISACA）公布。COBIT的数据治理部分将数据视为关键的信息资产，明确数据需要合理管理，提出通过治理确保信息技术和业务之间的一致性，以最大化利益相关者价值。

3. ISO/IEC 38500

ISO/IEC 38500是由国际标准化组织（ISO）和国际电工委员会（IEC）共同制定的国际标准。该标准的作用如下。

- 治理框架。指导组织在使用信息技术时的政策制定和实践，以降低成本和风险。
- 业务责任。确保业务领导层在信息技术使用中承担适当的责任。

4. DGI框架

DGI框架是由数据治理研究所提出的，更侧重于实际操作指南和给出最佳实践。该框架的作用如下。

- 数据治理委员会。建立跨部门的领导团队来决策和监督数据治理。
- 数据隐私与安全。制定严格的隐私政策和安全措施,以保护个人和企业数据。
- 合规性对齐。确保所有数据活动与政府法规和行业标准一致。

虽然这些框架在数据治理侧重点和实施细节上有所不同,但它们都认识到数据治理是确保数据作为战略资产被有效管理的关键活动。通过数据治理,组织可以提升数据的质量和价值,同时降低风险并保证合规。在制定数据治理策略时,组织应考虑其业务特性、行业要求和法规环境,选择最适合自身需求的数据治理框架。

5.1.2 数据治理的价值

数据治理为组织提供了一种系统的方法来管理和优化其数据资产,确保数据质量和安全,同时增强对数据的战略利用。数据治理不仅涉及数据资产和数据要素的管理,打造高质量的数据集来支持大模型的训练等,更重要的是,它能够帮助组织在多个层面上实现价值创造,赋能实体经济,如图 5-1 所示。

图 5-1　数据治理的七大业务价值

1. 管理数据资产和数据要素

通过维护数据的完整性和准确性,组织能够更好地利用数据资产来支持业务决策和新服务开发。例如,金融机构通过建立统一的客户数据平台,对所有客户信息进行标准化和集中管理。这不仅提高了数据查询效率,还通过精准的客户画像分析,制定了更具针对性的金融产品开发和营销策略,从而显著提升了市场竞争力和客户满意度。

2. 创造高质量的数据生产要素

高质量的数据是训练大模型的关键，可以极大地提升模型的效果和模型应用的广度。例如，某科技公司通过严格的数据治理流程，确保了用于机器学习模型训练的数据集的质量和多样性。这使得公司开发的模型在市场上表现优异，能够提供精准的消费者行为预测，帮助客户优化库存和营销策略。

3. 提高决策质量

数据治理通过确保决策者访问到准确、及时的数据，提高了决策质量。例如，某零售连锁企业通过数据治理，确保了销售、库存和客户反馈数据的实时性和准确性。这些数据通过高级分析转化为洞察，帮助管理层做出提升供应链效率和客户体验的决策。

4. 优化业务流程和运营管理

数据治理有助于识别业务流程中的低效环节，从而优化资源分配。例如，某制造公司通过数据治理，实现了生产数据与供应链数据的实时集成。这不仅缩短了生产周期，还通过动态调整生产计划来应对市场需求变化，大大提高了运营效率。

5. 提升用户体验

通过对用户行为和反馈数据的治理，组织可以设计更符合用户需求的产品和服务。例如，某在线媒体公司通过分析用户观看数据和反馈，优化推荐算法，提供更加个性化的内容推荐，显著提升用户观看时间和满意度。

6. 打造数据文化和培养数字人才

数据治理促进了以数据为中心的决策文化形成，在组织中树立了正确的数据使用和管理观念。通过定期的数据治理培训和研讨会，组织可以提高员工的数据意识和数字技能。这种文化的转变不仅提高了员工的工作效率，还激发了更多基于数据的项目创新。

7. 打造新质生产力

数据治理通过整合和优化数据资源，释放了数据的潜在价值，成为推动组织创新和增长的新引擎，是打造新质生产力的关键环节。例如，某汽车公司利用经过良好治理的大数据分析洞察，开发了新的智能驾驶辅助系统。这一系统不仅提高了车辆的安全性，还成为公司在市场上的重要竞争优势。

可以看出，数据治理不仅优化了现有的业务流程，提高了决策质量，还为组织开辟了新的增长路径和创新机会，这证明了数据治理在现代企业中的重要地位和价值。

5.1.3　企业级数据治理的主要工作内容

数据治理被视为整个数据管理体系的核心，它支持并协调所有的数据管理活动。企业级数据治理主要包括以下几方面的工作内容，如图 5-2 所示。

数据战略与规划	数据政策与标准
数据架构与数据管理	数据质量管理
数据安全与隐私保护	元数据管理
数据权限管理	数据治理组织与角色
数据治理工具与技术	培训与文化建设

图 5-2　企业级数据治理的十大工作内容

1. 数据战略与规划

制定数据治理的总体战略和规划，明确数据治理的目标、范围和实施步骤，制定数据治理的关键指标，以便评估数据治理工作的成效。

2. 数据政策与标准

制定和实施数据管理政策和标准（涵盖数据质量、数据隐私、数据安全和数据共享等方面的规定），确保企业内部的所有数据处理活动都符合这些政策和标准要求。

3. 数据架构与数据管理

设计和维护企业的数据架构，确保数据的一致性。管理数据的生命周期（从数据创建、存储、使用到销毁），确保数据的有效性和可用性。

4. 数据质量管理

监控和评估数据的质量，识别和纠正数据中的错误和不一致。在此基础上，实施数据清洗和数据质量改进措施，确保数据的准确性和完整性。

5. 数据安全与隐私保护

制定和实施数据安全策略，保护数据免受未授权访问、泄露和篡改，确保数据处理活动符合相关法律法规和隐私保护要求。

6. 元数据管理

维护元数据，包括数据的定义、来源、用途等信息，建立和提供元数据管理工具，帮助用户查找和理解数据。

7. 数据权限管理

确定数据访问权限，确保只有授权人员才能访问和处理数据；实施数据访问控制措施，监控和审计数据的访问情况。

8. 数据治理组织与角色

建立数据治理组织架构，明确数据治理的职责和角色分工，任命数据治理委员会和数据管理人员，确保数据治理工作顺利进行。

9. 数据治理工具与技术

选择部署的数据治理工具，包括数据质量管理工具、元数据管理工具和数据安全工具等；使用先进的技术手段，如人工智能和大数据分析，提升数据治理的效率和效果。

10. 培训与文化建设

开展数据治理培训，提升员工的数据治理意识和技能。推动数据治理文化建设，使数据治理成为企业文化的一部分。

通过上述工作实施，可以确保数据的透明性、可靠性和安全性，支持企业实现其战略目标。有效的数据治理不仅可以增强组织的数据能力，还可以提升整体的业务效率和竞争力。

5.2 价值驱动的精益数据治理

5.2.1 传统数据治理的六大挑战

数据治理已经成为企业数字化转型的基础工作。它不仅确保了数据的质量和可信度，还为企业提供了数据决策的依据、合规性管理和风险控制。然而，很多企业在推行数据治理项目时，普遍会遇到图 5-3 所示的六大挑战。

图 5-3 传统数据治理的六大挑战

1）价值不明显。传统数据治理方法价值不明显，通常独立于业务存在，由技术驱动，难以直接证明其对业务价值的贡献，因而在组织中缺乏足够的支持和认可。

2）成果不落地。许多数据治理项目在实施后，成果难以在实际业务场景中得到充分落地，造成了资源浪费，形成了一系列挂在墙上的标准和摆在桌上的体系。

3）效果难持续。许多数据治理项目在初期取得了一些成效，但往往难以持续改进和保持效果，导致数据质量下降，未形成可持续的运营体系。

4）数据复杂度高。随着数据量的爆发式增长，传统的依赖人工治理模式面临着无法有效处理和管理海量数据的问题。

5）"数据债"难还。数据问题源自过往数十年的信息化建设，从系统到数据架构都是复杂的历史综合因素，因此要一次性治理完成非常困难。

6）缺少正反馈。传统数据治理方法常常与实际业务场景脱节，难以直接应用于业务中，因此缺少业务侧实际执行的反馈。

传统数据治理通常过于技术驱动，侧重于数据基础设施的建设和数据管理的规范化,而忽视了业务需求和业务驱动的重要性,因此常需大量资源投入且周期长。这使得数据治理难以与业务场景紧密结合,未能满足业务部门的真实需求。为应对这些挑战,我们可以引入精益数据治理的新范式和新方法,以更好地实现业务价值。

5.2.2 六大挑战的四大应对策略

传统数据治理的六大挑战有以下 4 个关键应对策略,如图 5-4 所示。

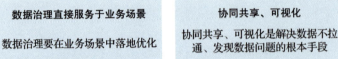

图 5-4 传统数据治理的 4 个关键应对策略

(1)数据治理直接服务于业务场景

企业数据治理应结合业务需求,将治理目标和方法与实际业务场景进行匹配。通过理解业务需求,明确数据治理目标并落地具体业务流程,可以确保数据治理直接服务于业务场景,实现真正的业务价值。

(2)协同共享、可视化

数据治理通常涉及多个部门和角色之间的协同共享。为有效应对挑战,建立协同共享工作机制至关重要。通过共享数据治理的信息和结果,可以促进不同团队和部门之间的合作和沟通。此外,采用可视化工具和仪表板可以帮助各方更好地理解和使用数据治理的成果,提高信息透明度和可理解性。

(3)数据治理智能化

传统数据治理往往是被动的,只在出现数据问题时才进行干预。为应对挑战,数据治理应采用主动的方法。这意味着可以通过建立元数据管理系统,对数据资产进行监控和追踪,及时发现和纠正潜在问题。主动数据治理还包括建立数据质量管理规则和指标，实时监测数据质量，并主动采取措施进行修复和改进，以确保数据的准确性和可靠性。

（4）标准迭代，与时俱进

数据治理是一个持续的过程。随着业务需求和技术变化，数据治理方法和标准也需要不断演进和更新。为了应对挑战，数据治理方法和标准需要迭代和持续改进。企业可定期评估数据治理的效果和成果，根据反馈和经验不断调整和优化数据治理的方法和流程；同时，关注行业标准和最佳实践的变化，及时更新数据治理标准，以保持与时俱进。

5.2.3　精益数据方法打造价值驱动的数据治理

丰田生产的精益思想也被称为"丰田生产方式"，是一种源自日本的管理理念和生产方法。它于 20 世纪 50 年代由丰田汽车公司创始人丰田喜一郎和丰田公司的工程师们所倡导和发展，旨在实现高效、灵活、质量可靠的生产过程。

精益思想的核心价值是消除浪费和追求持续改进，以实现业务价值最大化和提高产品质量，同时满足客户需求。丰田精益思想的成功得益于对细节的关注和对卓越品质的追求。通过消除浪费、持续改进和激发员工积极性，丰田在汽车行业取得了卓越的成就。丰田的精益思想也被广泛应用于其他行业，成为重要的管理和生产方法。

在数字化时代，每个企业都成了数据要素的生产加工企业，精益思想同样适用于数据要素的生产全过程。精益数据方法助力消除传统数据生产过程中的七大浪费，从而实现价值驱动的精益数据治理，具体如下。

- 过产。在数据治理中，过度生成和收集数据是一种浪费。如果数据没有明确的业务目标和需求支持，仅仅为了收集而收集，会导致数据积压、成本上升，并给后续的数据处理和分析带来负担。
- 等待。数据等待可能源自数据收集、传输、处理或审查环节的延迟。数据在流程中停滞，等待下一步处理或审批时，会降低及时性和可用性，从而影响决策和业务效率。
- 运输。在数据流程中频繁传输和移动数据可能导致数据丢失、损坏或错误。不必要的数据传输和移动可能会引入数据质量问题，并增加数据管理和维护的复杂度。

- 过度加工。对数据进行多次转换、清洗、整理或加工可能超出实际需要，增加了处理时间和成本，同时也增加了出错的潜在风险。
- 库存。数据存储过多或过久而没有被充分利用是一种浪费。大量数据存储可能会导致存储成本增加，并且难以管理和维护。此外，长期保留的数据可能会过时，失去实际价值。
- 移动。在数据处理过程中执行不必要的操作是一种浪费。例如，在数据收集或处理过程中频繁切换工具、浏览多个应用程序或复制粘贴数据，会浪费时间和资源。
- 缺陷。数据错误、缺失、不一致或不准确时，会影响决策的准确性和业务流程的可靠性。修复数据缺陷的成本往往比预防缺陷的成本更高。

为了解决传统数据治理与业务场景结合不紧密的问题，行业提出 Z 字形精益数据治理实践方法，如图 5-5 所示。

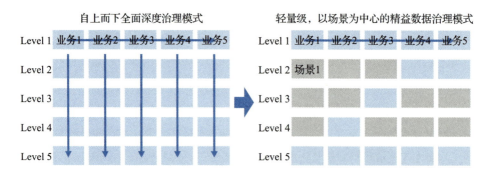

图 5-5　Z 字形精益数据治理实践方法

Z 字形精益数据治理区别于传统数据治理的核心在于，它是沿着具体的业务场景和应用来针对相关数据进行治理，而不是无差别且全面深入地对企业所有数据进行治理。

5.2.4　精益数据治理的六大新范式

精益数据治理提出了六大新范式，即场景化、轻量化、智能化、主动式、运营式和迭代式，如图 5-6 所示。

图 5-6 精益数据治理的六大新范式

（1）场景化：将数据治理与业务场景紧密结合

传统数据治理往往缺乏与业务场景的直接关联，导致业务价值不明显。场景化数据治理强调将数据治理与实际业务场景相结合，将数据治理目标和方法与具体业务需求匹配。

（2）轻量化：简化数据治理流程

传统数据治理常常烦琐复杂，耗时耗力。轻量化数据治理强调简化数据治理流程，减少程序。通过精简步骤，去除冗余环节，数据治理可以更高效地实施，为企业节省时间和成本。

（3）智能化：运用技术手段提升数据治理能力

随着人工智能技术的发展，智能数据治理成为新的趋势。智能化数据治理强调运用先进技术手段，如自动化工具、智能算法等，提升数据治理能力。通过自动化数据质量检测、数据分类，企业可以更快速、准确地处理和管理海量数据，提高数据治理的效率和质量。

（4）主动式：基于元数据的主动数据治理

主动式数据治理强调基于元数据的主动数据治理，通过建立元数据管理系统，监控和追踪数据资产的状态和变化，及时发现和纠正潜在问题。主动式数据治理还强调建立数据质量规则和指标体系，实时监测数据质量，并主动采取措施进行修复和改进，从而确保数据的准确性和可靠性。

（5）运营式：将数据治理纳入日常运营管理

传统数据治理往往只是一个独立的项目，缺乏持续的关注和支持。而运营式数据治理强调将数据治理纳入日常运营管理，通过建立数据治理团队和流程，定期进行数据质量监控和评估，持续改进数据治理的方法和标准。运营式数据治理是一个持续的过程，需长期保证数据的质量和可用性。

（6）迭代式：持续改进和优化

数据治理是一个不断演进和改进的过程，需要与时俱进。迭代式数据治理强调持续改进和优化，通过定期评估数据治理效果和成果；根据反馈和经验不断调整和优化数据治理方法和流程；同时，关注行业标准和最佳实践的变化，及时更新数据治理的标准和方法，以确保数据治理适应不断变化的业务和技术环境。

5.3 数据确权概述

数据转化为能够产生业务价值的数据资源，是数据在数据要素市场中流通、交易、发挥价值、创造收益的前提条件，而数据的质量和归属权是数据资源能否顺畅使用、产生价值的基础。

数据确权是对数据所有权、使用权和收益权等权益进行明确和保障的过程，是数据产权制度的核心，旨在确保数据在采集、存储、处理、流通和使用等环节的权益得到合理分配和保护。数据确权工作有助于促进数据要素市场健康发展，为数据要素的流通、交易和使用提供基础制度保障。

在数字经济浪潮中，数据确权显得尤为关键。它不仅是数据价值实现和利用的基石，而且是保护个人隐私和企业机密的根本。数据确权作为一种机制，界定了数据资产的边界，为数据的合理评估、交易乃至整个数据市场的健康发展提供了法律和制度保障。同时，数据确权促进了数据开放共享和创新，使得在保护数据相关权益的同时，数据能够自由流通于社会各界，释放其潜在的经济和社会价值，推动科技创新和经济发展。

5.3.1 数据确权的定义

"数据二十条"提出了构建数据基础制度的要求。数据确权、价值评估、流通监管是数据基础制度涉及的 3 个基本问题。其中，数据确权是数据基础制度的基础，没有确权作为锚点，数据流通交易、价值评估、数据资产化等都无法最终落地。

数据确权的定义是指确定数据的权属关系，明确数据的所有者、使用者、管理者等各方的权利和义务。数据确权是通过法律和技术手段明确数据资产的所有权、使用权、控制权和处置权的过程。这个过程的关键在于确定数据的法律主体，即哪些个体或组织拥有这些数据的特定权利，以及这些权利的具体内容。这些内容涵盖了数据收集、处理、分析、共享和交易等多个方面。数据确权的核心目的是促进数据安全、高效地流通，同时保护个人隐私，激励数据创新应用及价值实现。简单来说，就是确定谁拥有数据、谁可以使用数据、如何使用数据，以及在数据使用过程中应遵循哪些规则。

5.3.2 数据确权的必要性

数据为什么需要确权？

要实现数据要素价值化，合法利用数据，首先必须解决权属问题。以数据资源入表为例，无论是计入无形资产还是存货，根据会计准则，相应的财产都应当是企业拥有或控制的。因此，确权是数据资源入表的前提。而数据资源入表后的产业运营，更需要夯实资产权属。无论企业利用被确认为无形资产的数据资源提供服务，还是出售被确认为存货的数据资源，在数据资源流通、交易和应用的过程中，如果存在权利瑕疵，将直接产生经济损失和被第三方索赔的风险。如果企业将数据资源作为发行债券、资产证券化的底层支持资产，对数据确权将提出更高的要求。因此，数据确权是数据资源入表的第一个环节，其影响贯穿了数据资产的全生命周期，需要高度重视。

数据确权是对数字经济的制度回应，也是数据要素市场构建的基础。没有对数据的权属关系认定，数据作为资产无法得到重视，从而无法实现流通、交易和再创造。数据确权对数据要素价值化和数据要素市场的构建有重要意义，可以从以下3个方面体现。

（1）对于数据拥有者

- 保护数据所有权和隐私。数据确权帮助个人或企业确认其对数据的法定权利，避免数据被未经授权的使用或滥用。这种法律确认为数据主体提供了控制数据的能力。
- 增强信任和参与度。明确数据权利能够增加数据主体对数据收集和使用流程的信任，促使其更加积极地参与数据分享，从而驱动创新和服务改进。
- 促进数据经济价值的实现。数据确权为数据拥有者提供了将数据商品化和参与数据交易的机会，从而直接获得经济利益。

（2）对于政府
- 实现有效的监管。数据确权为政府提供了管理数据使用的基础，帮助政府确保数据活动符合国家法律和政策，特别是在隐私保护、数据安全和反垄断方面。
- 提高公共政策制定的准确性。政府可以利用确权后的数据更有效地进行社会管理，制定和实施针对性的公共政策，提高服务透明度和公民满意度。
- 促进数据开放与共享。数据确权可以保障政府安全有序地开放数据，推动跨部门、跨地区的数据共享，增强政府间的协同效应。

（3）对于社会
- 提升数据交易市场的稳定性和透明度。数据确权明确了数据归属，有助于建立公平、透明的数据要素市场，降低交易风险。
- 保护消费者权益。确保消费者的数据不被滥用，提高消费者对使用数字服务的信任度。
- 推动科技创新。通过确保数据流通的合法性和安全性，数据确权机制可以激励企业和研究机构安全地分享和利用数据，推动科技进步和开发新产品、新服务。

数据确权对于保护个人隐私、促进数据经济的健康发展、提高政府公共管理效率都具有重要作用。缺乏这样的机制可能会引发一系列法律、经济和社会问题。

5.3.3 数据权属概念剖析

"数据二十条"提出推动数据产权结构性分置和有序流通，推进数据分类分级确权、授权使用，建立数据资源持有权、数据加工使用权、数据产品经营权等分置的产权运行机制。

1. 数据资源持有权

数据资源持有权关注的是数据从产生到存储过程中的权利归属问题。具体来说，该过程包括但不限于数据的生产、采集、存储和传输等环节。数据资源持有权的确立为数据资源的合法使用、共享和保护提供了法律依据。在实践中，这意味着数据持有者有权决定如何处理其持有的数据，包括是否向第三方提供、如何存储和传输，以及在什么条件下允许使用等。此外，数据资源持有权的确立也是维护数据主体权益、防止数据滥用和非法交易的前提条件。

2. 数据加工使用权

数据加工使用权聚焦于对原始数据进行加工、处理、分析和挖掘等操作后所形成的数据产品。这一权利的确立为数据的深度利用奠定了基础，确保数据加工者在投入劳动和智慧后，可以享有对加工成果的使用和控制权。这不仅促进了数据的有效利用和价值最大化，也鼓励了更多的技术和方法创新。在具体应用中，数据加工使用权涉及数据清洗、整合、分析等多个环节，其成果可能以报告、分析模型、洞察等多种形式呈现，为决策制定提供支持、推动业务创新和优化。

3. 数据产品经营权

数据产品经营权是指对数据产品进行商业化运营、交易、授权等活动产生的收益的享有权。这一权利的核心在于确保数据产品经营者能够从其投资和努力中获得公正的经济回报。数据产品经营权的确立不仅激励了数据的商业化应用和创新，也为数字经济健康发展提供了动力。在实际操作中，数据产品经营权可能涉及数据产品市场推广、销售策略、定价机制、版权保护等方面，其合理运用可以大幅提升数据产品的市场竞争力和盈利能力。

5.4 数据确权的挑战和方法

5.4.1 八大挑战

数据确权是一项复杂的任务，其难点主要来源于数据本身的特性，如图 5-7 所示。

无形性	可复制性
价值不确定性	使用范围广泛
来源复杂	共享性
时效性	安全性

图 5-7　数据特性带来的确权八大挑战

1. 无形性

数据没有实体形态，难以通过物理手段确定权属。例如，在云计算环境中，数据存储在服务器上，用户无法实际看到自己的数据，数据的所有权归属和控制更加模糊。

2. 可复制性

数据易于复制和传播，使得确权更加困难。例如，一个医疗研究数据集可能被多个研究机构复制使用，难以界定原始数据生成者和后续使用者的权益。

3. 价值不确定性

数据的价值可能随时间和使用场景等因素变化，估值困难。例如，市场趋势数据在某一时期可能极具价值，但随着市场变化可能迅速失去价值。

4. 使用范围广泛

数据可以在多个领域和业务中应用，例如，同一数据集（如消费者行为数据集）可能对市场研究部门和产品开发部门都有使用价值，存在一数多用的现象，这导致权利边界难以确定。

5. 来源复杂

数据可能来自多个渠道，确定其原始权属较困难。例如，企业内部多个部门（如市场部和客户服务部）都可能产生关于客户的数据，难以确定数据的起始点。

6. 共享性

数据往往需要在不同主体间共享，如何平衡各方权益是一个挑战。例如，在供应链管理系统中，多个合作伙伴（如供应商、分销商、零售商）共享库存和物流数据，如何确保数据使用不侵犯各方利益是关键。

7. 时效性

数据的时效性可能较短，过了一定时间就失去价值，因此确权需及时。例如，金融交易数据在实时或近实时情况下价值最高，一旦过时，其商业价值会大幅下降。

8. 安全性

数据更容易受到安全威胁，保护其安全也是确权的一个挑战。例如，个人敏感数据（如健康记录）一旦泄露，可能导致重大隐私问题和法律责任。

为了应对这些挑战，数据确权需要综合考虑多种因素，并制定适应性强的策略和管理方法。这不仅需要法律的支持，还需要技术的创新和政策的灵活应对，以确保数据高效利用和安全。

5.4.2 典型方法

探索建立数据产权制度，推动数据产权结构性分置和有序流通，结合数据要素特性强化高质量数据要素供给；在国家数据分类分级保护制度下，推进数据分类分级确权、授权使用和市场化流通交易，健全数据要素权益保护制度，逐步形成具有中国特色的数据产权制度体系。数据资产确权的方法包括以下几类。

1）探索数据产权结构性分置制度。建立公共数据、企业数据、个人数据的分类分级确权授权制度。根据数据来源和数据生成特征，分别界定数据生产、流通、使用过程中各参与方享有的合法权利，建立数据资源持有权、数据加工使用权、数据产品经营权等分置的产权运行机制，推进非公共数据按市场化方式"共用共享、收益共享"的新模式，为激活数据要素价值创造和价值实现提供基础性制度保障。

2）推动建立企业数据确权授权机制。各类市场主体在生产经营活动中采集加工的不涉及个人信息和公共利益的数据，市场主体享有依法依规持有、使用、获取收益的权益，保障其投入的劳动和其他要素贡献获得合理回报，加强数据要素供给激励。

3）推进实施公共数据确权授权机制。对各级党政机关、企事业单位在依法履职或提供公共服务过程中产生的公共数据，加强汇聚共享和开放开发，强化统筹授权使用和管理，推进互联互通，打破"数据孤岛"。

4）建立健全个人信息数据确权授权机制。对承载个人信息的数据，推动数据处理者按照个人授权范围依法依规采集、持有、托管和使用数据，规范对个人信息的处理活动，不得采取"一揽子授权"、强制同意等方式过度收集个人信息，促进个人信息的合理利用。

5）建立健全数据要素各参与方合法权益保护制度。充分保护数据来源者的合法权益，推动基于知情同意或存在法定事由的数据流通使用模式，保障数据来源者享有获取或复制转移由其促成产生数据的权益。

数据治理和确权在现代企业中具有重要性，它们确保了数据的质量、可靠性和合法性。数据治理通过系统化管理和政策实施，提升了数据的准确性、一致性和安全性，从而支持企业的业务决策制定和提高运营效率。数据确权明确了数据的所有权和使用权，保护了数据的合法权益，防止数据被滥用和泄露。二者相辅相成，数据治理为确权提供了管理框架和执行基础，确权则保障了数据治理的合法性和合规性，它们共同促进企业的数据资产增值和业务创新。

第6章 CHAPTER

数据资产评估与定价

在信息时代,数据已经成为企业和机构最为宝贵的资源之一。它的价值不仅体现在质量和数量上,更体现在对决策和战略制定的支撑作用上。随着数据资源可以纳入企业的财务报表,客观清晰地评估和定价数据资产的重要性不言而喻。数据资产评估与定价已经成为数据基础制度中的核心环节,为有效管理和充分利用数据提供了重要支持。对数据资产进行准确评估和合理定价不仅有助于企业科学决策,还能够促进数据资产的交易和流通,推动数字经济的繁荣发展。

本章将从数据资产评估的定义和意义入手,解读相关评估文件,并介绍典型的评估流程,探讨数据资产定价过程中面临的难点,并提出相应的解决方案及定价模型。通过深入研究和理解,读者将更好地把握数据资产评估与定价的关键要点,为实际工作提供理论指导和实践参考。

6.1 数据资产评估文件解读

数据资产评估是对企业、机构或个人所拥有的数据资源进行系统性分析和评价的过程，是指资产评估机构及其资产评估专业人员遵守法律、行政法规和资产评估准则，根据委托对评估基准日特定目的下的数据资产价值进行评定和估算，并出具资产评估报告的专业服务行为。数据资产评估是在传统资产评估基础上的衍生。

6.1.1 《资产评估基本准则》解读

2017年10月1日起，财政部印发的《资产评估基本准则》实施。《资产评估基本准则》规定了资产评估的基本程序、基本事项以及评估报告的构成，如图6-1所示。

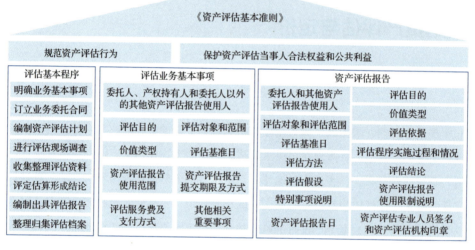

图6-1 《资产评估基本准则》重要内容解读

1. 评估基本程序

评估基本程序包括明确业务基本事项，订立业务委托合同，编制资产评估计划，进行评估现场调查，收集整理评估资料，评定估算形成结论，编制出具评估报告，整理归集评估档案。

2. 评估业务基本事项

（1）委托人、产权持有人和委托人以外的其他资产评估报告使用人

在资产评估过程中，不同相关方在资产评估报告的使用和责任上扮演着不同的角色。

1）委托人是指与资产评估机构签订委托合同，委托资产评估机构进行资产评估的主体。委托人通常是对评估结果有直接需求的一方，期望通过资产评估获得资产的公允价值，以便决策、交易、融资、税务规划等其他商业目的。

委托人负责提供资产评估所需的资料和信息，并对其真实性和完整性负责。委托人有权了解评估过程和方法，并对评估结果提出意见或异议。

2）产权持有人是指拥有被评估资产所有权或相关权利的主体。产权持有人可以是个人、企业、政府机构或其他组织。产权持有人对评估资产拥有法律上的所有权或相关权利，评估结果可能影响其资产价值和权益。

产权持有人有责任配合评估机构提供真实、完整的资产信息和相关资料，并有权知悉和确认评估结果。

3）委托人以外的其他资产评估报告使用人是指在评估过程中或评估结果中有合法权益，且依据法律、法规或合同的约定，有权使用评估报告的人或组织。这类使用人可能包括投资者、债权人、监管机构等。这些使用人通常对资产评估报告的结果具有间接或直接的利益关系，可能将其用于投资决策、信贷审批、监管审核等。

理解这些相关方的角色定义和职责，有助于明确资产评估过程中各方的责任和权利，确保评估过程的公正和透明。

（2）评估目的

资产评估的目的是指进行资产评估的具体动机和目标。资产评估的目的一般包括以下几方面。

1）投资决策。
- 投资项目评估。确定项目或资产的价值，为投资决策提供依据。
- 企业并购与重组。在企业并购、重组过程中，评估目标公司的资产价值，以确定交易价格和交易结构。

2）融资与贷款。
- 抵押贷款。评估用于抵押的资产价值，确定贷款额度。
- 融资租赁。确定租赁物的价值，帮助制定租赁条件和租金。

3）财务报告。

- 资产重估。在企业财务报告中，对固定资产等进行重估，以给出公允价值。
- 商誉评估。在企业合并时，对合并成本中的商誉部分进行评估。

4）税务。

- 税基评估。确定企业资产的税基，以计算相关税费，如企业所得税、房产税等。
- 转让定价。在关联交易中确定公允的转让价格，以防止税收流失。

5）诉讼与仲裁。

- 财产分割。在离婚、遗产继承等诉讼中，对财产进行评估，以确定分割方案。
- 损害赔偿。在侵权或合同纠纷中，评估损失金额，为赔偿提供依据。

6）破产清算。

- 资产清算。在企业破产时，对企业资产进行评估，以确定清算价值，保障债权人权益。
- 债务重组。评估企业资产价值，为债务重组方案制定提供依据。

7）保险。

- 投保评估。确定投保财产的价值，以合理确定保额和保险费。
- 理赔评估。在发生事故后，评估损失金额，为理赔提供依据。

8）内部管理。

- 绩效评估。评估资产的使用效果和经济效益，为企业内部绩效考核提供依据。
- 资产优化。通过资产评估，发现闲置或低效资产，优化资源配置，提高资产使用效率。

资产评估的目的多种多样，资产评估应根据其特定的动机和目标，联合相关方做出合理、科学的决策。

（3）评估对象和范围

评估对象和范围是资产评估过程中的两个关键概念，它们明确了评估的具体内容和边界。

资产评估对象指在资产评估过程中需要进行价值评估的具体资产或资产组合。资产评估对象主要包括以下类别。

- 实物资产：包括土地、建筑物、机器设备、存货等。
- 无形资产：包括专利、商标、著作权、商誉等。
- 金融资产：包括股票、债券、期权等。
- 整体资产：包括企业整体资产、特定项目的整体资产等。

例如，一家制造企业的机器设备需要进行评估，这些机器设备就是评估对象。在企业并购过程中，需要评估目标公司的整体资产价值，目标公司的整体资产就是评估对象。

资产评估范围是指在资产评估过程中，评估的具体内容和边界。评估范围确定了哪些资产和权利被纳入评估，哪些被排除在外。资产评估范围主要包括以下内容。

- 评估对象的详细清单：列出需要评估的所有具体资产。
- 资产的法律属性和权属：明确资产的所有权、使用权等法律属性。
- 资产的物理属性和状态：描述资产的物理特征、位置、使用状况等。
- 评估的时间：确定评估基准日和评估期。

准确确定资产评估对象和评估范围，是高质量资产评估工作的基础，有助于确保评估结果的准确和公正。

（4）价值类型

价值类型是指资产评估结果的价值属性及其表现形式。不同的价值类型适用于不同的评估目的和情境，选择合适的价值类型是确保评估结果准确和公正的关键。

常见的价值类型如表 6-1 所示。

表 6-1 资产评估常见的价值类型

价值类型	定义	特点	适用情境
市场价值	在正常市场条件下，买卖双方自愿进行公平交易时，评估对象的价值	基于市场交易，通常为公开市场价值	适用于资产买卖、抵押贷款、企业并购等需要了解资产在市场上的公允价值的情境
投资价值	特定投资者对评估对象所认为的价值，考虑了该投资者的特定需求和投资目标	个性化评估，可能与市场价值不同	适用于投资决策、项目评估、私人投资等需要考虑特定投资者的需求和目标的情境

(续)

价值类型	定义	特点	适用情境
使用价值	资产在当前或特定使用情况下的价值,不考虑其最佳和最高使用价值	基于实际用途,可能低于市场价值	适用于企业内部评估、特定用途资产评估等需要了解资产在特定使用情况下价值的情境
清算价值	在强制清算或非强制清算条件下,资产在有限时间内具有的价值	有时间限制,通常低于市场价值	适用于企业破产、清算、资产重组等需要快速变现资产的情境
净价值	预期未来现金流量的现值减去初始投资成本	基于未来收益,考虑时间价值	适用于投资项目评估、资本预算、企业价值评估等需要分析未来收益的情境

(5)评估基准日

评估基准日是指资产评估过程中确定资产价值的日期。在评估基准日,评估人员根据现有信息和市场状况来评估资产的价值。评估基准日对资产评估的准确性和公正性具有重要作用。

评估基准日是为了确保评估结果的时效性。评估人员主要考虑以下因素。

- 市场条件变化。市场条件、经济环境和行业状况都可能随时间变化。通过确定评估基准日,可以保证评估结果反映特定日期的市场状况,从而确保时效性。
- 资产状况变化。资产的物理状况和使用情况也可能随时间变化。评估基准日确保评估结果基于特定时间点,避免时间推移带来的误差影响。

评估基准日是资产评估的关键概念,为评估结果提供了特定时间点,确保评估数据和结果的时效性、一致性和准确性。

(6)资产评估报告使用范围

资产评估报告使用范围是指报告可以合法使用的具体场景。明确资产评估报告的使用范围有助于确保评估结果的正确应用,避免误用和滥用。资产评估报告的使用范围包括投资决策、融资与贷款、财务报告、税务申报、诉讼与仲裁、破产清算、保险和内部管理等。明确使用范围有助于保障评估报告的合法性和有效性。同时,评估报告不能用于超出评估目的、法律法规禁止、无效评估基准日以及未授权使用的场景,具体如下。

1）超出评估目的的场景。评估报告仅适用于指定的评估目的和范围，不能用于其他未明确指定用途的场景。例如，针对投资决策的评估报告不能用于税务申报。

2）法律法规禁止的场景。评估报告不得用于任何违反法律法规的交易和活动，也不得用于任何形式的税收规避或非法的税务筹划。

3）无效评估基准日的场景。评估报告基于特定评估基准日，若超出合理时间范围，报告可能失效，不能再用于决策。若评估基准日之后，评估对象或市场环境发生重大变化，原评估报告可能不再适用。

4）未授权使用的场景。评估报告的使用应限于授权范围，未经授权的复制和传播属于违规行为。

(7) 资产评估报告提交期限及方式

资产评估报告的提交期限及方式通常取决于评估项目的具体要求、合同约定以及相关法律法规的规定。资产评估报告的提交方式一般包括书面形式提交、通过电子邮件或线上平台提交。明确资产评估报告的提交期限及方式，可以确保评估顺利进行和评估结果合法、有效。

(8) 评估服务费及支付方式

评估服务费及支付方式是资产评估合同中的重要条款，明确了评估机构提供服务的费用标准和支付安排。这不仅保障了评估机构的权益，也确保了评估工作的顺利进行。

(9) 其他相关重要事项

资产评估服务还包括一些其他重要事项，这里不详细列举。

3. 资产评估报告

合法合规的资产评估报告涵盖多个关键部分，以确保评估透明、公正、准确。

1）委托人和其他资产评估报告使用人：委托人是指与评估机构签订合同的客户；其他资产评估报告使用人包括产权持有人、监管机构、潜在投资者等在内的合法权益相关方。

2）评估目的：说明进行资产评估的具体原因和目标，如并购、融资、税务申报、破产清算等。

3）评估对象和评估范围：明确需要评估的具体资产或资产组合。列出评估中涉及的所有资产及其边界，包括有形和无形资产。

4）价值类型：指明评估中使用的价值标准，如市场价值、投资价值、使用价值等。

5）评估基准日：说明评估结果所基于的具体日期，确保评估结果的时效性和准确性。

6）评估依据：列出评估所依据的法律法规、行业标准、技术规范、市场数据和其他参考资料。

7）评估方法：详细描述用于评估的具体方法，如市场法、收益法、成本法等，并解释选择这些方法的理由。

8）评估程序实施过程和情况：详细记录评估过程中执行的各项程序和具体步骤，包括现场勘查、数据收集、访谈等。

9）评估假设：列出评估过程中使用的所有假设前提，如市场稳定、运营持续等，明确这些假设对评估结果的影响。

10）评估结论：提供评估的最终结果，即评估对象在评估基准日的价值，并对结果进行解释和说明。

11）特别事项说明：说明评估过程中发现的可能影响评估结果的特殊事项或潜在风险，如法律纠纷、环境问题等。

12）资产评估报告使用限制说明：说明评估报告的使用范围和限制条件，明确哪些情况下可以使用该报告，哪些情况下不可以使用。

13）资产评估报告日：说明评估报告的编制完成日期，这一日期与评估基准日可能不同。

14）资产评估专业人员签名和资产评估机构印章：评估报告应由负责评估的专业人员签名，并加盖评估机构的公章，以确保报告的合法性和正式性。

一个合法合规的资产评估报告需要包含以上各部分内容，以确保评估透明性、公正性和准确性。每个部分都有其特定的作用，构成评估报告的完整框架，帮助相关方理解和使用评估结果。

6.1.2 《数据资产评估指导意见》解读

2023年9月8日，中国资产评估协会颁布了《数据资产评估指导意见》（以下简称《指导意见》），以规范数据资产评估执业行为，保护资产评估当事人合法权益和公共利益。该《指导意见》明确了数据资产评估的基本遵循、评估对象、操作要求、评估方法和披露要求，如图6-2所示。

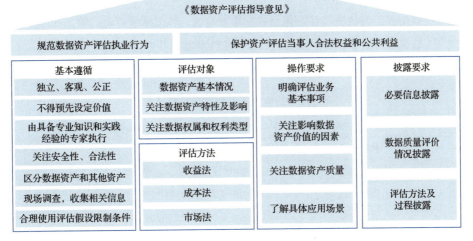

图6-2 《数据资产评估指导意见》重要内容解读

1. 基本遵循

- 数据产评估要遵循独立、客观、公正的原则。
- 数据资产评估应独立进行分析和估算，形成专业意见，并特别指出不得直接以预设价值作为评估结论。
- 数据资产评估应由具备专业知识和实践经验的专家执行。
- 执行数据资产评估业务，应该关注数据资产的安全性、合法性，并遵守保密原则。
- 对数据资产评估对象进行现场调查，收集数据资产基本信息、权利信息、财务会计信息和其他资料，进行核查验证、分析整理及记录。
- 数据资产评估应该合理使用评估假设和限制条件。

2. 评估对象

1）执行数据资产评估业务，要全面收集和了解数据资产的基本情况，包括但不限于：

- 数据资产的信息属性，包括数据名称、数据结构、数据字典、数据规模、数据周期、产生频率、存储方式等。
- 数据资产的法律属性，包括授权主体信息、产权持有人信息、权利路径、权利类型、权利范围、权利期限和权利限制等。
- 数据资产的价值属性，包括数据覆盖地域、数据所属行业、数据成本信息、数据应用场景、数据质量、数据稀缺性及数据可替代性等。

我们可以用表 6-2 进行数据资产评估对象信息的收集和检查。

表 6-2　数据资产评估对象检查清单

属性类别	关键特征	说明
信息属性	数据名称	数据的具体名称或标识
	数据结构	数据的组织形式，如关系型、非关系型等
	数据字典	数据的定义和说明，包括字段名称和数据类型
	数据规模	数据的总量，通常以记录数或存储容量表示
	数据周期	数据的生命周期，从生成到失效的时间段
	产生频率	数据的更新或生成频率，如实时、每天、每周等
	存储方式	数据的存储介质和技术，如云存储、本地存储等
	数据格式	数据的文件格式，如 CSV、JSON、XML 等
	数据完整性	数据在传输和存储过程中的完整性保障
	数据保留策略	数据的保留时间和清理策略
法律属性	授权主体信息	授权使用数据的主体信息，如公司名称、个人姓名等
	产权持有人信息	数据所有者的信息，通常与授权主体相同
	权利路径	数据从生成到使用的权利传递过程
	权利类型	数据相关的权利类型，如使用权、所有权等
	权利范围	数据使用的地域或行业范围
	权利期限	数据相关权利的有效期

(续)

属性类别	关键特征	说明
法律属性	权利限制	数据使用的限制条件，如保密要求、使用范围限制等
	合规性要求	数据是否符合相关法律法规和行业标准
	访问控制	数据的访问权限管理
	数据泄露风险	数据泄露的潜在风险及应对措施
价值属性	数据覆盖地域	数据涉及的地理区域
	数据所属行业	数据所属的行业领域，如金融、医疗等
	数据成本信息	获取和维护数据的成本
	数据应用场景	数据的实际应用领域和场景
	数据质量	数据的准确性、完整性和一致性
	数据稀缺性	数据的独特性和稀缺程度
	数据可替代性	数据是否有替代品及其替代的难易程度
	数据变现能力	数据转化为经济收益的潜力
	数据增长潜力	数据量和数据价值未来的增长潜力
	数据交互性	数据与其他数据集的交互和整合能力

2）执行数据资产评估业务，应知晓数据资产区别于实体资产的特性，并关注数据资产特性对评估对象的影响。《指导意见》中重点列示了如下数据资产特性。

- 非实体性。数据资产无实体形态，需要依托实体承载物，但决定其价值的是数据本身。数据资产的非实体性同时衍生出其无消耗性，不会因使用而磨损、消耗。
- 依托性。数据资产必须依附于介质来存储，介质种类包括磁盘、光盘等，同一数据资产可同时存储于多种介质。
- 可共享性。在权限可控的前提下，数据资产可以被复制，能够被多个主体共享和应用。
- 可加工性。数据资产可以通过更新、分析和挖掘的方式改变其状态和形态。
- 价值易变性。数据资产的价值容易变化，会随时间点、应用场景、用户对象、用户数量、使用频率等因素变化而变动。

3）执行数据资产评估业务时，应根据数据来源和数据生成的特征，关注数据资产的权利属性，并根据评估目的、权利证明材料来确定评估对象的权利类型。数据资产产权如下。

①数据资源持有权。数据持有权是在数据安全和合规的基础上，对可机读数据的控制权。这一权利是对数据事实状态的承认和控制，基于合法事实控制和管理来实现数据利益保护。数据资源持有权涵盖对数据持有、管理和防止侵害的权利，并允许持有者自主决定是否同意他人获取或转移其所产生的数据。数据持有权还涉及数据持有或保存期限。我们可以将数据资源持有权总结为五大关键点，如图6-3所示。

图6-3　数据资源持有权的五大关键点

- 数据安全与合规保障。数据资源持有权强调了数据安全和合规的重要性。通过合法的控制和管理，确保数据在持有和使用过程中不被滥用或非法获取，从而保护数据持有者的利益。
- 数据事实控制与管理。数据资源持有权是对数据事实状态的控制和管理。数据持有者可以通过这一权利对数据进行有效管理，防止数据被泄露，并保护数据的完整性和安全性。
- 非独占性与流通利用。数据资源持有权不同于传统产权，因为数据是持续产生、集成和汇聚的。由于对事实数据的获取和使用基本没有独占性，因此无法清晰界定每个主体拥有的数据的边界。因此，数据资源持有权更多是基于事实控制和管理属性的一种利益保护模式，最终目的是实现数据的流通和利用。
- 多主体的权益与责任。数据资源持有主体包括政府、企业和个人，依法享有相应权益，同时承担相应责任和义务。各主体在持有数据时，需确保数据安全、合规，可以合理利用数据，实现数据最大价值。

- 数据演变与持有权配置。在数据流通和利用过程中，同一批数据会演变和衍生出不同的数据。在此过程中，数据持有权配置也会有所不同。数据持有权的灵活性允许数据在不同持有主体之间流动，从而促进数据共享和创新应用。

②数据加工使用权。数据加工使用权是指允许在授权范围内，以各种方式和技术手段对数据进行分析和加工的权利。这包括对数据集进行清洗、分析、统计、转换、运算和进一步挖掘，从杂乱无章的数据中提炼出内在规律。数据加工使用权的行使必须在数据处理者依法持有数据的前提下进行。数据加工使用权的五大关键点如图 6-4 所示。

图 6-4 数据加工使用权的五大关键点

- 数据价值增值。数据加工使用权是实现数据价值增值的核心手段。通过对数据深入分析和处理，可以提炼出有用的信息和规律，为企业决策、市场分析、产品优化等提供重要支持。
- 推动数据交易市场发展。随着数据交易市场的发展，数据加工使用权的重要性日益凸显。未来，数据产品将更加丰富，这将促使市场竞争加剧。公平有序的数据加工使用权能让有价值、高质量的数据加工获得对应的收益，从而促进整个市场健康发展。因此，建立公平、开放的数据产权运行机制显得尤为重要，以防市场垄断和不公平竞争。
- 合法、合规使用数据。有效行使数据加工使用权时，可以确保数据的合法、合规使用。尊重数据安全和隐私，防止数据滥用和泄露，是数据处理者必须承担的责任。
- 促进创新和经济发展。有效行使数据加工使用权，可以促进技术创新和经济发展。通过数据分析挖掘的新模式、新规律，可以推动新产品开发和新业务模式形成，进而提升企业的整体竞争力。
- 保障国家安全和社会稳定。在数据加工活动中，若发现涉及国家安全、公共安全、经济安全、社会稳定、个人隐私的数据，必须立即停止加工活动。这不仅是对法律的遵守，也是对社会责任的履行，确保数据的使用不危害公共利益。

③数据产品经营权。数据产品经营权是指数据处理者作为数据市场主体，对合法处理形成的数据产品和服务，依法获得的自主经营权，并拥有取得收益的权利。这涉及对于经过加工、分析等过程形成的数据产品，相关机构对其依法享有占有、使用、收益和支配的权利。数据产品包括但不限于数据集、数据分析报告、数据可视化产品、数据指数、API 数据、加密数据等。

数据产品经营权的认证凭证通常由专业的数据管理机构或公司发起并认证。这些机构基于数据确权平台，发起并认证全国通用的数据加工权益证书，为经营数据产品的相关机构提供服务。数据产品经营权的五大关键点如图 6-5 所示。

图 6-5 数据产品经营权的五大关键点

- 自主经营与收益权。赋予数据处理者对其合法处理形成的数据产品和服务的自主经营权，并确保其有权从中获得收益。这一权利鼓励数据处理者投入资源和创新性劳动，开发高价值的数据产品。
- 数据资源的增值利用。数据产品经营权涵盖对数据资源经过实质性加工和创新性劳动形成的数据产品的全过程管理，使数据资源转化为具有商业价值的数据产品，促进数据资源的增值利用。
- 法律保障。数据产品经营权的行使必须遵守相关法律法规，确保数据合法、安全、合规使用。这不仅保护了数据处理者的合法权益，也防止了数据滥用和侵犯个人隐私等问题，维护了数据市场的健康发展。

- **市场信任与标准化。** 由专业数据管理机构发起并认证的数据产品经营权证书，为数据产品的经营提供了权威性和标准化保障。该认证提升了市场信任，规范了数据产品经营行为，有助于建立公平、有序的数据市场环境。
- **促进创新与产业发展。** 数据产品经营权的确立与行使，为数据处理者提供了明确的权益保障，激发了数据领域的创新活力。通过开发和经营高质量数据产品，推动数据产业的发展，带动相关技术与应用的进步。

3. 评估方法

《指导意见》提出了 3 类常用的数据资产评估方法：收益法、成本法和市场法。

这些评估方法可以在不同情境下灵活应用，以确保数据资产价值评估的准确性和可靠性，详见表 6-3。

表 6-3 数据资产价值评估的典型方法

评估方法	定义	步骤	适用场景	示例场景
收益法	通过预测数据资产未来可能带来的经济收益，并将其折现至评估基准日的现值，确定数据资产价值的方法	1）分析数据资产的历史应用情况及未来应用前景 2）结合企业经营状况，预测数据资产的经济收益 3）选择适用的收益预测方式（直接收益预测、分成收益预测、超额收益预测、增量收益预测） 4）估算折现率并折现未来收益	适用于数据资产未来收益可以合理预测的情形	某公司拥有大量用户数据，通过数据管理中心提供数据调用服务并收取费用，预测未来收益并折现
成本法	通过评估重新获取或重建数据资产的成本来确定其价值的方法	1）确定形成数据资产的全部投入 2）确定数据资产的重置成本，包括前期费用、直接成本、间接成本、机会成本和相关税费 3）根据质量、经济寿命等因素确定价值调整系数	适用于数据资产重置成本可以合理估算的情形	某企业评估其内部生成的数据库，计算重置成本以确定数据资产的价值
市场法	通过比较被评估数据资产与市场上类似数据资产的交易价格来确定其价值的方法	1）确定是否存在合法合规、活跃的公开交易市场及适当数量的可比案例 2）选择与被评估数据资产相似的可比案例 3）对比数据资产与可比案例的差异，确定调整系数	适用于存在活跃的市场交易且有适当数量可比案例的情形	某公司评估其拥有的特定数据集，通过市场上类似数据集的交易价格进行比较，以确定数据集的价值

4. 操作要求

《指导意见》对数据资产评估的过程进行了明确，提出了四大评估操作要求。

（1）明确资产评估业务基本事项

1）确定评估目标，例如，了解数据资产的市场价值。

2）确定评估范围，例如，评估特定部门的数据资产。

3）确定评估基准日，例如，评估基准日为2023年12月31日。

4）制订详细的评估计划，明确评估方法、时间表等。

（2）关注影响数据资产价值的因素

1）分析成本因素，包括前期费用、直接成本、间接成本、机会成本和相关税费等。

2）分析场景因素，包括数据资产的使用范围、应用场景、商业模式、市场前景、财务预测和应用风险等。

3）分析市场因素，包括主要交易市场、市场活跃程度、市场参与者和市场供求关系等。

4）分析质量因素，包括数据的准确性、一致性、完整性、规范性、时效性和可访问性等。

（3）关注数据资产质量

1）评估数据的准确性、一致性、完整性、规范性、时效性和可访问性。

2）采用合适的数据质量评估方法，如层次分析法、模糊综合评价法和德尔菲法等。

3）利用第三方专业机构的数据质量评估报告，获取客观的质量评价结果。

（4）了解具体应用场景

1）通过委托人、相关当事人等提供的信息，了解数据资产的具体应用场景。

2）自主收集相关资料，分析数据资产的应用场景。

3）根据具体应用场景，选择合适的价值类型进行评估。

5. 披露要求

《指导意见》明确了数据资产评估后的三大披露要求。

1）必要信息披露主要内容如下。
- 数据资产的基本信息，包括数据名称、数据结构、数据字典、数据规模、数据周期、产生频率及存储方式等。
- 数据资产的权利信息，包括授权主体信息、产权持有人信息、权利路径、权利类型、权利范围、权利期限和权利限制等。

示例：某公司评估其客户数据库，报告中详细披露了数据库的结构、规模、存储方式、数据授权使用情况和产权归属。

2）数据质量评价情况披露主要内容如下。
- 明确评估数据质量的目的。
- 采用的评价方法包括层次分析法、模糊综合评价法和德尔菲法等。
- 数据质量的具体评估结果。
- 评估过程中发现的问题及分析。

示例：某企业在评估其交易数据时，通过第三方专业机构的质量报告，详细说明数据的准确性、一致性和完整性，以及发现的数据质量问题。

3）评估方法及过程披露主要内容如下。
- 评估方法的选择及其理由，说明选择收益法、成本法或市场法的原因。
- 详细描述参数的来源、分析、比较和测算方法。
- 评估结论的形成过程，解释评估结论是如何得出的，包括假设前提和限制条件。

示例：某公司在评估其数据资产时，详细说明了选择收益法的理由，描述了重要参数的来源和测算过程，并解释了最终评估结论的形成过程和依据。

通过遵循上述 3 项披露要求，数据资产评估报告可以提供全面、透明和可信的评估信息，帮助相关利益方正确理解和使用评估结果。

6.2 典型的数据资产评估流程

6.2.1 数据资产评估的 4 个阶段

根据对《指导意见》的详细解读，结合行业内数据资产评估的典型案例，我们可以将数据资产评估流程总结为准备阶段、数据收集阶段、评估阶段和报告阶段。

1. 准备阶段

1）讨论并确定评估的具体目标和范围。

2）确定评估基准日。

3）明确评估对象的数据资产种类和数量。

4）制订详细的评估计划，包括时间表和人员分工。

5）选择合适的评估方法（收益法、成本法或市场法）。

6）准备所需资源和工具。

2. 数据收集阶段

1）与相关部门协调，获取数据名称、数据结构、数据字典、数据规模、数据周期、产生频率及存储方式等信息。

2）确保数据的完整性和准确性。

3）与法务部门沟通，获取授权主体、产权持有人、权利路径、权利类型、权利范围、权利期限及权利限制等信息。

4）核实权利信息的真实性和有效性。

5）与业务部门和市场部门沟通，了解数据覆盖地域、数据所属行业、数据成本、数据应用场景、数据质量、数据稀缺性及数据可替代性等信息。

6）分析数据价值的影响因素。

3. 评估阶段

1）依据数据资产特点选择合适的评估方法（收益法、成本法或市场法）。

2）确认所选方法的适用性。

3）准备相关评估模型和工具。

4）采用适当的数据质量评估方法（如层次分析法、模糊综合评价法、德尔菲法等）。

5）获取并分析数据质量评估结果。

6）检查数据的准确性、一致性、完整性、规范性、时效性和可访问性。

7）获取评估所需的信息，如收益预测、重置成本、市场对比数据等。

8）进行评估计算，确保计算准确。

9）分析评估结果，确保结果合理、可信。

4. 报告阶段

1）进行报告的框架设计，确保报告内容的完整性和准确性。

2）详细说明评估方法及选择理由，各重要参数的来源、分析、比较与测算过程，以及评估结论的形成过程。

3）披露数据资产的基本信息和权利信息。

4）说明数据质量评估情况、应用场景及其限制。

5）披露评估依据的信息来源及利用的专家工作成果或专业报告内容。

6）审核评估报告，确保其准确性、完整性和逻辑性。

7）根据反馈进行修改和完善。

8）最终确认并发布评估报告。

通过上述详细步骤，我们可以系统地进行数据资产评估，确保评估过程的完整性和评估结果的可靠性。

6.2.2 数据资产评估关键过程的检查点

数据资产评估关键过程的检查点如表 6-4 所示。

表 6-4 数据资产评估关键过程的检查点

阶段	事项	关键检查点
准备阶段	明确评估目的和范围	• 确定评估目标 • 确定评估范围 • 确定评估基准日
	制订评估计划	• 方法选择、时间安排、人员分工
数据收集阶段	收集数据基本信息	• 数据名称、数据结构、数据规模、数据周期、产生频率、存储方式
	收集数据权利信息	• 授权主体信息、产权持有人、权利路径、权利类型、权利范围、权利期限、权利限制
	收集数据价值信息	• 数据覆盖地域、数据所属行业、数据成本、数据应用场景、数据质量、数据稀缺性、数据可替代性

(续)

阶段	事项	关键检查点
评估阶段	选择评估方法	• 方法适用性、数据资产特点
	进行数据质量评价	• 数据质量指标、评价方法、评价结果
	实施评估方法	• 参数获取、计算过程、结果分析
报告阶段	编写评估报告	• 报告内容完整性、信息披露、结论说明
	披露必要信息	• 数据资产基本信息和权利信息、数据质量评估情况、应用场景限制、评估依据来源
	审核与修改	• 报告准确性、完整性、逻辑性

6.3 数据资产定价

6.3.1 数据资产定价的难点和应对策略

数据资产和实体资产的特点决定了数据资产定价的巨大挑战和难点，具体如下。

- 无形性与可复制性。数据资产不同于有形资产，没有显著的物理特征。数据可以零成本复制，这使其定价较一般商品更为复杂。例如，评估一套房产可以通过地段、环境、户型等明确特征进行，但数据资产缺乏这种明确的特征，评估的随机性较大。

- 数据质量难以评估。数据质量的好坏在初期难以明确，只有在实际业务中使用后才能评估。如同玉石原材料，只有在详细分类和使用过程中才能区分出数据的好坏。

- 数据应用场景多样性。同一数据在不同应用场景中可能产生不同的价值，使定价更加复杂。例如，电力数据可以用于电力定价、调度优化、企业信用评价、经济统计分析等多个场景，每个场景产生的价值各不相同。

- 数据的协同性。数据的价值往往体现在与其他数据的组合应用中，单独数据的价值不易确定。

- 数据的无限复用性。数据可以同时被不同主体调用参与多种经济活动，导致其价值评估更加复杂。数据在不同部门、企业间复用，可能导致无成本复用的情况发生，增加定价难度。

针对以上数据资产定价难点，我们可以采用以下应对策略。

1. 评估数据资产内在价值

对数据资产进行内在价值评估，考虑数据质量、数据规模、使用频率和服务效果等因素。

- 数据质量。评估数据的完整性、准确性、规范性和时效性。
- 数据规模。判断数据量的规模，数据量越大，价值越高。
- 使用频率。预估数据在一定时间内的使用次数。
- 服务效果。评估数据在业务场景中的服务效果，如减少人工核对工作量、提升决策分析准确性等。

示例：某企业评估其客户信息和交易信息，发现高质量数据缩短了人工核对时间，提高了工作效率。

2. 评估数据资产成本和业务价值

结合应用场景，评估数据资产的成本和业务价值。

- 场景分析。基于业务场景分析数据应用的价值。
- 以终为始。通过提升效果反推数据资产价值。
- 变量控制。分析数据资产的增量效益。
- 综合考量。结合收益和成本，评估数据资产的综合效能。

示例：某企业建立主数据平台，通过统一录入供应商数据，减少了重复录入的工作量，提高了业务效率。

3. 评估数据资产市场交易价值

数据资产定价可结合市场交易情况，主要包括两种方式：货币化度量，即计算数据资产的经济价值和市场价值；场景价值计算，即计算场景中可货币化收益，并拆分出归属数据资产的部分，比如，对于手机银行产品精确推荐清单，通过提升的成交率计算出清单的经济价值。

数据资产定价具有复杂性和多样性，难以用单一的方法解决。通过评估数据资产内在价值、成本和业务价值，以及市场交易价值，可以更全面地确定数据资产的价值。建立完善的市场定价机制和数据交易平台，有助于促进数据资产的流通和交易，实现数据资产价值最大化。

6.3.2 数据资产定价模型

1. 公式

基于以上分析，我们可以将数据资产定价总结成公式：$P = A1 + A2 + A3 + $ 市场调节。其中，

- 数据质量评估 $A1 = f$（完整性、准确性、规范性、时效性）
- 数据加工与清洗成本 $A2 = $ 采集成本 + 清洗成本 + 加工成本
- 数据应用场景价值 $A3 = \sum_{i=1}^{n}$（场景收益$_i$ − 场景成本$_i$）
- 市场调节 = 市场需求 × 供需关系 × 议价过程

2. 示例应用

假设一个数据资产包含以下内容，

数据质量评估中完整性评分 90、准确性评分 85、规范性评分 88、时效性评分 80。

数据加工与清洗成本中采集成本 10 万元、清洗成本 5 万元、加工成本 8 万元。

数据应用场景价值中场景 1 收益为 20 万元，成本为 5 万元；场景 2 收益为 30 万元，成本为 10 万元。

由于市场需求强烈，供需关系紧张，议价过程中市场调节值增加 5 万元。

根据以上公式，

$A1 = f(90, 85, 88, 80)$，$A2 = 10 + 5 + 8 = 23$ 万元，$A3 = (20 − 5) + (30 − 10) = 35$ 万元

市场调节 = 5 万元，最终数据资产定价 $P = A1 + A2 + A3 + $ 市场调节。

这种方法结合市场调节因素，能够更全面地评估数据资产的实际价值，得出更加合理和符合实际的定价。

第 7 章 CHAPTER

数据资源入表

数据资源入表是贯彻数据作为生产要素参与社会分配的国家创新战略的重要措施。2017 年，习近平总书记在中共中央政治局第二次集体学习时指出"要构建以数据为关键要素的数字经济"。2019 年 10 月，党的十九届四中全会首次将数据确立为生产要素。数据作为参与社会价值分配的生产要素，其重要性与土地、资本、劳动力、技术等要素并列。数据资源入表是该国家战略的具体实施手段之一。

数据资源合规入表是企业凭借数据资产参与社会经济分配的基础和依据。数据资源入表是对数据资源进行价值评估，并记入财务报表的行为。入表后，数据资源可以变为数据资产，而数据资产是所有者权益的体现，将扩大企业的资产总额。

对企业来说，数据资源入表是一项关键的数据管理工作，它涉及将各类数据资源分类、整理和录入数据表中的过程。在当今信息化时代，数据资源入表对企业的管理和运营具有重要意义。

本章将深入探讨数据资源入表的定义、意义、价值、条件、流程、方法以及数据资产对企业的价值和风险。通过深入了解和探讨数据资源入表的相关内容，可以帮助企业更好地管理和利用数据资产，提升数据管理水平和业务价值。

7.1 数据资源入表概述

7.1.1 数据资源入表概念解读

2023年8月1日，财政部发布了《企业数据资源相关会计处理暂行规定》（财会〔2023〕11号）（简称《暂行规定》），自2024年1月1日起实施。《暂行规定》依据《会计法》和企业会计准则等规定，明确了数据资源的适用范围、会计处理标准以及披露要求。

数据资源入表的专业术语是数据资源会计核算的形式化表达。根据《暂行规定》的解释，其目的是"规范企业数据资源相关会计处理，强化相关会计信息披露"。数据资源入表是企业凭借数据参与社会经济分配的基础和依据。入表后，数据资源变为数据资产，而数据资产是所有者权益的体现，将扩大企业的资产总额。

在《暂行规定》出台之前，数据资产的会计核算处理并没有明确的准则，因此很多企业在数据产品研究和开发阶段的支出通常是费用化，直接计入损益表。然而，实际上有一部分数据产品是满足会计准则资产确认条件的，所以《暂行规定》出台后，企业可以将这部分满足条件的数据资产在资产负债表的相关科目中进行列报和披露。在编制资产负债表时，企业需要根据重要性原则和实际情况，在无形资产或存货项目下列报数据资产。具体的列报方式取决于数据产品的权属是否发生转移。

数据资源入表的本质是将数据资产作为有价值的资源纳入企业的会计体系和财务报表中，准确地反映企业的实际资产状况。将数据作为生产要素纳入财务报表，是对数据价值及其在商业活动中作用的正式承认。

在定义方面，数据资源入表涉及对企业所控制的、预期会给企业带来经济利益的数据资源的识别、计量和报告。它包括对数据资源的价值及其可能的经济效益的评估，并将评估结果记录在财务报表的资产负债表中，作为无形资产体现。

7.1.2 数据资源入表对数据要素市场的十大推动作用

数据资源入表不仅是企业的财务动作，更是构建数据要素市场的基础工作。通过企业的数据资源盘点披露，能够增加数据要素供给，拉通整个产业链的数据资源生态，从而培育高质量的数据要素市场。

总的来说，数据资源入表能够从以下 10 个方面加速推动我国数据要素市场的建设。

1. 提高价值透明度

通过数据资源的确权、盘点和估值，能够明确数据资源的透明度，使数据资源的价值更加清晰可见，主要体现在以下 7 个方面，如图 7-1 所示。

图 7-1 数据资源入表提升数据资源价值透明度的 7 个方面

- 明确资产属性。将数据资源作为资产入表，明确其资产属性，使其价值更加清晰可见。
- 公允价值评估。要求企业对数据资源进行公允的价值评估，并提供一个客观的价值衡量标准。
- 信息披露。公开数据资源数量、质量、价值等，使利益相关者更好地了解数据资源价值状况。
- 计量和核算。采用适当的会计方法对数据资源进行计量和核算，使其价值以具体的财务指标呈现。
- 增强价值认知。帮助企业自身以及外部投资者、决策者等更好地认识数据资源的价值。
- 提高核算质量。在入表过程中遵循会计准则和规范，提高了数据资源价值核算的质量和可靠性。
- 可比性和一致性。确保不同企业间数据资源价值的可比性和一致性，便于比较和分析。

2. 加速数据资产化进程

数据资源入表是对数据资源进行确认和计量，并将其纳入企业资产范畴的过程。在此过程中，数据将从潜在资产转化为实际可计量、可交易的资产。只有数据资源转化为数据资产，才能为数据要素市场源源不断地提供高质量的交易和流通标的，从而加速形成高质量的数据要素市场。

3. 增强价值评估准确性

数据要素市场需要足够的数据交易和流通，而数据资源入表能让每个企业将自己的数据梳理清楚，使数据成为可交易、可流通的数据产品，并通过数据资源入表的过程，为数据要素的定价和交易提供更准确、更规范的依据。

4. 提升市场活跃度

数据资源入表可以让更多的企业看到数据的价值，从而吸引更多参与者进入市场，增加交易活动。因为数据是天然连接的，一条数据能够关联出整个行动链、价值链乃至产业链的全部数据，背后就是商业活动，所以数据资源入表能够提升数据要素市场的活跃度。

5. 提高资源配置效率

披露数据资源可以让更多企业在数据资源层面实现拉通共享和开放合作，促使数据资源在市场上实现更优化的配置。

6. 建立市场信任机制

数据资源入表的过程增加了数据要素市场的透明度和可信度，促进公平交易。

7. 推动市场规范化发展

《暂行规定》为数据资源入表奠定了基础，同时为数据要素市场规则和制度的建立提供了依据。

8. 加速数据要素流通

以往企业间的数据是割裂的、封闭的，无法自由流动。实施数据资源入表能让更多企业开放自己的数据，打破数据的封闭，促进数据在不同主体间自由流动。

9. 激发市场创新活力

数据资源入表打开了一扇门，鼓励企业围绕数据要素开展创新业务，激发数据要素市场的创新活力。

10. 增强数据资源保护

原来的数据安全仅从技术视角予以重视，而数据资源入表实施后，企业将数据当作核心资产来管理，因此也提高了对数据资源的保护力度。

7.1.3 数据资源入表，从费用化到资本化

在《暂行规定》出台之前，企业生产、采集、开发、分析、利用数据的目的往往都是实施信息化和数字化项目，这个阶段产生的成本支出大部分作为研发费用，直接计入损益表。根据《暂行规定》，当满足会计准则资产确认和认定条件时，这部分资产允许在资产负债表的相关科目中予以列报和披露。所以数据资源入表的本质是数据资产的会计核算，也就是将数据的成本开支从费用化转为资本化。

数据资源费用化和资本化的主要区别见表 7-1。

表 7-1 数据资源费用化和资本化的主要区别

维度	费用化	资本化
会计处理方式	将数据开发成本计入当期损益，作为费用直接从当期收入中扣除	将数据开发成本确认为资产（无形资产或存货），并在未来进行摊销或折旧
对财务报表的影响	降低当期利润	分期摊销 对各期利润的影响较为平稳
关注点	短期效益和成本相关性	长期经济利益的可能性
确认条件	成本发生与收益的直接联系	满足资产认定的条件
决策意义	帮助分析当期经营情况	企业长期的资产规模和财务状况
风险管理	直接风险且风险较低	需要考虑更多风险评估管理
税务影响	当期可抵扣税款	需要统筹考虑资本化因素

将数据开发生产成本从费用化转为资本化，有助于企业提升资产规模、提高估值水平、优化利润表现、增强市场信心、支持长期投资，对企业非常有价值。

7.1.4 数据资源入表给企业带来新的机遇和创新

数据资源入表是我国体制性创新的举措，是推进实体经济和数字经济深度融合的重要一步，这代表着企业借助数据资源入表政策可以获得更多新的可能性和机遇。

1. 数据资源入表带来的机遇

数据资源入表给企业带来的机遇主要表现在以下几个方面。

- 增强决策基础。数据资源入表后，企业能够利用数据进行更精确的业务分析和市场预测，增强决策的数据支持力度。例如，数据资源可帮助企业更好地理解客户需求，精准定位市场，并制定相应的产品开发和营销策略。
- 增强资产负债表实力。明确数据资源的价值有助于企业在资产负债表上展现更强的资产实力，提升财务指标，从而增强投资者和债权人对企业的信心。
- 提升融资能力。明确数据资源的价值可提高企业的信用评级，为企业提供更多的融资途径，如发行基于数据资产的债券、获取银行贷款或吸引风险投资。
- 市场竞争优势。企业可通过数据资源增强自身的核心竞争力，例如通过分析消费者行为数据，提高产品和服务的个性化程度，从而在市场上脱颖而出。
- 激发数据经济潜力。将数据资产化或资本化有助于激发数据经济潜力，推动数据产业和相关服务行业发展，如数据分析、数据安全和数据管理等。
- 促进数据开放与合作。企业可以通过数据资源入表寻找合作伙伴，利用数据共享和数据联合开发等方式实现价值共创，提升产业链整体价值。

2. 数据资源入表带来的创新

数据资源入表给企业带来很多创新可行性，具体如下。

- 业务模式创新。企业可以基于数据资源入表的结果探索新的业务模式，如基于用户数据的订阅服务、个性推荐和动态定价。
- 金融产品创新。数据资源入表可以推动金融产品创新，如数据资产担保的贷款、投资基金以及与数据相关的其他金融衍生品。

- 量化管理与绩效提升。表内数据资源有助于企业建立科学的绩效考核系统和量化管理模式，通过准确的数据优化企业内部管理流程。
- 风险和合规创新管理。系统地识别和评估数据资源，可以帮助企业提前发现数据安全和合规风险，并采取防范和应对措施。

因此，数据资源入表为企业提供了基于数据驱动的多元化商业机遇，提升了企业的金融和市场可行性，为企业的长期发展和创新提供了强大的推动力。

7.2 数据资源入表关键解读

从要求上来看，数据资源入表源自财务的要求，因此我们要从财务的视角来理解什么是数据资源入表，以及数据资源入表的相关名词解释。会计核算中识别企业数据资产的过程，即判断数据资源入表是否满足条件。

根据企业会计准则的规定，数据资源入表需要同时满足资产的定义及资产确认的条件。

7.2.1 数据资产的确认条件

根据《企业会计准则——基本准则》第二十条、第二十一条规定了数据被认定为资产和被确认为企业自身资产需满足的 3 个条件，如图 7-2 所示。

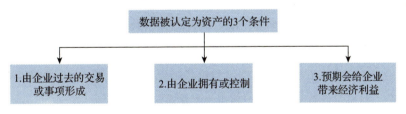

图 7-2 数据被认定为资产的 3 个条件

1. 由企业过去的交易或事项形成

这意味着数据资源在当下必须已经客观存在，并且是由企业过去的交易或者事项形成，而不是与企业无关的、尚未存在的数据。

例如，A企业上线实施了ERP系统，ERP系统的进销存、人财物的业务流程会产生一系列相关数据，这些数据已经生成，那么A企业的这些数据就符合这一资产认定规则。相反，B企业在官方网站上发布了采购招投标数据，A企业与这些数据没有任何过去的交易数据，也不涉及A企业的任何事项，即使这些数据已经存在，A企业也无法将这些与自己无关的、不是由过去的交易或事项生成的数据认定为自己的资产。

2. 由企业拥有或控制

在第一项认定的基础上，如果该数据已不归该企业所有或控制，则无法被认定为该企业的数据资产。

例如，A企业实施了ERP系统后，将企业出售给了B企业，B企业全盘接管了A企业的系统和数据。这种情况下，即使这些数据曾经由A企业的交易和事项形成，但由于A企业已经不具备对这些数据的控制权，拥有权也转移给了B企业，因此A企业不再满足认定这些数据资产的条件。

3. 预期会给企业带来经济利益

即使满足第一项和第二项认定条件，但如果该数据资源的应用无法给企业带来经济利益，那么该数据资源也无法被认定为企业的数据资产。

例如，A企业通过实施ERP系统，获取了企业的人力资源相关数据，包括组织结构、岗位职责等。这些数据由企业过去的管理事项形成，为A企业所拥有和控制，但由于仅限于企业内部使用，属于管理属性，预期无法为企业创造经济利益，因此这些数据也无法被认定为数据资产。

A企业ERP系统的备品备件生产数据经过梳理开发，形成了行业典型设备的缺陷报告。这些报告数据能够应用到相关业务场景，提升企业生产效率，或者这些报告数据能够在产业中以数据产品的形式进行交易出售，为企业带来直接的经济利益。因此，这些备品备件生产数据满足第三项认定条件，从而可以被认定为数据资产。

以上3条仅是这些数据资源可以被认定为数据资产的条件，满足这3条并不能使A企业将这些数据资产确认为自己的资产，并纳入自己的财务报表中予以披露。

企业还需要满足以下两个资产确认的条件，如图 7-3 所示。

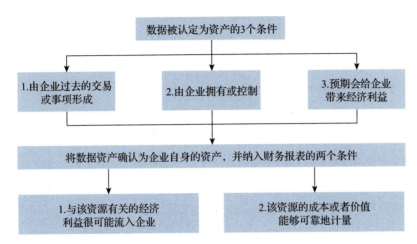

图 7-3　数据被认定为资产的条件

1. 与该资源有关的经济利益很可能流入企业

《企业会计准则——基本准则》规定，预期会给企业带来经济利益，是指直接或者间接导致现金和现金等价物流入企业的潜力，也就意味着只有当与该资源有关的经济利益很可能流入企业时，才符合确认资产的条件之一。这一条与资产认定的第三条有一定的共性，但是也有一定的区别，后者对于数据资产的确认更加严格。

企业管理层认为"预期会给企业带来经济利益的资源"通常指的是企业拥有或控制的资源，这些资源在未来可以通过产生现金流、降低成本、提供服务等方式，为企业创造经济价值。这种预期基于对资源未来潜在用途的判断和对市场情况的分析。

"与该资源有关的经济利益很可能流入企业"是一个更为严格和具体的概念。它不仅要求企业预期能从资源中获得经济利益，还要求有充分的理由相信这些经济利益流入企业的可能性大于一定的阈值（一般指超过 50% 的概率）。

这要求提供可靠的证据，例如历史数据、市场研究、合同条款、法律规定等，来佐证这种利益确实有很高的可能性流入企业。认定"预期会给企业带来经济利益的资源"和"与该资源有关的经济利益很可能流入企业"主要依据以下几个方面。

- 预期经济利益。预测资源可能带来的经济利益，通常利用行业趋势分析、市场研究、内部项目评估等信息。
- 概率判断。需要判断经济利益流入的真实性和可能性，通常涉及对与资源相关的市场环境、客户需求、法律风险等因素的综合考虑。
- 现实依据。收集相关的数据和信息作为支撑，这些依据可能包括合同、订单量、以往的收益记录等。
- 合理性检验。考虑资源的利益流入是否符合理性和可执行性，防止基于过于乐观的前景做出不切实际的判断。

在企业会计准则中，经济利益流入企业的可能性通常会影响资源在财务报表中的确认和计量。资源是否可以被认定为资产，很大程度上取决于与该资源相关的未来的经济利益是否"很可能"流入企业。这是资产确认条件的核心考虑因素之一。

2. 该资源的成本或者价值能够可靠地计量

对数据的成本和价值进行可靠的计量是一个复杂的问题，需要考虑多种因素。以下是一些常用的方法。

- 成本法。成本法是一种常用的计量方法，通过计算数据的获取、处理、存储和维护成本来确定数据的价值。成本法的优点是简单易懂，缺点是只考虑了数据的成本，而没有考虑数据的潜在价值。
- 收益法。收益法是一种通过计算数据潜在收益来确定数据价值的方法。其优点是考虑了数据的潜在价值，缺点是需要对数据未来的收益进行预测，存在一定的不确定性。
- 市场法。市场法是通过参考市场上类似数据的价格来确定数据价值的一种方法。市场法的优点是考虑了市场因素，缺点是市场上类似数据的价格可能受到多种因素的影响，如数据的质量、数据的使用场景等。
- 混合法。混合法是一种综合考虑成本法、收益法和市场法的方法。混合法的优点是综合考虑了多种因素，缺点是需要对多种方法进行综合，可能增加计量的复杂性。

不同的计量方法适用于不同的数据类型和应用场景，因此在选择计量方法时，不仅需要考虑具体情况，还需要考虑数据质量、使用场景、市场价格等因素。

7.2.2 将数据资产以无形资产的形式披露

《企业会计准则第 6 号——无形资产》规定，无形资产，是指企业拥有或者控制的没有实物形态的可辨认非货币性资产。当数据资产符合无形资产的定义时，则可以按照无形资产披露。

无形资产的定义包含 3 层含义。

1. 可辨认性

根据《企业会计准则第 6 号——无形资产》，资产在满足下列条件之一时，符合无形资产定义中的可辨认性标准。

- 能够从企业中分离或者划分出来，并能单独或者与相关合同、资产或负债一起，用于出售、转移、授予许可、租赁或者交换。
- 源自合同性权利或其他法定权利，无论这些权利是否可以从企业或其他权利和义务中转移或者分离。

对于数据资源，如果它们可以明确辨认并且在法律上是可分离的，比如通过版权或数据许可协议，那么它们就可能满足这一标准。

2. 非货币性

货币性资产，是指主体持有的货币资金和可收取固定或可确定金额的货币资金的权利。当前观察到的数据资产不符合上述特征，因此属于非货币性资产。

3. 无实物形态

无形资产没有实物形态，这是它与固定资产或投资性房地产等有形资产的主要区别，数据资源不具备实物形态特征。

因此，企业的数据资源符合无形资产的定义，即无实物形态、能带来未来经济利益且具有可辨认性。

但是，将数据资源认定为无形资产，同时还需要满足以下 3 个确认条件。

- 企业拥有或控制：企业必须能够控制该资源的使用。企业应拥有决定谁可以访问和使用这些数据的权利，通常这是通过法律、版权或许可协议来实现的。

- 未来经济利益：无形资产应能够预期带来未来的经济利益，例如直接产生收入，或者可以节省成本和提高效率。数据资源若能通过分析得出商业洞察、改进决策制定或提高运营效率，即可能视为有助于产生未来经济利益。
- 可靠地计量成本：无形资产的成本必须能够被可靠地计量。对于数据资源，这意味着收集、维护和处理这些数据的成本可以被清晰和准确地计算与记录。

只有当数据资源同时满足以上所有条件时，才能在财务上被认定为无形资产，并相应地在企业的财务报表中被记录和报告。这一认定使得数据资源的价值得到正式确认，并可能影响企业的资产负债表和其他财务指标。

7.2.3 将数据资产以存货的形式披露

《企业会计准则第1号——存货》规定，存货，是指企业在日常活动中持有以备出售的产成品或商品、处在生产过程中的在产品、在生产过程或提供劳务过程中耗用的材料和物料等。存货同时满足下列条件的，才能予以确认：

- 与该存货有关的经济利益很可能流入企业。
- 该存货的成本能够可靠地计量。

对于确认为存货的数据资源相关披露，披露主体在日常活动中持有的、最终目的是用于出售的数据资源，如果符合《企业会计准则第1号——存货》（以下简称《存货准则》）规定的定义和确认条件，则应当确认为存货。披露主体应根据取得方式，按照外购存货、自行开发存货、其他方式取得的数据资源存货类别，分别披露相应资产的期初、期末余额，以及报告期内变化的原因。

其中，企业通过外购方式取得的可确认为存货的数据资源，其采购成本包括购买价款、相关税费、保险费，以及数据权属鉴证、质量评估、登记结算、安全管理等可归属于存货采购成本的费用。企业通过数据加工取得的可确认为存货的数据资源，其成本包括采购成本和数据采集、脱敏、清洗、标注、整合、分析、可视化等加工成本及其他使存货达到目前场所和状态所发生的支出。

披露主体应当披露主要的存货类别及相应金额，如原材料、在研产品等，并披露发出存货成本所采用的方法。

披露主体应当披露数据资源存货可变现净值的确认依据、存货跌价准备的计提方法、当期计提的存货跌价准备金额、当期转回的存货跌价准备金额，以及计提和转回的相关情况。

7.2.4 数据资源披露（未作为无形资产或存货确认的数据资源）

对于不符合无形资产和存货的定义以及确认条件的数据资源，企业应当遵循相关会计准则和规定进行处理。

根据已有的会计框架，不符合上述具体资产类别的数据资源可以通过以下方式认定、确认和披露。

- 费用处理。如果数据资源的获取或制造成本不能直接关联到可识别的无形资产或存货，并且不符合资本化条件，那这些成本通常会被视为当期费用立即计入损益。例如，日常的数据维护或更新开支可能无法单独区分并确认为资产，应当直接作为费用处理。
- 披露策略。尽管数据资源未被资本化，但企业仍可以在管理层讨论与分析（MD&A）中披露其数据资源的情况，包括数据的获取、使用和管理方式。这有助于投资者和其他利益相关者理解企业如何利用这些非资本化的数据资源支持企业运营和发展。
- 关键绩效指标（KPI）披露。企业可以将数据资源关键绩效指标纳入财务报告或年度报告中，如数据收集量、使用频率、客户参与度等，以展示数据资源对企业运营的支持和价值。
- 说明企业的数据资产管理策略。企业可在年报或其他公开文件中说明其数据资源的管理策略及其对企业战略的支持情况，即使这些资源没有在财务报表中独立体现。
- 内部报告系统。企业可建立内部报告系统，以监控和管理数据资源的效率与成效，尽管这些数据资源在财务报表中没有单独列示。内部报告可以辅助管理层对数据资源的利用和管理进行效果跟踪与决策支持。
- 披露非财务信息。在适当情况下，企业可在企业社会责任报告或可持续发展报告中披露与数据资源相关的非财务信息，例如数据的社会影响、隐私保护措施等。

对企业而言，数据资源入表不仅是响应国家政策，更能够帮助企业创造业务价值。

7.3 如何实现数据资源入表

7.3.1 数据资源入表的挑战和应对机制

1. 数据资源入表的 8 个难题

将数据资源纳入财务报表在全球尚属首创，这意味着此举没有先例可以遵循。数据本身的非实物特点，给资产的认定、会计的处理和确认带来了很多挑战。数据资源入表的本质是将数据要素这种新的生产资料，以量化、清晰、价格化的形式纳入会计核算。数据要素的特点导致数据资源入表面临 8 个难题，如图 7-4 所示。

图 7-4 数据资源入表的 8 个难题

（1）成本归集难

在数据资产评估过程中，数据资产的成本归集是一个复杂且具有挑战性的任务。尤其在涉及复杂系统（如 ERP 系统）的数据时，数据资产的开发、生产和加工成本很难明确归集。比如，ERP 系统的开发成本通常涉及多个方面，包括硬件、软件、人员、培训等。部分数据被沉淀并采集为设备数据、财务数据等，这些数据可以用于数据资产的评估，但其生产、调度成本难以明确归集。

成本构成复杂。数据资产的生产和加工过程涉及数据采集、清洗、转换、存储和分析等环节，成本构成复杂。不同类型的数据，其生产和加工成本的归集方式有所不同，增加了成本核算的难度。

难以明确归集标准。缺乏统一的标准和规范来指导数据资产成本归集，导致各部门和项目的归集方式不一致。数据资产的价值评估受到主观因素影响，难以形成统一的成本归集方法。

（2）收入成本匹配难

在数据资源入表过程中，收入与成本匹配难，难度主要来源于数据资产的复杂性及其成本和收入的不易量化和归集，主要包括以下几个方面。

1）收入与成本的不一致性。
- 收入难以直接归因。数据资源的收入通常是间接产生的，通过数据的利用和分析为业务决策、市场拓展、运营优化等带来价值，而这些价值未直接在财务报表上体现。
- 成本归集复杂。数据资源的成本包括数据采集、存储、处理、分析等多个环节，涉及的成本类型多样且难以准确归集到具体的数据资产上。

2）成本结构复杂。
- 多种成本类型。硬件成本、软件成本、人员成本、维护成本等，每种成本的归集和分摊都具有挑战性。
- 跨部门成本。数据资源的生产和利用往往涉及多个部门，跨部门成本的归集和分摊难度大。

（3）资本化标准确认难

数据资源的资本化标准确认难，主要原因如下。

1）数据资源的无形性。数据资源不像实物资产那样具有可见、可触的形态，它以数字形式存在，难以具体衡量和确认。

2）成本确认的复杂性。数据资源的开发、采集、处理和维护涉及多种成本，这些成本分布在不同的时间段和部门，难以归集和确认。例如，数据采集成本、存储成本、清洗成本、分析成本等都需要分别核算。

3）数据资源的价值难以量化。数据资源的价值常常体现在长期和间接的收益上，很难直接与具体的经济利益挂钩。比如，数据分析结果可能会对多个业务部门产生影响，但具体收益难以量化和确认。

4）资本化标准不明确。缺乏明确的行业规范和指引来明确数据资源资本化的标准。传统会计准则主要针对有形资产，对于无形的数据资源，尚无具体操作标准来确定其是否具备资本化条件（如是否具备未来经济利益、是否能够可靠计量等）。

5）数据资产的寿命和摊销。数据资源的价值随着时间和技术的变化而变化，确定其使用寿命和摊销方式是一个难题。传统资产可以通过物理磨损判断寿命，而数据资源则需要考虑有效性、技术更新和市场需求等多方面因素。

6）法律和合规风险。数据资源的合法性和所有权确认比较复杂，尤其在涉及第三方数据时，存在法律和合规风险。这些因素进一步增加了数据资源资本化确认的难度。

7）技术依赖性。数据资源的价值依赖特定的技术和工具，这些技术的快速更新可能导致数据资源快速贬值，再次增加数据资源资本化确认的难度。

（4）授权细则确认难

数据的合法性和所有权复杂，尤其在涉及第三方数据和跨部门数据共享时；不同的数据资源可能有不同的授权和使用限制；数据隐私和保护法规增加了合规难度；明确授权使用范围和权限需要细致的法律和合同约定，这些因素都增加了数据资源授权细则确认的难度。

（5）资产确认难

数据研发和使用场景差异过大，导致数据资产的确认难度大。数据资源的无形性和难以量化，使其价值评估困难，尤其在涉及第三方数据时，数据的所有权和合法性更加复杂。数据资源的未来经济利益难以确定和可靠计量。传统会计准则对无形资产的确认标准不明确。上述这些因素共同导致数据资源难以在资产负债表中被准确确认为数据资产。

（6）资产摊销难

不同于传统生产要素，数据资源的使用寿命难以确定，其价值受技术进步、市场需求、数据时效性及场景化等因素影响。传统摊销方法难以应用于数据资产，数据资产的价值变化快且难以预测，不同类型数据资源的摊销标准不统一，这些因素都增加了数据资产摊销的复杂性和不确定性。

（7）资产估值难

不同业务场景对数据资源的需求和价值认定不同，导致估值标准难以统一；数据资源的价值在很大程度上取决于其应用环境和使用方法，而这些应用环境和使用方法往往是高度个性化的，难以找到精准、通用、可比的市场价格或标准化的估值模型，这些因素使得数据资产的估值变得复杂和不确定。

（8）会计核算难

数据资产形成的过程周期长，并且跨系统、跨流程、跨层级、跨领域，会计核算复杂，加上前面所描述的成本归集复杂、收益难以量化和匹配相关成本、估值和摊销标准不明确，进一步增加了核算的难度。同时，不同的数据资源分级分类授权不同，可能涉及复杂的法律和合规问题，使得核算过程中需要额外的审查和确认，这些因素综合导致了数据资产会计核算困难。

2. 四大应对机制

我们需要建立和完善数据资源相关的成本核算体系以应对上述挑战，如图 7-5 所示。

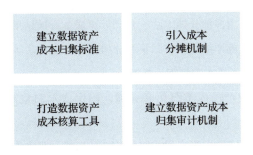

图 7-5　应对数据资源入表难题的四大机制

（1）建立数据资产成本归集标准

1）明确成本分类。将数据资产的成本划分为开发成本、生产成本、加工成本等，并明确每类成本的构成要素。

- 开发成本：硬件、软件、人员薪资、外包费用等。
- 生产成本：数据采集、存储设备、网络带宽、数据清洗等。

- 加工成本：数据转换、分析工具、人工智能算法等。

2）制定归集规范。制定统一的成本归集规范，指导各部门和项目组在进行数据资产成本归集时遵循相同的标准和方法。

（2）引入成本分摊机制

根据数据资产的实际使用情况和贡献度，合理分摊数据资产采集、开发、加工等复杂过程的相关成本。

- 分摊方法：采用分摊系数、作业成本法等方法，将开发成本分摊到具体的数据资产上。
- 分摊系数：先根据数据资产在整个系统中的占比计算分摊系数，然后将总成本按比例分摊。

（3）打造数据资产成本核算工具

开发或引入核算数据资产成本的专用工具，自动归集和分摊成本，提高成本核算的准确性和效率。工具应具备成本数据采集、分类归集、分摊计算、报表生成等功能，支持复杂成本构成的核算。

- 成本数据采集：自动采集相关成本数据，减少人工干预。
- 分类归集：根据预设的标准和规范，自动归集成本数据。
- 分摊计算：采用多种分摊方法，自动计算成本分摊结果。
- 生成报表：生成详细的成本归集和分摊报表，支持决策分析。

（4）建立数据资产成本归集审计机制

定期审计数据资产的成本归集和分摊，确保成本归集准确规范，包括以下内容。

- 审计标准：制定数据资产成本归集的审计标准，明确审计内容和方法。
- 审计报告：形成审计报告，记录审计发现的问题和改进建议，推动成本归集的持续优化。

7.3.2 数据资产计量

数据作为新型生产要素，是发展数字经济的基础。对数据资产进行会计计量和入表是当前会计界的热点问题，也是数据资源入表的核心课题。根据现有研究和政策文件，数据资产可以分为自用型和外部交易型。基于存货和无形资产的角度对数据资产进行会计计量，可以为数据资源入表提供支持。

"数据二十条"和《暂行规定》等政策文件为数据资产的确权、计量、交易奠定了基础。数据资产管理逐渐被纳入会计处理范围，在企业和经济发展中发挥着越来越重要的作用。数据资产计量帮助企业确定数据的价值，支持企业决策和管理。数据资本存量巨大，有利于经济增长，同时还能在企业估值和竞争力提升中发挥重要作用。

关于数据资产的核算科目设置，目前业界的观点不一。部分学者认为数据是无形资产，有些则认为是有形资产，另一些则建议单独设置"数据资产"科目。政策文件《暂行规定》为数据资产计量提供了明确的指引。

1. 计量属性

数据资源的主要计量属性包括历史成本、公允价值。

- 历史成本：企业为取得资产所付出的现金或现金等价物，可靠性高，但无法反映市场价值变动，适用于自用型数据资产的计量。
- 公允价值：交易双方在公平条件下达成一致的金额，可以反映实际的市场价格和价值变动，但需要可靠的市场数据和估计，适用于外部交易型数据资产的计量。

2. 计量步骤

根据《暂行规定》，数据资产通常包括如下计量步骤。

（1）初始计量

1）自用型数据资产。

- 研究阶段：费用化处理，计入当期损益。
- 开发阶段：资本化处理，包括数据清洗、数据挖掘、算法开发等成本。

2）外部交易型数据资产。

- 外购数据资产：购置成本，包括购买价款、相关税费、保险费等。
- 加工数据资产：采购成本和加工成本（数据采集、脱敏、清洗、标注、整合等）。

（2）后续计量

1）自用型数据资产。

- 摊销与减值：具有使用期限的数据资产采用摊销法，无使用期限的数据资产定期做减值测试。
- 维护与提升：数据资产的维护费用按照费用化处理，计入资本化支出。
- 处置：包括所有权、使用权的转让，出售时需确认收益或损失。

2）外部交易型数据资产。

- 存货后续计量：包括存货质量成本和单位用户成本。
- 存货质量提升：将因系统升级、产品创新而增加的成本计入存货成本。

数据资产的计量方法多样，不同的方法适用于不同的情况和目的。当前的数据资产计量面临数据复杂性、主观性、不确定性和隐私安全等方面的挑战。未来应建立统一的计量标准，规范数据资产计量过程，提高计量的有效性和可信度。随着技术发展，新的计量方法和工具将不断涌现，数据资产的使用单位应注重风险与价值平衡，推动标准化建设。

7.3.3　数据资源入表的九大步骤

数据资源入表是企业数据体系价值的呈现方式，是数字化转型成果在数据维度的落地，也是一次体系化能力输出的体现，绝非简单的财务动作。企业应建立价值导向、战略驱动、场景牵引的数据创值能力体系，以持续应对数据资源入表的挑战。数据资源入表的九大步骤如下。

1. 正确认识数据资源入表

企业要正确认识数据资源入表的意义和本质，从整体价值创造、战略实现的视角理解数据资源入表的收益和风险，全面客观地看待数据资源入表的机会，而不是将其视作单一的做大资产的技术手段。

2. 围绕业务战略目标设计数据战略

在统一认知之后，企业应着手围绕业务战略目标建立数据战略，以终为始地分析数据资源入表对企业当下和未来的价值、对企业价值的贡献、带来的风险，并制定应对策略，评估数据资源入表的投入产出比、意义和路径。纲举目张，按图索骥，企业才能够让数据资源入表与业务战略、数字化转型融为一体，相辅相成。

3. 开展数据资产规划，建立企业数据资产蓝图

不谋全局者，不足谋一域，数据资产规划是数据资源入表的起点。

数据的组合无穷无尽，若不全面梳理数据资产蓝图，便无法识别最有价值的数据资源组合。因此，制定数据资产规划、建立数据资产蓝图是数据资源入表的重要基础和前提条件。有了数据资产蓝图，企业就有了一片肥沃的土地。在此基础上，企业可以进行精耕细作，探索业务场景、梳理数据产品和数据资产，同时发现需要采集、购买的数据，补充整个土地的肥力。

4. 识别业务价值，排序高优先级业务场景

在数据资产蓝图之上，企业可以开展针对数据场景的探索和挖掘活动，从产业链上下游审视和发现数据与业务的结合点，找到数据组合能够赋能业务的场景清单，梳理出以业务价值为核心的数据场景，即哪些数据组合能够解决业务问题并创造价值。这里有一个不能忽视的点，即一定要关注度量体系，也就是如何度量数据解决业务问题的成果。

5. 围绕业务场景，开展数据治理，梳理数据资产

无价值不场景，无场景不数据。企业可以先围绕数据资产蓝图共创数据价值场景，再围绕业务场景的数据价值流，进行专项、针对性的数据治理，并梳理出对应的数据资产，使之能够第一时间被业务验证，从而确保数据治理的效果，提高数据资产的质量和在数据流通交易市场上的竞争力。

6. 预测分析经济利益

在开展数据治理的同时，企业还需要分析和预测数据资源入表能够带来的经济利益，包括对企业自身、对产业链上下游以及对其他组织和企业产生的价值，然后根据分析结果，设计数据资源入表的策略。

7. 相关成本归集与分摊

当预期的经济利益达到要求时，企业可以进行数据资产相关成本的归集和分

摊，为数据资源入表做准备。这是一个体系化的工作，需要从企业整体经营分析的角度进行精算。

8. 列报与披露

接下来，企业可以根据以上结果设计数据资源入表的行动计划。《暂行规定》要求企业应当根据重要性原则并结合实际情况增设报表子项目，通过表格方式细化披露。

适当的披露有利于对企业已经费用化的数据开发生产的投入进行数据化，使企业的数据价值显性化、可视化、透明化，从而推动企业价值的提升。

9. 数据资产评估与价值化

完成以上所有步骤后，企业可以对数据资产进行评估和确权，通过数据资产拓宽融资渠道，进行场内外交易，更直接地实现数据价值化。

数据资源入表是我国在全球数据领域的一次创新探索，是一次制度创新。每个企业都应该重视并抓住这个新的价值锚点，从战略高度审视这一机遇，构建数据价值能力，迎接新时代的到来。

7.3.4 数据资源入表典型流程

通过结合数据资产评估指导意见，参考众多数据资源入表的实际案例，可以总结出数据资源入表的关键步骤、工作任务及参与部门，如图 7-6 所示。

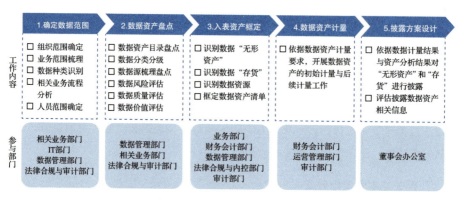

图 7-6 数据资源入表的关键步骤、工作任务及参与部门

数据资源入表实施中涉及的流程具体可分为 5 个步骤。每个步骤都有主要内容和相应的部门参与。

1. 确定数据范围

（1）工作内容

- 组织范围确定：明确需要盘点数据资产的公司、部门或组织。
- 业务范围梳理：梳理数据资产涉及的业务领域，明确哪些业务环节的数据资产将纳入表中。
- 数据种类识别：识别范围内数据资产的类型，包括结构化数据、非结构化数据、运营数据和交易数据等类别，从而为数据分级分类做准备。
- 相关业务流程分析：分析与数据资产相关的业务流程，确保相关数据的全面性。
- 人员范围确定：确定参与盘点的人员范围，涵盖业务和技术人员。

（2）参与部门

- 相关业务部门：数据盘点所涉及的数据生产、加工、利用部门。
- IT 部门：全面统筹数据盘点涉及的应用系统、业务系统、数据仓库、数据中台等，并提供数据资源盘点的相关工具、平台和技术。
- 数据管理部门：如果企业有数据管理部门，则应将其纳入负责数据治理、数据盘点、数据分级分类等工作的职责范围。
- 法律合规与审计部门：负责数据资产梳理过程中的合规、安全和隐私工作。

2. 数据资产盘点

（1）工作内容

1）数据资产目录盘点。

- 建立数据目录：收集并记录所有数据资产的基本信息，如数据名称、描述、类型、存储位置、创建时间、更新时间、数据所有者和访问权限等。
- 数据源清单：列出所有数据源，包括数据库、数据仓库、文件系统、云存储和应用系统，确保不遗漏任何数据源。
- 数据关系映射：绘制数据关系图，显示数据源之间的关系和数据流动路径，帮助理解数据在组织内部的流转和使用。

通过详细记录每个数据资产的信息，建立全面的数据目录，为后续的数据资源登记、管理和分析提供基础。

2）数据分类分级。

- 数据分类：根据数据的性质和用途，将数据分为不同类别，如结构化数据、半结构化数据和非结构化数据，或按业务功能分类，如客户数据、财务数据、运营数据等。
- 数据分级：根据数据的重要性和敏感性，将数据分为不同级别，如关键数据、重要数据、一般数据。关键数据是对业务运营至关重要的数据，重要数据则是对业务决策有重要影响的数据。

通过数据分类分级，有助于明确数据的管理优先级，确保对关键和重要数据进行重点管理和保护，更清晰地盘点出有价值的数据资源并将其纳入会计核算体系。

3）数据源梳理盘点。

- 数据源识别：识别组织内所有可能的数据来源，包括数据库、文件系统、业务应用系统和传感器等。
- 数据源记录：详细记录每个数据源的基本信息，包括数据源名称、类型、存储位置、数据量、数据格式、数据所有者等。
- 数据访问分析：分析数据源的访问情况，记录哪些用户和应用程序访问了数据源，以及访问频率和访问模式。

通过梳理和记录所有数据源，确保数据资产盘点的全面，避免遗漏任何重要的数据来源。

4）数据风险评估。

- 安全性检查：评估数据在存储和传输过程中的安全性，包括访问控制、加密、备份等措施的有效性。
- 合规性审查：检查数据处理过程是否符合相关法律法规和行业标准，如《通用数据保护条例》(GDPR)、《健康保险携带和责任法案》(HIPAA)等。
- 隐私保护评估：评估数据中包含的个人信息是否得到有效保护，是否存在数据泄露或滥用的风险。

通过数据风险评估，识别和减轻数据资产在安全、合规和隐私方面的风险，确保数据资产的安全和合规性。

5）数据质量评估。

- 数据完整性检查：检查数据是否存在缺失值、重复值、不一致等问题，以确保数据的完整性。
- 数据准确性验证：验证数据是否准确，是否符合业务规则和标准，检查数据的正确性。
- 数据时效性评估：评估数据的时效性，确保数据及时更新，能够反映最新的业务情况。

通过数据质量评估，确保数据的完整、准确和及时，提高数据的可靠性和可用性，为数据资源入表做好准备。

6）数据价值评估。

- 数据使用情况分析：分析数据的使用频率、使用场景和使用价值，评估数据对业务决策和运营的支持程度。
- 数据潜在价值挖掘：识别数据的潜在价值，分析数据在创新业务、提升效率、降低成本等方面的应用潜力。

通过数据资产价值评估，明确数据对业务的贡献，挖掘数据的潜在价值，为数据资产的管理和利用提供依据。

（2）参与部门

参与部门包括数据管理部门、相关业务部门、法律合规与审计部门。

3. 入表资产框定

（1）工作内容

- 识别数据"无形资产"：识别数据资源中符合"无形资产"认定和确认的部分，并将其纳入"无形资产"。
- 识别数据"存货"：识别数据资源中符合"存货"认定和确认的部分，并将其纳入"存货"部分。
- 识别数据资源：识别无法纳入"无形资产"和"存货"，但可纳入必要的数据资源披露要求的部分。
- 框定数据资产清单：将以上 3 类数据资源清单整合，作为数据资源入表的清单。

（2）参与部门

参与部门包括业务部门、财务会计部门、数据管理部门、法律合规与内控部门、审计部门。

4. 数据资产计量

（1）工作内容

依据数据资产计量要求，开展数据资产的初始计量与后续计量工作。

（2）参与部门

参与部门包括财务会计部门、运营管理部门、审计部门。

5. 披露方案设计

（1）工作内容

依据数据计量结果设计"无形资产"和"存货"方案，包括数据资产的披露方案和无形资产、存货的披露方案。

（2）参与部门

参与部门包括董事会办公室。

7.3.5 典型数据资源入表案例剖析

我们采集了 2024 年 1 月至 4 月间数据资源入表的典型案例，并对它们进行了分析，见表 7-2。

表 7-2 典型数据资源入表案例清单

披露日期	公司名称	数据资产
2024 年 3 月 22 日	山东通汇数字科技有限公司	通汇资本对公数字支付科技平台数据监测产品
2024 年 3 月 29 日	山西省绿色交易中心有限公司	"绿晋通"平台数据
2024 年 1 月 1 日	成都数据集团股份有限公司	公共数据服务平台运行产生的数据

（续）

披露日期	公司名称	数据资产
2024年2月11日	德阳市民通数字科技有限公司	自有社区服务平台运营数据
2024年3月28日	厦门市政空间资源投资有限公司	厦门市政智慧停车泊位查询、厦门市政智慧停车指数分析报告
2024年3月25日	湖北澴川国投集团	孝感市城区泊位状态应用数据
2024年3月13日	南京市城建集团主办，南京城建城市运营集团有限公司承办	南京"宁停车"特许经营停车场停车行为分析数据产品
2024年2月1日	泉州市泉港智慧有限公司	"停车实时空位"数据产品
2024年1月1日	广东联合电子服务股份有限公司	高速公路重点车辆监控产品、高速公路车流量产品、高速公路道路安全产品
2024年1月1日	佛山高新产业投资集团有限公司	公共停车数据
2024年1月25日	南京公共交通（集团）有限公司	公共停车数据
2024年2月5日	先导（苏州）数字产业投资有限公司	超30亿条智慧交通路侧感知数据
2024年3月	无锡地铁集团有限公司	地铁线路运行数据
2024年3月	无锡市公共交通集团有限公司	公交运营数据
2024年2月5日	合肥市大数据资产运营有限公司	公共交通出行数据
2024年2月28日	临沂铁投城市服务有限公司	临沂市高铁北站停车场数据资源集
2024年3月31日	山东港口科技集团有限公司	港口吞吐量预测模型的数据
2024年4月1日	山东港口青岛港集团有限公司	干散货码头货物转水分析数据集
2024年3月27日	潍坊市公共交通集团有限公司	公交数据
2024年1月19日	泉州交通发展集团有限责任公司	泉数工采通数据集
2024年2月2日	许昌市投资集团有限公司	智慧停车应用场景数据（新能源汽车交通流量和停车需求分析数据产品）
2024年4月2日	宜昌城市发展投资集团有限公司	公交数据
2024年4月5日	邯郸市公共交通集团有限公司	邯郸城运集团智能公交实时到离站数据资源集
2024年4月6日	柳州市东科智慧城市投资开发有限公司	车联网相关数据
2024年3月22日	山东高速集团有限公司	山东高速集团供应链系统数据
2024年3月22日	山东高速股份有限公司	山东高速路网车流量数据
2024年1月23日	北京亦庄投资控股有限公司	"双智"协同数据

（续）

披露日期	公司名称	数据资产
2024年1月31日	科学城（广州）信息科技集团有限公司	智慧交通"新基建"项目数据
2024年3月27日	河北交投智能科技股份有限公司	车辆分析查询数据
2024年2月7日	盐城港集团	集装箱码头生产操作系统（TOS）、电子口岸系统、港机设备物资管理系统（EAM）、散杂货生产管理系统（MES）
2024年3月20日	南京江北智慧交通有限公司	江北新区停车场泊位分布数据集
2024年3月1日	天津临港投资控股有限公司	天津港保税区临港区域通信管线运营数据和"临港港务集团智脑数字人"的知识产权证书
2024年1月5日	成都市金牛城市建设投资经营集团有限公司	内部智慧水务监测数据以及运营数据等城市治理数据
2024年1月26日	南京扬子国资投资集团有限责任公司	3000户企业用水脱敏数据（江苏省）
2024年2月26日	贵州勘设生态环境科技有限公司	污水厂仿真AI模型运行数据集、供水厂仿真AI模型运行数据集
2024年4月	安徽省路兴建设项目管理有限公司	路兴建设2020年至2022年道路、桥梁检测数据
2024年3月29日	青岛北岸智慧城市科技发展有限公司	数字城市建设过程中积累的数据资产、"攀雀"平台所承载的BIM（建筑信息模型）数据
2024年1月1日	天津市河北区供热燃气有限公司	河北区2018—2023年度供热数据
2024年2月21日	济南能源集团有限公司	供热管网GIS系统数据
2024年4月3日	宜兴市大数据发展有限公司	宜兴市三维地理信息
2024年4月5日	邯郸市城市投资运营集团有限公司	公共数据
2024年1月1日	青岛华通国有资本投资运营集团有限公司	公共数据融合社会数据治理的数据
2024年2月29日	南方财经全媒体集团	南财金融终端"资讯通"
2024年4月17日	温州市大数据运营有限公司	浙江省信用数据、金融数据、"信贷数据宝"服务产品
2024年3月22日	数字广西集团有限公司	数据资产金融场景应用
2024年2月24日	河南大河财立方数字科技有限公司	应用产品"财金先生""立方招采通"
2024年3月29日	山西省绿色交易中心有限公司	"绿晋通"平台数据
2024年4月24日	德州财金集团旗下智慧农业公司	玻璃温室番茄生产数据集

通过对以上 48 个已有数据资源入表案例的分析，得出以下四大关键发现，如图 7-7 所示。

城市公共数据授权入表案例占比较高	运营类数据资源入表占比较高
城投类企业数据资源入表价值大	交通类数据资源入表案例多

图 7-7　数据资源入表的四大发现

1. 城市公共数据授权入表案例占比较高

以上表格中，约 39 的案例是城市公共数据相关的案例，如公交数据、公共停车数据、供热数据等，如图 7-8 所示。这些数据资源往往由市政机构或相关国有企业持有和运营，开放和共享城市公共数据在提高城市管理效率和服务质量方面发挥着重要作用。授权使用公共数据不仅促进了政府信息的透明化，还为各类社会服务提供了重要的数据支撑。

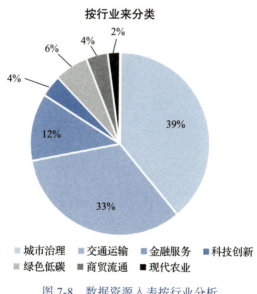

图 7-8　数据资源入表按行业分析

1）公开数据。开放的公共安全数据，如监控录像、应急管理数据，可以帮助政府和相关机构更有效地应对突发事件，提升城市安全水平。

2）环境监测数据的开放有助于公众了解空气质量、水质等环境状况，推动环保行动。例如，济南能源集团有限公司的供热管网 GIS 系统数据为环境监测提供了有力支持。

3）市政服务数据。通过开放例如供水、供电、垃圾处理等市政服务数据，政府可以优化服务流程，提高市民满意度。

典型案例如下。

- 南京公共交通（集团）有限公司，公共停车数据。
- 潍坊市公共交通集团有限公司，公交数据。
- 天津市河北区供热燃气有限公司，河北区 2018—2023 年度供热数据。
- 宜兴市大数据发展有限公司，宜兴市三维地理信息。

2. 运营类数据资源入表占比较高

运营数据为企业和政府提供了实际运营状况的宝贵信息，有助于优化管理和决策，如图 7-9 所示。

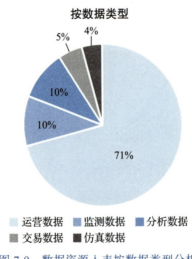

图 7-9　数据资源入表按数据类型分析

通过深入分析运营数据，可以发现潜在问题，识别优化机会，提升整体运营效率。通过分析运营数据，能够形成众多的数据价值场景，具体如下。

1）业务优化。运营数据可以帮助企业识别业务流程中的瓶颈，优化资源配置，提高生产效率。例如，先导（苏州）数字产业投资有限公司的智慧交通路侧感知数据可以帮助优化交通信号控制，减少交通拥堵。

2）服务提升。运营数据可以帮助企业和政府了解用户需求，改进服务内容，提高用户满意度。例如，厦门市政空间资源投资有限公司的智慧停车数据有助于优化停车服务，提高停车位利用率。

3）成本控制。通过分析运营数据，企业可以发现不必要的支出，优化成本结构，提升经济效益。

4）风险管理。运营数据有助于企业识别潜在风险，及时制定应对措施，降低运营风险。

典型案例如下。

- 德阳市民通数字科技有限公司利用自有社区服务平台运营数据，优化社区服务，提升居民满意度。
- 先导（苏州）数字产业投资有限公司通过分析智慧交通路侧感知数据，优化交通管理，提升交通效率。

3. 城投类企业数据资源入表价值大

城投类企业作为城市基础设施和公共服务的重要运营者，拥有大量有价值的数据资产。这些数据资产不仅对城投类企业的运营管理至关重要，也为城市的整体管理和服务优化提供了宝贵资源，能从以下4个方面产生价值。

1）基础设施管理：城投类企业通过数据资产管理，优化基础设施的建设和维护，提高基础设施的使用效率。例如，南京扬子国资投资集团有限责任公司的企业用水脱敏数据为水资源管理提供了数据支持。

2）公共服务提升：数据资产帮助城投类企业了解市民需求，改进公共服务，提高服务质量。例如，北京亦庄投资控股有限公司的协同数据可以用于优化城市公共服务，提高市民的生活质量。

3）资源优化配置：数据资产管理帮助城投类企业合理配置资源，降低运营成本，提高经济效益。

4）城市规划支持：通过数据分析，城投类企业可以为城市规划提供科学依据，支持城市的可持续发展。

典型案例如下。

- 由南京市城建集团主办、南京城建城市运营集团有限公司承办的南京"宁停车"特许经营停车场停车行为分析数据产品。
- 北京亦庄投资控股有限公司,"双智"协同数据。
- 南京扬子国资投资集团有限责任公司,3000 户企业用水脱敏数据(江苏省)。
- 济南能源集团有限公司,供热管网 GIS 系统数据。

各地城投公司在数据资源入表和融资等方面具有优势。一方面,城投公司参与智慧城市建设或运营,在业务过程中积累了较多的数字资源,并在取得公共数据授权经营方面具有竞争优势。在当前城投公司融资监管严格和市场化转型的背景下,数据资源入表具有重要意义。数据资产作为创新型经营性资产,可以增厚城投公司的资产并压降城建类资产占比,同时通过数据资产出售或运营为公司带来收入和利润,助力公司转型及达到"335"指标。另一方面,城投公司亦可凭借数据资产获取贷款融资,实现融资新增。

4. 交通类数据资源入表案例多

表 7-2 中,交通类数据资源入表占比达到 33%,包括公交数据、停车数据、高速公路车流量数据等。这些数据资产对交通管理、规划和优化具有重要作用。通过开放交通流量、公共交通运营等数据,政府可以实时监控和优化交通状况,减少交通拥堵,提高出行效率。具体应用如下。

1)交通管理:实时交通数据有助于优化交通信号控制,减少交通拥堵,提高道路通行能力。例如,广东联合电子服务股份有限公司的高速公路车流量数据可以用于优化高速公路管理。

2)公共交通优化:公交运营数据可以帮助城市规划更合理的公交线路,优化公交服务,提高公共交通的使用率。例如,潍坊市公共交通集团有限公司的公交数据可以用于优化公交线路,提高运营效率。

3)出行规划:交通数据能为市民提供实时的出行信息,帮助市民规划最优出行路线,缩短出行时间。

4)交通安全提升:通过分析交通数据,可以识别事故多发点,优化道路设计,提高交通安全。

典型安全如下。

- 广东联合电子服务股份有限公司：高速公路重点车辆监控产品、高速公路车流量产品、高速公路道路安全产品。
- 南京江北智慧交通有限公司：江北新区停车场泊位分布数据集。
- 无锡地铁集团有限公司：地铁线路运行数据。
- 山东高速集团有限公司：山东高速集团供应链系统数据。

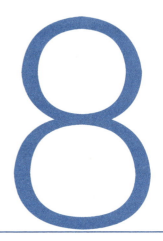

第 8 章 | CHAPTER

数据监管、合规与安全

在信息化和数字化迅猛发展的时代,数据已经成为企业和个人的重要资产,而如何有效监管、确保合规并保障数据安全,是每一位数据从业者必须面对的关键问题。数据监管是指通过一系列政策、标准和措施,确保数据在采集、存储、处理和传输过程中的合法性和规范性;数据合规则强调企业和个人在处理数据时必须遵循相关法律法规和行业标准,避免出现违规操作;数据安全则是通过技术和管理手段,保护数据不会被未授权访问、篡改或泄露,确保数据的保密性、完整性和可用性。这三者共同构成了数据管理的重要保障,对于维护数据的合法性、可靠性和安全性具有至关重要的作用。有效的数据监管、合规与安全措施不仅能够防范数据风险、提升数据质量,还能增强用户信任、保护隐私,促进数据的合法利用和流通,从而为企业和社会创造更大的价值。因此,理解和实施数据监管、合规与安全措施,是每一位数据从业者和管理者的职责和使命。

本章从相关定义出发,帮助读者厘清概念、梳理方法,全面了解数据监管、合规与安全的内容。

8.1 数据监管、合规与安全概述

数据监管、合规与安全都是确保企业在收集、处理和保护数据时遵循相关法律和规章制度，同时防止数据被未授权访问或泄露的措施。数据监管一般指政府或其他机构对数据拥有、使用机构的监督管理行为。数据合规指企业为满足监管要求采取的一系列动作。数据安全指采取各类措施防止数据被未授权访问、篡改或泄露的过程。

图 8-1 可以清晰地描述数据监管、合规、安全之间的关系。

图 8-1 数据监管、合规、安全之间的关系

8.1.1 数据监管

数据监管是指政府或其他监管机构制定并执行的一系列规定和法律，旨在规范数据的收集、使用、存储、共享和保护等活动。数据监管的目的在于个人隐私的保护，促进数据的合法、公正和透明使用，同时保护数据主体免受数据滥用或不当处理的影响。数据监管的五大领域如图 8-2 所示。

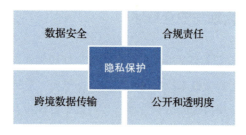

图 8-2　数据监管的五大领域

1. 隐私保护

保护个人隐私和个人数据，限制未经授权的访问和使用个人信息；确保个人对本人信息具有知情权和控制权，例如通过隐私政策和征求用户同意。

2. 数据安全

规定必须采取的安全措施，避免数据丢失、被盗或被篡改，并且对数据泄露事件进行通报，并对泄露造成的后果承担责任。

3. 合规责任

强制企业遵守关于数据保护的法律规定，例如我国的《中华人民共和国个人信息保护法》，欧盟的《通用数据保护条例》（GDPR）或美国的《加利福尼亚州消费者隐私法案》（CCPA），对违反数据保护规定的企业进行处罚，包括罚款和承担其他法律后果。

4. 跨境数据传输

管理和监管数据的跨国界转移，确保数据在跨国传输时仍受到适当的保护。设立类似欧盟数据传输协议（如欧盟标准合同条款）的机制，以确保数据在全球范围内的安全流通。

5. 公开和透明度

要求企业公开其数据处理活动，提高操作的透明度；提供途径，使数据主体能够查询、更正、删除或限制对其个人数据的处理。数据监管是现代社会中一个极为重要的领域。随着技术的发展和数据使用方式的变化，数据监管也在不断演进和更新。

8.1.2 数据合规

数据合规是指企业在收集、处理、存储和传输数据时遵循相关法律、规定、标准和政策的过程。这包括个人数据、企业数据和其他敏感信息的管理。数据合规的目的是确保数据的正确使用，保护个人隐私，降低数据泄露风险，并避免违规使用而导致的法律和财务责任。数据合规的六大内容如图 8-3 所示。

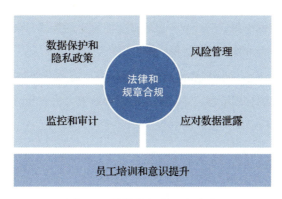

图 8-3　数据合规的六大内容

1. 法律和规章合规

遵守适用于数据处理的国内外法律和规章，如《中华人民共和国数据安全法》《中华人民共和国个人信息保护法》《中华人民共和国网络安全法》等。遵循特定行业的数据保护标准，如金融服务业的《支付卡行业数据安全标准》(PCI DSS)。

2. 数据保护和隐私政策

制定并实施数据保护政策，明确数据的收集、使用、存储和销毁规则。确保在数据处理活动中保障数据主体的隐私权和其他权利，如访问权、更正权和删除权。

3. 风险管理

评估与数据处理相关的风险，包括数据泄露、滥用或不当处理的风险。实施风险缓解策略，如数据加密、访问控制和定期安全审核。

4. 员工培训和意识提升

定期对员工进行数据保护和隐私方面的培训，提高他们对数据合规的认识和操作的正确性。确保所有涉及数据处理的员工了解他们在数据保护中的角色和责任。

5. 监控和审计

定期进行数据处理和保护活动的监控与审计，以持续确保合规性。及时解决在数据合规审计中发现的问题，并采取措施进行改进。

6. 应对数据泄露

制订并实施数据泄露应对计划，以应对可能发生的数据安全事件。在数据泄露事件发生时，按照法律要求及时通报监管机构和受影响的个人。

数据合规是涉及多个部门和流程的复杂任务，需要企业持续的关注和资源投入。通过有效的数据合规管理，企业不仅可以规避重大法律和财务风险，还可以增强消费者信任，提升品牌形象和竞争力。

8.1.3 数据安全

1. 数据安全的 CIA 三原则

数据安全是指保护数据不会被未授权访问、不当使用、泄露、破坏、篡改的措施和过程。这包括从个人隐私数据到企业内部各种类型的数据安全保护。数据安全旨在确保数据的机密性、完整性和可用性，这 3 个方面通常被称为"数据安全的 CIA 三原则"，如图 8-4 所示。

- 机密性（Confidentiality）：防止数据被未经授权的个人或系统访问，常见的防护措施包括数据加密、强密码策略、双因素认证等。
- 完整性（Integrity）：确保数据在存储、传输或处理过程中未被更改或损坏，常见的防护措施包括哈希算法和数字签名。
- 可用性（Availability）：确保授权用户可以在需要时访问数据和资源，常见的防护措施包括数据备份、故障恢复计划。

2. 数据安全的主要策略

数据安全的主要策略如下。

- 数据加密：使用加密算法将数据转换成只有持有密钥的人才能解读的格式，

无论是传输中还是静态存储的数据都可以得到保护。

图 8-4　数据安全的 CIA 三原则

- 访问控制：限制数据访问权限，只授权给需要这些数据来完成其工作职责的人员。这可以通过基于角色的访问控制（RBAC）等方法来实现。
- 数据脱敏：在数据集中去除敏感信息，用于测试和分析环境，以确保即使数据泄露也不会暴露敏感信息。
- 网络安全：部署防火墙、入侵检测系统（IDS）和入侵防御系统（IPS）等，防止未授权的访问并监测潜在的恶意活动。
- 物理安全：保护数据中心和服务器机房的物理安全，防止未授权人员物理接触或破坏硬件。
- 安全审计与监控：定期审查与监控数据的访问和使用情况，以便迅速发现并响应潜在的安全威胁。
- 数据备份与灾难恢复：定期备份数据并测试恢复过程，确保在数据丢失或系统故障时可以迅速恢复业务。

通过实施这些策略，企业可以有效地保护数据资产，防止数据泄露，降低黑客攻击风险，并确保业务的连续性。数据安全是一项持续性任务，需要随着技术发展不断更新和强化，以应对新的威胁。

8.2 数据安全体系

数据安全是企业安全建设的重点和难点。大多数企业在数据安全方面的投入远低于应用安全和内网安全，而数据安全的重要性却显著高于二者。数据安全体系框架用于建立和管理一个企业的数据安全，以保护自身数据资产的完整性、可用性和机密性。

每个企业都需要建立完善的数据安全体系。典型的数据安全体系框架可以根据不同的层面分为战略层、管理层、操作层和技术层，如图 8-5 所示。每一层都有特定的职责和关注点，从而构成一个完整、全面的数据安全体系框架。

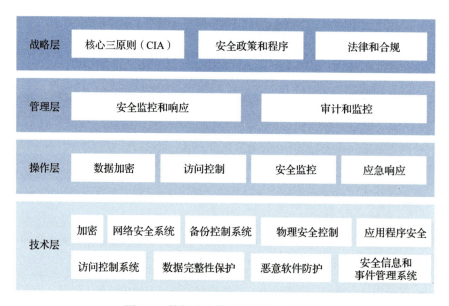

图 8-5　数据安全体系框架的 4 个层次

8.2.1　战略层

企业数据安全战略是指企业的数据安全方针和目标，需要与业务战略紧密结合。数据安全战略一般由高层领导制定，主要包括数据安全的核心三原则（CIA）、数据安全政策和程序、法律和合规。

1. 核心三原则（CIA）

数据安全战略的制定从数据安全的核心三原则出发，通常被称为"CIA 三原则"，包括机密性、完整性和可用性。这 3 个原则相互关联、缺一不可，共同构成了保护企业数据和系统安全的基础。

2. 数据安全政策和程序

数据安全政策和程序是企业为了保护信息资产和确保数据安全而制定的正式文档与指导方针。这些政策和程序详细说明了企业对数据安全的要求、员工的职责和遵守法律与标准的措施。一般来说，数据安全政策和程序包括以下核心内容。

1）政策目的和范围：解释为什么这些政策是必要的，明确政策适用的数据类型和系统范围。

2）数据分级和控制：分级包括公开、内部、机密和高机密等级。通过数据分级，对不同级别的数据采取不同的访问控制和保护措施。

3）访问控制政策：规定谁可以访问组织的数据资源以及访问所需的条件，主要包括身份验证和授权机制，如密码策略、多因素认证等。

4）物理和环境安全：保护数据中心、服务器机房和其他关键设施的安全，包括防范物理和环境威胁（如火灾、洪水和电力中断）。

5）数据保护措施：应用数据加密、数据脱敏和其他信息保护技术，制定数据备份和恢复策略，确保数据的持续可用性和完整性。

6）安全意识和培训：定期对员工进行数据安全和隐私保护的培训，强调员工在数据保护中的角色和责任。

7）事故响应和报告：制定数据泄露和安全事件的应急响应计划、事故报告流程及与外部机构（如监管机构）的通信协议。

8）审计和监控：定期审计和监控以确保政策的正常执行，并检验执行效果，使用日志管理和入侵检测系统监控和记录安全事件。

9）政策审查和更新：定期审查和更新安全政策与程序，以应对新的安全威胁和法律环境的变化。

数据安全政策和程序应清晰、具体且易于执行，确保所有员工都能理解其重要性并严格遵守。这是维护企业数据安全的基础，也是避免数据泄露和其他安全事件的关键。

3. 法律和合规

在数据安全领域，法律和合规指的是遵循有关数据保护、隐私和安全的法律法规、行业标准和政策要求。企业必须确保其数据处理活动符合这些规定，以避免承担法律责任并保护个人及企业数据的安全。法律和合规主要包括以下几个方面。

（1）法律法规遵守

- 各国家及地区的数据保护法律：如欧盟的《通用数据保护条例》（GDPR）、美国的《加利福尼亚州消费者隐私法案》（CCPA）、中国的《中华人民共和国个人信息保护法》(PIPL)。
- 特定行业法规：某些行业有特定的数据保护要求，例如金融服务行业的《支付卡行业数据安全标准》(PCI DSS)和医疗保健行业的《健康保险携带与责任法案》(HIPAA)。

（2）合规要求

- 行业标准：遵守如 ISO/IEC 27001 等国际信息安全管理标准，提供数据安全管理的框架和最佳实践。
- 企业政策：企业内部制定一系列数据保护和安全政策，要求员工遵守，以确保内部控制的有效性和数据安全。

（3）合规活动

- 数据保护影响评估（Data Protection Impact Assessment，DPIA）：评估涉及敏感数据处理的项目，分析数据处理活动可能带来的风险及其影响。
- 合规审计：定期开展内部或第三方合规审计，检查企业的数据处理活动是否符合法律和政策要求。
- 员工培训和意识提升：定期对员工进行数据保护和合规培训，提高其对法律要求的认知水平和合规操作的技能水平。

（4）法律责任

企业在处理个人数据时若未能遵守相关法律，可能面临罚款、诉讼和声誉损害等后果。法律还要求，在特定情况下（如数据泄露事件），企业必须在规定时间内向监管机构和受影响的个人报告。法律和合规是数据安全管理的重要组成部分，可以确保企业在全球化和数字化快速发展的今天，既能保护用户隐私并增强用户信任，又能有效管理和降低法律风险。

8.2.2 管理层

数据安全的管理层包括具体实施战略层制定的政策和程序、进行日常的安全管理和决策。一般由数据安全团队和管理层确保数据安全政策的执行、风险评估和安全培训，以及监督安全性和合规性。

1. 安全监控和响应

数据安全的监控和响应是一套系统化的机制，旨在实时监控数据访问和操作的安全性，并在检测到潜在威胁或安全事件时迅速响应。这些活动对于保护数据的机密性、完整性和可用性至关重要，主要内容如下。

1）安全监控：包括入侵检测系统（IDS），监测网络和系统活动，自动检测异常行为或违反安全策略的活动；日志管理系统，收集、存储和分析系统、应用及安全设备的日志数据，用于事件分析与审计跟踪；安全信息和事件管理（SIEM）系统，集成日志管理和事件监测，提供实时分析，并通过仪表板展示安全警告和状态；漏洞扫描和评估系统，定期扫描系统和应用程序，以识别和评估安全漏洞。

2）事件响应：包括制订和实施事件响应计划，如事件识别、评估、遏制、根除、恢复和总结；快速遏制措施，在检测到安全威胁后，迅速采取措施限制损害扩散，例如隔离受影响系统；恢复和修复，恢复受影响系统的正常运作，并修复安全事件导致的损害；法律和合规报告，在必要时向相关监管机构报告安全事件，并遵循法律和行业标准。

3）持续改进：安全监控和响应是一个需要持续优化的过程，包括事件前审查和事件后审查。事件解决后进行详细的审查，以确定事件原因、评估响应效果，并从中学习经验以改进安全措施。根据事件响应的经验和最新的安全趋势，定期更新安全策略、程序和工具。

这些活动构成了组织数据安全管理的核心，不仅有助于预防安全事件的发生，还能在事件发生时减轻其影响，快速恢复正常运营，保障组织和用户的利益。

2. 审计和监控

数据安全的审计和监控是确保组织信息安全策略有效执行和持续改进的关键活动。它们通过系统地检查和验证安全措施的有效性来识别潜在的安全漏洞与违规行为，从而强化数据保护，主要包括以下几个方面。

1）安全审计：定期进行内部或第三方审计，以验证和评估组织的安全措施、政策和程序的有效性；确保组织的数据处理和保护措施遵循相关法律、规章和行业标准，如 GDPR、HIPAA 等；识别并评估组织数据处理相关的风险，确定潜在的安全威胁，并制定相应的缓解措施。

2）安全监控：使用安全信息和事件管理（SIEM）系统实时监控网络和系统活动，检测异常行为或潜在的安全威胁；系统化地收集、存储和分析各种系统与应用程序的日志数据，以支持事件分析与问题解决；部署入侵检测系统（IDS）监测网络和系统的异常活动，及时发现可能的安全攻击。

3）漏洞管理：定期使用自动化工具扫描网络和系统，识别安全漏洞。基于漏洞扫描的结果，及时修复识别的漏洞，降低潜在的安全风险。

4）报告和分析：定期生成安全报告，包括监控结果、审计发现、风险评估结果和漏洞修复状态。分析安全事件和漏洞的趋势，以改进安全策略和措施。

5）响应和改进：对监控和审计过程中发现的问题迅速响应，采取必要的遏制和修复措施。根据监控和审计结果，持续改进安全政策和控制措施，以适应新的安全威胁和业务需求。

通过这些综合性的审计和监控活动，组织可以保护数据和系统免受安全威胁，增强整体的安全意识并提高响应能力，从而保证业务的稳定发展。

8.2.3 操作层

数据安全的操作层包括日常的数据安全操作和活动，由 IT 和安全操作团队管理和执行具体的措施，如数据加密、访问控制、安全监控和应急响应。

1. 数据加密

数据加密是一种保护技术，通过将数据转换成只有授权用户才能解读的加密格式来确保数据的机密性和安全性。此过程通常涉及使用加密算法和密钥将明文数据转换成密文，从而防止未经授权的访问和查看。数据解密则是将密文恢复为原始明文的过程，通常需要使用相应的密钥。数据加密技术可以在数据传输和数据存储时应用，以保护数据的机密性和完整性。主要的数据加密手段如下。

1）对称加密。使用同一密钥进行加密和解密的方法，适用于大量数据的快速加密，常用于文件和数据库加密。常见算法包括 AES（高级加密标准）、DES（数据加密标准）、3DES（三重数据加密算法）等。

2）非对称加密。使用一对密钥，一个用于加密（公钥），另一个用于解密（私钥），常用于安全的数据传输，如电子邮件加密和数字签名。常见算法包括 RSA、ECC（椭圆曲线算法）和 ElGamal。

3）哈希函数。虽然哈希函数严格来说不是加密技术，但它可以生成数据的固定长度的唯一值（哈希值），用于验证数据的完整性，确保数据未被篡改，如文件校验和密码存储。常用算法包括 MD5、SHA-1、SHA-256 等。

4）数字签名。用私钥生成签名，并用公钥进行验证的技术，可以确认消息的完整性和来源，广泛用于软件分发、文件验证和电子商务中的身份确认。

5）硬件加密。使用专门的硬件设备，如硬件安全模块（HSM）、加密 USB 驱动器和自加密硬盘，能够提供物理安全保护，适用于对安全要求极高的环境。

数据加密是现代数据安全和信息保护战略中不可或缺的一部分，有效的加密措施可以显著降低数据泄露的风险，并帮助组织遵守相关法律和合规要求。

2. 访问控制

数据安全中的访问控制策略，用于确保数据和资源只能被授权用户访问。这些控制措施有助于防止数据被未经授权地访问、使用、泄露、修改和破坏。访问控制通常涵盖以下几个关键方面。

1）身份验证（Authentication）。这是访问控制的第一步，涉及用户身份确认。常用的身份验证方法包括用户名和密码、生物特征（如指纹或面部识别）、智能卡、安全令牌等。

2）授权（Authorization）。授权过程在身份验证之后进行，决定用户可以访问哪些资源及访问的权限级别。这可能包括读、写、执行和删除权限。

3）访问控制列表（Access Control Lists, ACL）。ACL详细规定了哪些用户或用户组可以访问特定的系统资源，以及他们所拥有的权限。

4）基于角色的访问控制（Role-Based Access Control, RBAC）。在RBAC模型中，权限不是直接分配给个体用户，而是分配给角色的，用户通过分配到特定角色继承这些角色的权限。这种方式简化了权限管理，并增强了访问控制的灵活性和可扩展性。

5）基于属性的访问控制（Attribute-Based Access Control, ABAC）。在ABAC模型中，访问决策基于用户、资源和环境的相关属性及策略。这允许实现更细粒度和动态的访问控制，根据不同情境调整访问权限。

通过这些访问控制机制，组织能够有效地管理谁可以访问和操作数据及资源，从而大大降低数据泄露和滥用的风险。这也是实现数据保护法规要求的关键。

3. 安全监控

在数据安全中，操作层的安全监控涉及一系列日常的、实际的安全措施和技术。这些措施和技术用于检测、记录、分析并响应各种安全威胁和事件。操作层的安全监控能确保即时识别潜在的安全漏洞和入侵尝试，从而保护数据和系统免受损害。以下是操作层安全监控的主要组成部分。

1）网络监控。使用入侵检测系统（IDS）和入侵防御系统（IPS）实时监控网络流量，以识别可疑活动或已知的攻击模式。部署网络流量分析工具，分析数据包，监测异常流量和潜在的数据泄露。

2）日志管理。收集和管理系统、应用与安全设备的日志数据，进行日志归集、存储、分析和报告，帮助识别不寻常行为和审计跟踪。

3）安全信息和事件管理。集成日志数据和其他安全信息，提供实时的事件监控和警告。对事件进行相关性分析，以识别复杂的威胁和跨系统或跨网络的攻击活动。

4）漏洞扫描和评估。定期运行漏洞扫描软件，检测和评估系统、应用和网络设备的安全漏洞。基于扫描结果进行风险评估，并制定漏洞修补策略。

5）防病毒和恶意软件防护。部署防病毒软件和其他恶意软件防护工具，实时扫描和隔离威胁。及时更新所有防病毒定义和恶意软件数据库。

6）数据完整性监控。使用数据完整性监控工具检查文件和配置是否存在非授权改变。追踪关键数据的访问和修改活动，确保数据的完整性和合规性。

7）访问控制。监控对敏感数据和关键系统的访问活动，确保访问控制策略得到执行，如多因素认证、最小权限原则和用户角色管理。

8）物理安全监控。使用门禁系统和监控摄像头等，监控对数据中心和关键设施的物理访问，确保物理访问记录与数据安全政策一致。

这些安全监控措施构成了操作层在日常操作中确保组织数据安全的基础。通过实时监控、快速响应和持续改进，操作层能够有效防范和减轻安全威胁对组织的影响。

4. 应急响应

在数据安全中，操作层的应急响应主要涉及具体的技术和操作措施，以直接应对和管理数据安全事件。操作层工作人员通常是一线的技术团队，负责实际执行应急响应计划。以下是操作层应急响应的主要组成部分。

1）事件检测和识别。利用监控工具和系统日志及时检测并识别安全事件，操作层需快速确定事件的类型、范围及潜在影响，以便采取相应措施。

2）初步遏制。一旦识别出安全事件，操作层需迅速执行遏制措施以限制损害扩散，这可能包括断开网络连接、隔离受影响的系统或服务、关闭相关应用程序。

3）数据和系统的保护。保护关键数据和系统不受损害，包括执行必要的备份操作，确保在遏制和修复过程中数据的完整性和可用性。

4）问题诊断和根因分析。通过分析安全事件的原因，利用相关日志文件和系统数据来追踪事件源，确定漏洞或配置错误，并制定修复方案。

5）修复和恢复。修复导致安全事件的技术问题，如软件更新、系统修复或更换受损硬件，恢复受影响的服务和数据，确保系统能够安全地重新上线。

6）沟通和协调。在处理过程中，操作层需与管理层和其他相关部门保持沟通，报告事件的处理进展和任何需要上级决策的问题。必要时可与外部安全专家或供应商合作，以解决复杂的安全问题。

7）记录和文档化。记录事件响应的每一步操作，包括发生的情况、采取的措施及对应的结果。这些记录对后续的审计、复查和措施改进至关重要。

8）后续复查和改进。事件解决后，参与复查会议，讨论应急响应的效果和遇到的问题。根据复查结果提出改进措施，如更新应急响应计划、加强安全培训或改进技术。

操作层的应急响应关键在于快速、有效地执行具体的技术操作，以最小化安全事件的影响，并尽快恢复正常运营。此外，这些工作直接支持组织的整体安全战略和业务连续性计划。

8.2.4 技术层

在数据安全体系框架中，技术层专注于实际的技术和工具，这些技术和工具用于保护数据不会被未授权访问、泄露、篡改或破坏。技术层是实施数据安全策略的核心，涵盖了一系列技术解决方案和控制措施。技术层主要包括以下内容。

1. 加密

加密技术保证数据在存储和传输过程中的安全。常用的加密技术包括对称加密、非对称加密和哈希算法。

2. 访问控制系统

访问控制系统包括身份验证和授权机制，如密码系统、生物识别、基于角色的访问控制（RBAC）和基于属性的访问控制（ABAC）。

3. 网络安全系统

网络安全系统包括防火墙、入侵检测系统（IDS）、入侵防御系统（IPS）和虚拟专用网络（VPN）等，用于保护组织网络免受外部和内部的威胁。

4. 数据完整性保护

利用技术和工具（如数字签名和校验和）来确保数据在存储或传输过程中未被非法修改。

5. 恶意软件防护

利用防病毒软件、反间谍软件和其他恶意软件防护工具，检测和移除可能危害系统安全的恶意程序。

6. 数据备份控制系统

数据备份控制系统用于定期备份关键数据，确保在数据丢失或系统故障后能够迅速恢复。

7. 物理安全控制

物理安全控制包括防止物理设备和存储介质的数据中心受到未授权访问的安全措施，如门禁系统和监控摄像头。

8. 应用程序安全

开发和部署应用程序时采取的安全措施，包括安全编码实践、软件补丁管理和第三方组件的安全审查。

9. 安全信息和事件管理系统

集中解决方案，实时监控、分析和报告安全事件及日志数据，帮助及时响应安全威胁。

这些技术组件是实施数据安全战略的基石，直接处理和保护组织的数据资产，确保其免受威胁和攻击。通过集成和优化这些技术组件，组织能够建立强大的防御体系，保护关键信息和系统的安全。

8.3 数据分级分类与保护

8.3.1 数据分级分类

数据分级分类是一种数据安全管理的方法，旨在根据数据的重要性、敏感性和业务价值将数据分为不同类别或等级。这种分类有助于确定适当的保护措施和访问控制策略，以确保数据的安全和合规。通过数据分级分类，组织可以更有效地分配资源，加强对高价值或高风险数据的保护，同时简化对低敏感数据的管理。

1. 数据分级方法

数据分级的常见方法如下。

（1）按敏感性分级

- 公开级：这类数据不包含敏感信息，可以公开访问，如公司的新闻发布。
- 内部级：仅限公司内部使用，虽然不涉及重大安全风险，但泄露可能会对公司运营造成影响，如内部新闻通讯。
- 机密级：涉及商业秘密或对公司具有较高价值的信息，泄露可能会给公司带来重大损害，如财务报表。
- 秘密级：涉及高度敏感的业务数据，泄露可能会给公司带来严重或灾难性后果，如合作协议、战略计划。

（2）按数据类型分级

- 个人数据：涉及身份信息、健康记录等个人隐私。
- 企业数据：涉及企业运营的各类数据，如财务数据、员工记录。
- 客户数据：涉及客户信息、消费习惯等，需依据相关法律和行业标准进行保护。

（3）按合规要求分级

按照法规要求对敏感数据进行分类，并确保特定类型的数据能够根据具体的法律要求（如 GDPR、HIPAA 等）得到适当处理和保护。

（4）按业务价值分级

- 关键业务数据：对业务运营至关重要的数据，如核心业务应用的数据库。
- 非关键业务数据：对业务运营重要但不是不可替代的数据。

2. 数据分级的步骤

数据分级的典型实施步骤如下。

1）数据识别：确定组织中存在的所有数据资产并分类。

2）风险评估：评估不同类型的数据泄露或丢失的潜在风险。

3）制定政策：根据数据的分类制定相应的安全政策和访问控制策略。

4）执行控制：实施技术和管理控制措施，如加密、访问权限设置等。

5）持续监控与审查：定期审查分类和保护措施的有效性，确保其与业务和技术环境的变化保持同步。

通过这种分类方法，组织能够更有针对性地保护数据，减少管理的复杂性，优化资源的安全使用。

8.3.2 不同级别数据的保护策略

基于数据分级分类的不同，组织可以根据数据的敏感性和重要性实施相应的保护策略，确保每类数据都能得到适当保护。这些策略不仅涉及技术措施，还包括管理和操作措施，以确保全面的数据保护。以下是不同数据级别可能采取的保护策略。

1. 公开级

- 基本访问控制：确保数据不被误删除或篡改。
- 网络传输保护：使用标准网络安全协议（如 HTTP）确保数据在传输过程中的安全。

2. 内部级

- 加强访问控制：限制数据访问权限，仅允许有关员工访问。
- 用户身份验证：采取身份验证措施，如密码或多因素认证。
- 日志监控：记录对数据的访问和操作日志，用于审计和监控。

3. 机密级

- 数据加密：在存储和传输时对数据进行加密处理。
- 严格的访问控制：基于角色的访问控制（RBAC），确保只有授权用户才能访问数据。
- 定期安全审计：定期进行安全审计，确保所有安全措施得到有效执行。

4. 秘密级

- 高级数据加密：使用高强度加密算法保护数据。

- 物理和环境安全：确保物理存储设备的安全，如使用受控访问的数据中心。
- 端到端的安全控制：实施综合的安全控制措施，包括网络隔离和终端安全。
- 应急响应计划：制订详细的应急响应计划，以应对数据泄露或其他安全事件。

8.3.3　敏感数据的特殊保护

敏感数据指那些若被未授权访问或泄露，可能对个人、组织或企业造成伤害的数据。不同类型的敏感数据需要不同的特殊保护方法和措施，以确保其安全和合规。以下是一些常见的敏感数据类型及其相应的保护措施。

1. 个人身份信息（PII）

1）数据类型：包括姓名、地址、社会保险号、电话号码、电子邮件地址等。
2）保护措施如下。

- 数据加密：在存储和传输过程中对 PII 进行加密。
- 访问控制：实施严格的访问控制措施，确保只有授权人员才能访问 PII。
- 数据脱敏：在处理或分析数据时使用数据脱敏技术，以保护个人隐私。

2. 财务信息

1）数据类型：包括银行账户详情、信用卡号、投资信息等。
2）保护措施如下。

- 端到端加密：使用端到端加密技术保护所有财务数据的传输。
- 多因素认证：为访问财务信息的系统实施多因素认证。
- 定期安全审计：对处理财务信息的系统进行定期的安全审计和合规性检查。

3. 健康信息

1）数据类型：包括病历、诊疗结果、保险信息等。
2）保护措施如下。

- HIPAA 合规：确保所有处理和存储健康信息的操作符合 HIPAA 规定。
- 物理和网络隔离：将存储健康信息的系统物理和网络隔离。

- 定期风险评估：进行定期的风险评估，以识别和修复潜在的安全漏洞。

4. 商业秘密

1）数据类型：包括未公开的专利、研发数据、策略计划、财务预测等。

2）保护措施如下。

- 严格的访问权限：实施基于角色的访问控制，确保只有关键人员可以访问商业秘密。
- 非披露协议（NDA）：与所有能接触到商业秘密的员工和合作伙伴签署非披露协议。
- 物理安全：确保存储商业秘密的物理位置具有高级别的安全保护。

5. 教育记录

1）数据类型：包括学生的成绩、评价、行为记录等。

2）保护措施如下。

- 限制数据共享：严格限制与第三方共享教育记录的条件和范围。
- 数据匿名化：在公共报告或研究中使用数据匿名化技术。

通过实施这些特定的保护措施，组织可以有效地保护各类敏感数据，防止数据泄露和滥用，同时保证对数据的使用符合法律和行业规定。这些措施应根据数据的敏感性和组织的需求进行定制和调整。

8.4 数据隐私保护

8.4.1 隐私保护原则与方法

隐私保护是信息安全领域的重要组成部分，特别是在数据密集型的现代社会中。为了有效保护个人隐私，有一系列原则和方法被广泛采纳和实施。

1. 隐私保护原则

- 最小化数据收集：仅收集与业务目标直接相关且必要的最少数据量，避免过度收集个人信息。
- 明确数据收集的目的，并严格限制数据的使用仅为这些目的的服务。
- 数据安全（Data Security）：采用适当的安全措施保护数据不会被未经授权地访问、泄露或破坏。
- 透明度：向数据主体清晰、透明地说明数据如何被收集、使用和共享。
- 用户控制（User Control）：提供机制让个人管理自己的数据，包括查看、修改、删除个人数据。
- 责任和问责制（Accountability）：确保组织负责保护隐私，并能够对隐私保护措施的执行情况进行审计。

2. 隐私保护方法

- 数据加密（Encryption）：用于对存储和传输的数据进行加密，以防止数据被未经授权地读取。
- 匿名化和去标识化（Anonymization and De-identification）：通过去除个人数据中可以识别身份的信息来保护隐私，确保数据在不暴露个人身份的情况下用于分析和研究。
- 运用隐私增强技术（Privacy Enhancing Technologies，PET）来提升个人数据的隐私保护，例如使用差分隐私技术进行数据分析，以确保输出结果不会泄露个人信息。
- 制定明确的隐私政策和协议，向用户说明数据的处理方式和隐私保护措施，并通过法律协议约束第三方合作伙伴遵守这些隐私标准。
- 访问控制（Access Control）：实施严格的访问控制策略，确保只有授权人员才能访问敏感数据，使用基于角色的访问控制（RBAC）等策略限制访问权限。
- 定期开展隐私培训和意识提升，增强员工的隐私保护意识，并教育他们正确处理个人数据的方法。

综合应用这些原则和方法，可以有效保护个人和组织的数据隐私，减少因隐私泄露引发的风险和后果。

8.4.2 隐私风险评估与应对

1. 隐私风险评估流程

隐私风险评估是识别、评估并减少在处理个人数据的过程中可能出现的隐私风险的关键过程。有效的隐私风险评估应结合组织的业务模型、数据处理活动和合规要求。以下是进行隐私风险评估的一般步骤。

（1）确定评估的范围和目标

- 定义评估范围：明确哪些数据处理活动将被评估。
- 评估目标：确定评估的主要目的，如合规性审核、新服务风险评估或定期隐私审核。

（2）数据映射和数据流分析

- 数据映射：记录处理的所有个人数据的类型、数据来源、使用方式、存储位置、访问者以及数据传输路径。
- 数据流分析：图示化数据流动路径，帮助识别潜在的风险点。

（3）识别隐私风险

- 风险识别：确定哪些隐私风险可能会影响数据主体的权利和自由。
- 风险源分析：识别可能导致数据泄露、滥用或以其他形式侵害隐私的内部和外部风险源。

（4）风险评估

- 评估影响：评估如果出现隐私风险，对个人和组织的潜在影响。
- 评估发生概率：基于现有控制措施，预估每个风险发生的可能性。

（5）降低和控制风险

- 制定风险降低措施：对每一项已识别的风险，制定适当的控制措施，以将风险降低到可接受水平。
- 实施风险控制措施：采取实际措施，如加密、访问控制、数据最小化等，以降低风险。

（6）文档记录和报告

- 详细记录：记录评估过程、发现的风险、评估的结果以及计划的或已实施的控制措施。
- 编写评估报告：为管理层和相关利益相关者提供评估报告，汇报风险评估的发现和建议。

（7）审核和持续监控
- 定期审查：定期重新评估隐私风险，确保控制措施依然有效，并能满足新的法律要求或适应业务变化。
- 持续监控：监控数据处理活动和相关技术的变化，确保及时发现新的风险并做出反应。

通过这样的流程，组织不仅能够更好地理解和管理与个人数据处理相关的隐私风险，还能够增强数据主体的信任，提高组织的合规性和声誉。这种方法也有助于确保隐私风险管理措施有效地与组织的整体风险管理策略相集成。

2. 隐私风险应对策略

隐私风险应对策略是确保个人数据安全和合规的关键。有效的策略不仅有助于减少潜在的法律风险，还能增强消费者的信任并提高企业声誉。以下是一些核心的隐私风险应对策略。

- 数据最小化：仅收集完成特定业务目的所需的数据，在设计数据收集方案时，明确每种数据类型的必要性，并定期审查数据存储，删除不再需要的信息。
- 对存储和传输的数据进行加密和匿名化处理：采用技术措施保障数据安全，对敏感数据进行加密，并在可能的情况下使用匿名化或去标识化技术以进一步降低风险。
- 访问控制：确保只有授权人员可以访问敏感数据，实施基于角色的访问控制（RBAC）策略，定期审核访问权限设置，确保权限设置的准确性和及时性。
- 透明度和用户控制：要求向数据主体清楚地说明数据的收集、使用和分享方式。组织需提供明了、易懂的隐私政策，并设计用户友好的界面，方便数据主体管理个人数据。
- 法律合规性：遵守适用的数据保护法规和标准，持续监控数据保护法律的变化，确保所有数据处理活动符合最新的法规要求。
- 风险评估和监控：定期进行隐私影响评估和隐私风险评估。在新项目启动前进行隐私影响评估，对现有项目定期进行隐私审核，并使用监控系统检测潜在的隐私风险。
- 制订和维护数据泄露应急响应计划：建立一个团队负责应对数据泄露事件，制定通知流程和修复措施，并定期进行演练。
- 开展培训和提升意识：增强全体员工的隐私保护意识和技能。定期为员工提供隐私保护培训，强调数据保护的重要性，并教授具体的隐私保护措施。

通过实施这些策略，组织可以更好地管理隐私风险，保护个人数据安全，并满足日益严格的法规要求。这不仅有助于防止数据泄露和滥用，还能够增强用户对企业的信任。

8.5 数据泄露防范与应对

8.5.1 数据泄露风险分析

数据泄露可能导致一系列严重风险，这些风险不仅影响数据主体（即数据的拥有者或用户），还会对组织本身造成负面影响。数据泄露可能引起的主要风险如下。

- 法律和合规风险：违反数据保护法规（如 GDPR、CCPA 等）可能导致重大法律后果，违反隐私法律可能面临高额罚款。数据泄露后，数据主体可能提起诉讼，并要求赔偿损失。
- 财务风险：数据泄露会带来解决数据泄露事件所产生的直接成本，包括技术修复、法律费用、罚款和赔偿等，还包括间接成本，如品牌受损和客户流失导致的收入下降。
- 声誉风险：泄露事件会严重影响消费者和合作伙伴对企业的信任，还可能带来长期的品牌损害，并导致市场份额下降。
- 操作风险：数据泄露可能导致业务中断，影响日常操作。数据泄露后，企业需要投入资源恢复系统和数据，耗时耗力。
- 客户个人风险：如果泄露的数据包括个人识别信息（如社会安全号码、银行账号等），可能导致身份盗用。泄露的金融信息可能导致客户受到直接经济损失。个人隐私被侵犯，可能对生活造成长期的不便和心理压力。
- 知识产权风险：泄露的信息可能包括企业的商业秘密或专有技术，会对竞争力造成影响。
- 社会和心理风险：对于公共服务机构或关键基础设施，数据泄露可能影响大批人群，数据主体可能因为担心个人信息被滥用而感到焦虑或不安。

数据泄露不仅可能造成即时损失，还可能在长期内对企业和个人产生深远影响。因此，加强数据安全和隐私保护措施，采取主动预防措施，对于任何处理个人数据的组织来说至关重要。

8.5.2 数据泄露的防范措施

为防范数据泄露，组织需要采取一系列综合措施，涵盖技术、政策和人员培训等多个方面。以下是一些有效的数据泄露防范措施与预案。

1）传输加密：使用SSL/TLS等协议加密数据传输过程，确保数据在传输时不会被截获。存储加密：对存储的数据进行加密，即使数据被非法访问，也难以被读取。

2）访问控制和身份验证：使用最小权限原则，确保员工只能访问其工作所必需的数据。多因素认证：在关键数据访问和系统登录时使用多因素认证，增加安全层级。

3）定期安全审计和监控：对系统进行定期的安全审计，检查其安全配置和实际操作是否符合组织的安全策略。部署入侵检测系统和安全事件管理系统，对异常访问和操作进行实时监控，及时发现和响应潜在的安全威胁。

4）数据备份和恢复计划：周期性地备份重要数据，并将其存储在安全的位置，确保数据在泄露或丢失后能快速恢复。制定详细的灾难恢复方案，确保在发生重大安全事件时，能够快速恢复业务运行。

5）安全策略和隐私政策：定期更新安全策略和隐私政策，确保其与当前的安全威胁和法律法规保持一致。设立数据保护官（DPO）职位，负责监督和管理组织的数据保护活动。

6）员工培训和意识提高：定期对员工进行数据保护和网络安全培训，提高他们识别钓鱼攻击、恶意软件等常见威胁的能力。帮助员工了解组织的隐私政策和合规要求，确保这些政策和要求在日常工作中得到遵守。

7）第三方安全评估：对使用的第三方服务和供应商进行安全评估，确保其安全措施符合组织的安全要求。在合同中注明安全责任和数据处理标准，确保第三方合作伙伴遵守相同的标准。

通过实施这些措施，组织可以显著降低数据泄露的风险，保护企业和用户的数据安全。这不仅有助于避免经济损失，还能够维护组织的声誉和客户的信任。

8.5.3 应急响应流程与恢复措施

数据泄露的应急响应和恢复是组织在面对数据安全事件时降低损害和恢复正常运营的关键步骤。以下是详细的应急响应流程和恢复措施。

1. 应急响应流程

1）初步识别和评估：利用监控工具和系统日志快速识别潜在的安全事件，评估数据泄露的范围、影响及可能的后果，确定事件的严重性。

2）通知和组织响应团队：立即通知内部应急响应团队，包括IT安全、法律、公关和管理层。根据法律和政策要求，适时通知外部监管机构和受影响的个人。

3）遏制和缓解：隔离或断开受影响的系统，以防止泄露扩散。采取紧急措施减少进一步的损害，如关闭相关服务、修改密码等。

4）调查和分析：调查数据泄露的原因和泄露途径。确定哪些数据和用户受到影响，评估对业务和合规的影响。

5）恢复和复原：在确保安全的基础上，逐步恢复受影响的系统和服务，从备份中恢复丢失或损坏的数据。

6）后续行动：与受影响的个人和合作伙伴保持沟通，提供必要的支持和补救措施，同时处理可能的法律问题和监管合规事宜。

7）审查和防御加固：评估整个响应流程的有效性，识别可以改进的地方，并基于事件分析结果，加强安全防御和预防措施。

2. 恢复措施

1）业务连续性计划：实施预设的业务连续性计划，确保关键业务和服务能够继续运行或快速恢复。

2）恢复关键功能和服务：优先恢复对业务影响最大的功能和服务。

3）长期监控和评估：在恢复期间和恢复后持续监控系统活动，确保没有后续的安全威胁出现。对恢复的效果进行长期评估，确保所有系统和服务都能正常运行。

通过应急响应流程和恢复措施，组织能有效应对数据泄露事件、最小化损失，并尽快恢复正常的业务运营状态。

第 9 章 | CHAPTER

数据资产的交易

数据资产的交易助力数据价值释放,有利于促进创新、提高效率,是构建数据要素市场的基础。通过标准化的交易方式和渠道,建立规范的数据要素市场,确保交易的公平性和透明度。规范的数据市场环境有利于促进数据的共享和合作,打破数据孤岛,提高数据利用率。数据资产的交易不仅是实现数据价值的关键,也是构建现代数据经济的重要基石,能够提升企业竞争力并推动社会进步。

本章将阐述数据资产交易的定义与典型类型,梳理典型流程,剖析数据资产交易的典型商业模式,以及与数据资源入表的关系。

9.1 数据资产交易的定义和类型

数据资产交易是指数据供需双方通过特定的方式和渠道进行数据产品或数据服务的买卖和交换。其目的是让数据需求方获得数据供给方提供的数据使用权或相关服务,从而实现数据价值的流通和应用。

根据不同的维度,数据资产交易可以分为以下类型,如图 9-1 所示。

图 9-1 数据资产交易的 3 种类型

9.1.1 按交付标的划分

按照交付标的物的不同，数据资产交易可以分为数据产品交易和数据服务交易两种。

1. 数据产品交易

在涉及数据集、API、数据报告等具体数据产品的交易中，数据需求方通过交易获得数据供给方提供的数据使用权。数据产品交易是指数据供给方授权数据需求方在特定范围内，以约定的权限、方式、目的和期限使用数据。

典型的数据产品交易：一家电子商务公司需要了解市场趋势和竞争对手的动向，因此购买了一份市场调研报告。这份报告包含了详细的销售数据、市场份额分析和消费者行为洞察。

典型的交易过程示例：电子商务公司通过数据交易平台找到了一家专业的市场调研机构，支付一定费用后获得这份数据报告的使用权，可以在一定时间内使用这些数据进行分析和决策。

2. 数据服务交易

数据服务交易则是供给方为需求方提供特定的服务，而非标准化的产品，往往包括一个服务过程，如数据分析工具服务、数据处理服务、数据定制化服务等。数据需求方购买的是数据供给方围绕数据提供的服务，而不是数据本身。数据服务交易侧重于提供基于数据的特定功能或解决方案。

典型的数据服务交易示例：一家制造企业需要对其生产线数据进行实时监控和

故障预测，购买了一个数据处理服务。制造企业与一家数据服务提供商合作，数据服务提供商部署了数据处理系统，实时收集和分析生产线数据，并生成故障预测报告，帮助企业提高生产效率和设备维护水平。

我们将数据产品交易和数据服务交易的区别总结如下，见表9-1。

表 9-1 数据产品交易和数据服务交易的区别

维度	数据产品交易	数据服务交易
优点	灵活性高，根据需求购买具体数据产品 一次性交易，长期使用数据 数据独立，自行分析处理数据	专业服务，高质量的数据处理和分析服务 持续支持，持续的服务和数据更新 降低门槛，无须具备专业的数据处理能力
缺点	数据更新难，购买后数据不更新 数据处理难，需具备处理和分析能力 安全风险，数据泄露和滥用风险高	依赖性高，对服务供给方依赖较高 成本较高，持续的服务费用 数据安全，需确保数据安全和隐私
适用场景和需求	适用于需要具体数据集或 API 的公司，如电商公司需要市场调研报告、金融机构需要股票交易数据等	适用于需要专业的数据处理和分析服务的企业，如零售企业需要营销数据分析、制造企业需要生产线数据监控等

9.1.2 按交易模式划分

按照数据交易模式的不同，数据资产交易可以分为以下两种。

1. 场内交易

场内交易即在数据交易所内完成的交易，交易所作为中介机构提供平台和服务。交易产品的标准化水平较高，清算和结算通过第三方机构完成，具有较高的透明度和规范性。

一家科技公司在数据交易所购买了一组城市交通流量数据，用于开发智能交通管理系统。科技公司通过标准化流程支付费用并签订合同，获得了交通流量数据的使用权。数据交易所负责数据的质量保证和结算。

2. 场外交易

由于数据产品在内容和形式上均难以实现标准化，不同需求方对于同一数据源也可能存在各自的定制化需求。除了以数据交易所为中心的场内交易外，目前大量数据交易多以"点对点"的形式发生于场外。场外交易很好地弥补了场内交易中因流程过长消磨交易热情、交易双方不愿意留痕的问题。

交易产品的标准化水平较低，交易双方自行清算和结算，灵活性较高，但也存在较高的风险和不规范性。场外交易存在多种模式，典型的例子如，一家初创企业通过私人渠道从另一家公司购买用户行为数据集，用于优化其推荐算法。场外交易过程中，初创企业直接与数据提供方联系，双方商定价格和使用条款，完成交易后自行进行数据传输和结算。

（1）场外交易的五大价值

场外交易在数据交易生态系统中具有重要的价值，主要体现在以下几个方面，如图9-2所示。

图9-2 场外交易的五大价值

- 灵活性和便捷性：场外交易不受固定交易平台限制，交易双方可以根据实际需求灵活定制交易条款和流程。这种灵活性使数据供需双方能够更快地达成交易，满足定制化需求。
- 满足特定需求：不同需求方对同一数据源可能有不同的需求，场外交易更能满足这种定制化需求，提供量身定制的数据产品和服务。
- 减少交易流程和时间：相较于场内交易烦琐的流程，场外交易可以简化流程，缩短交易时间，提高效率。
- 隐私和保密：场外交易在一定程度上保护交易双方的隐私和商业机密，因为不需要在公开平台上进行，从而减少信息泄露风险。
- 补充场内交易：场外交易可以弥补场内交易的不足，如流程过长、审核严格等，使整个数据交易市场更加完善和多样化。

（2）场外交易的典型流程

场外交易可以分为 3 个主要阶段：交易前阶段、交易中阶段和交易后阶段。以下是各阶段的具体流程。

1）交易前阶段。数据资源拥有方对原始数据进行清洗、加工、集成和分析，形成数据产品，并对数据产品的合规、质量和资产归属（数据资产确权）等进行评估。

2）交易中阶段可以分为 3 个步骤。

- 交易磋商：数据需求方与数据供给方进行初步接触和磋商，明确各自的需求和数据供给情况。双方讨论数据产品的质量、价格、使用方式等条款。
- 签订合同：数据供给方与数据需求方签订数据交易合同，明确规定交易双方的权利、义务、责任以及交易方式等内容。
- 结算与支付：根据合同条款，数据需求方支付款项，数据供给方提供交易发票等结算凭证，完成财务结算。

3）交易后阶段主要包括两部分。

- 数据交付。数据供给方在规定时间内将数据产品交付给数据需求方，确保数据符合合同规定的质量和格式。数据需求方对接收的数据进行验证和确认，以确保数据的真实性和完整性。
- 风险管理。由于缺少政府和交易所的监管，双方在交易过程中需要注意风险管理，如设定明确的合同条款和争议解决机制。在出现数据标的违反合同要求的情况下，双方可以协商解决或通过法律途径解决纠纷。

我们可以将场内交易和场外交易的区别总结为表 9-2。

表 9-2 场内交易和场外交易的区别

维度	场外交易（OTC）	场内交易（Exchange）
优点	灵活性高，交易条款和条件可灵活商定 速度快，不需要烦琐的审核流程 定制化强，满足个性化需求 成本低，无中介费用	标准化高，交易产品和流程统一 风险低，有第三方机构监管 透明度高，交易信息公开透明 清算便捷，统一的清算结算服务

(续)

维度	场外交易（OTC）	场内交易（Exchange）
缺点	风险高，缺乏第三方监管 透明度低，交易信息不公开 清算复杂，双方自行清算结算 规范性差，可能出现法律合规问题	灵活性低，标准化流程限制灵活性 成本高，需要支付中介费用 速度慢，需要审核流程 进入门槛高，小型企业或个人难以负担费用
适合场景	适用于需要灵活性高、速度快、定制化强的交易场景，但需要注意风险控制和合规性	适用于需要标准化、低风险、高透明度和便捷清算的交易场景，但交易成本高、流程时间长

9.1.3 按参与主体划分

按照参与主体的不同，数据资产交易可以分为 3 种类型：直接交易、单边交易和多边交易。

1. 直接交易

直接交易是一种数据供需双方直接进行交易、双方自行商定交易条款、不经过第三方平台或中介机构的一对一交易方式，灵活性强但可能存在信任和执行问题。这是典型的场外交易，例如零售公司与市场研究公司直接达成协议，提供其销售数据用于市场分析。

2. 单边交易

单边交易指一个数据供给方对应多个数据需求方，数据供给方提供标准化的数据包或服务，开放或出售给多方使用，通常通过公共平台或者开放数据接口进行。这种单边交易，即"一对多"的交易方式，通常采用会员制或云服务模式。数据供给方往往是政府、企业或者研究机构，数据需求方无须直接联系数据供给方即可获取数据。

典型应用场景示例：社交媒体平台开放部分用户行为数据，研究人员可以通过注册和申请获取这些数据用于学术研究。

3. 多边交易

交易平台作为独立第三方提供交易撮合和其他数据相关服务。多个供给方和多个需求方通过交易平台进行交易，第三方平台负责撮合交易、验证数据质量和清洗数据等附加服务。多边交易能够提高交易效率，提供更综合的服务和保障。典型的多边交易是在一个数据中介平台上，有多个企业作为数据供给方发布其数据集，多个需求方（如金融公司、营销公司）根据需求购买或租用这些数据。

3 种数据交易模式的区别见表 9-3。

表 9-3　3 种数据交易模式的区别

维度	直接交易	单边交易	多边交易
定义	数据供给方与需求方直接交易	数据供给方开放或出售数据给多方使用	多个数据供给方和需求方通过第三方平台交易
优势	高度定制化的交易协议，双方直接沟通，需求明确，无中介费用	数据开放程度高，便于多方获取和利用，透明度高，促进数据共享	数据质量有保障，平台提供附加服务（如数据清洗），交易成本低，效率高
劣势	需要双方建立信任关系，缺乏第三方保证交易质量，交易成本高（时间和资源）	数据隐私和安全风险较大，数据供给方的控制力较弱，难以满足特定需求	平台收费可能较高，依赖平台的信誉和服务质量，数据供给方和需求方之间缺乏直接联系
典型场景	零售公司直接向市场研究公司提供销售数据	政府开放交通数据，供企业和个人使用	数据中介平台上，多个企业和需求方通过平台交易数据

9.2　数据资产交易的典型流程

9.2.1　深圳数据交易所的数据资产交易流程

1. 深圳数据交易所简介

深圳数据交易所（简称"深数所"）是深圳市委市政府为落实中央《深圳建设中国特色社会主义先行示范区综合改革试点实施方案（2020—2025 年）》文件精神、深化数据要素市场化配置改革而成立的数据交易机构，是深圳优化数字经济产业布局、打造全球数字先锋城市的重要实践。

深圳数据交易所以建设国家级数据交易所为目标，从合规保障、流通支撑、供需衔接、生态发展 4 个方面，打造覆盖数据交易全链条的服务能力，建立支持数据要素跨域、跨境流通的全国性交易平台，探索适合中国数字经济发展的数据要素市场化配置示范路径和交易样板。

2. 深圳数据交易所的典型数据产品

深圳数据交易所提供了多种数据商品和应用场景，如图9-3所示。可交易标的物包括数据产品、数据服务、数据工具等。按照数据要素，数据产品可分类为工业制造、金融服务、现代农业、商贸流通、交通运输、科技创新、文化旅游、医疗健康、应急管理、气象服务、城市治理、绿色低碳和人工智能。在此基础上，热门的数据产品应用场景有数据治理、数据安全、数据存储和计算、商贸流通、智慧交通、风险防控、数字化运营、经营风险识别、信息安全和交通管理。

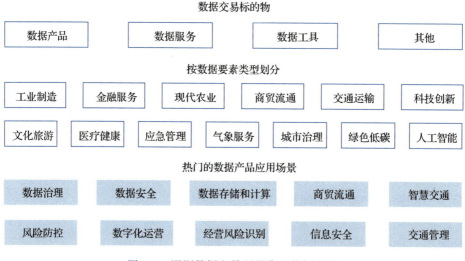

图 9-3　深圳数据交易所的典型数据产品

据深数所介绍，截至2024年8月，深数所上市标的2121个，覆盖超过70个行业、241个应用场景，首发超500个垂直行业多模态算料集；设立35家数据要素服务工作站，覆盖19个省级行政区、24个城市，其中深圳市7个；培育特色应用场景，围绕重点应用场景打造数据专区，已建设跨境数据、气象数据、交通数据、人工智能、乡村振兴等25个特色数据专区；吸引数据卖方、数据商、数据买方等参与主体共计2607家，覆盖全国32个省级行政区、161个城市。

3. 具体主流程

深圳数据交易所的数据交易业务具体主流程如图 9-4 所示。

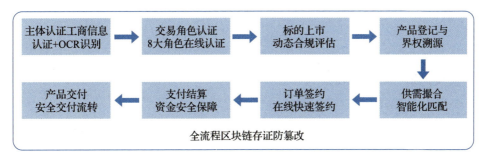

图 9-4 深圳数据交易所的数据交易业务主流程

（1）主体认证

工商信息认证 + OCR 识别，交易主体首先需要进行工商信息认证，利用 OCR 识别技术验证企业的合法身份和相关信息，确保交易主体的真实性和合法性。

（2）交易角色认证

8 大角色在线认证，交易主体根据业务需求进行角色认证，包括数据供给方、数据需求方等 8 种角色的在线认证，确保交易过程中各方身份明确。

（3）标的上市

数据产品或服务在上市之前，需要经过动态合规评估，确保交易标的物符合相关法律法规和行业标准，保障交易的合法合规。

（4）产品登记与界权溯源

完成合规评估后，交易标的物需要进行产品登记，记录产品的详细信息。通过界权溯源，确保数据产品的所有权和使用权明晰，避免知识产权纠纷。

（5）供需撮合

深数所以智能化系统撮合供需，根据需求自动匹配数据供需双方，提升交易效率。

（6）订单签约

供需双方确认交易意向后，可以在线快速签约交易合同，明确双方的权利和义务。

（7）支付结算

交易完成后，双方进行支付结算，平台提供资金安全保障，确保资金安全和及时到位。

（8）产品交付

数据供给方依据合同约定，安全地将数据产品交付给数据需求方，确保数据的真实性、完整性和安全性。

（9）全流程区块链存证防篡改

整个交易流程通过区块链技术存证，防止数据和交易记录被篡改，保障交易的透明性和可信度。

通过以上详细的主要流程，深数所实现了从认证、合规评估、产品登记、智能匹配、订单签约、支付结算到安全交付的全流程管理，确保数据交易的安全、合规和高效。

9.2.2 上海数据交易所的数据资产交易流程

1. 上海数据交易所简介

上海数据交易所是由上海市人民政府指导组建的准公共服务机构。上海数据交易所的使命是构建数据要素市场，推进数据资产化进程，承担数据要素流通制度和规范探索创新、数据要素流通基础设施服务以及数据产品登记和交易等职能。目前，上海数据交易所正围绕打造全球数据要素配置重要枢纽节点的目标，紧扣建设国家数据交易所的定位，体现规范确权、统一登记、集中清算、灵活交付的特征，积极打造高效便捷、合规安全的数据要素流通与交易体系，引领并培育"数商"新业态，为我国在2025年之前在数据要素市场化配置基础制度建设和数据要素流通规则建立等方面的探索做出重大贡献。

2. 具体流程

上海数据交易所将其场内数据交易分为交易前、交易中和交易后3个阶段来处理，主要流程如图9-5所示。

图 9-5 上海数据交易所的交易流程

(1) 交易前

1) 产品登记包括以下几个步骤。

- 数据产品说明书：数据供给方须提供数据产品的详细说明书，介绍数据的内容、结构、来源等信息。
- 数据产品质量评估：对数据产品进行质量评估，确保数据的准确性、完整性和可靠性。

- 数据产品合规评估：评估数据产品是否符合相关法律法规和行业标准。
- 数据产品登记证书：完成登记后，数据供给方获得数据产品的登记证书，作为数据交易的合法凭证。

2）产品挂牌包括以下几个步骤。

- 申请挂牌：数据供给方向交易平台申请数据产品挂牌，表示愿意在平台上进行交易。
- 挂牌审核：交易平台对申请挂牌的数据产品进行审核，确保其符合平台的交易标准。
- 生成可交易数据产品说明书：审核通过后，生成包含交易信息的交易数据产品说明书，供需求方查看。

（2）交易中

1）交易测试。概念验证测试（Proof Of Concept，POC）：在正式交易前进行数据测试，确保数据能够满足需求方的实际需求和预期用途。

2）交易合约。供需双方签署合约：双方签署正式交易合约，明确各自的权利和义务，保障交易的合法合规。

3）数据交付。自主交付为数据供给方直接将数据交付给需求方。生态交付为通过生态合作伙伴或第三方平台进行数据交付。标准交付为按照预先设定的标准流程进行数据交付，确保交付过程的规范性和可追溯性。

4）交易结算。系统生成数据账单：交易平台根据交易生成详细账单，记录金额、时间等信息。供需双方完成结算：双方根据账单完成支付和结算，确保交易资金的安全和及时转移。

（3）交易后

1）凭证发放。交易完成后，平台生成交易凭证，作为交易成功的证明文件，供双方保存。

2）纠纷处理。若在交易过程中或交易完成后出现争议，平台提供纠纷处理机制，帮助双方协商解决，保证交易公平公正。

通过上述详细的流程，数据交易平台确保每个数据交易环节都得到规范和管理，从而提高数据交易的效率、透明度和安全性，促进数据要素市场的健康发展。

3. 上海数据交易所交易服务

基于上述交易流程，上海数据交易所构建了交易服务平台，为数据交易相关方提供全链路服务，如图 9-6 所示。

图 9-6　上海数据交易所的全链路服务

（1）资讯运营商

需求：发布资讯，可能包括数据产品相关信息、市场动态等。

平台功能：通过资讯发布功能，将相关信息传递给其他参与方，确保市场信息的流通。

（2）服务提供方

需求：对入驻数据交易所企业进行数据产品登记和挂牌，使其数据产品在平台上交易。

平台功能：通过企业入驻、数据产品登记和挂牌功能，将其数据产品上架到交易平台。

（3）数据需求方

需求：对入驻数据交易所企业，发布数据需求，以便寻找合适的数据产品，并进行购买。

平台功能：通过需求上架功能发布需求，同时提供交易功能，便于数据需求方购买所需的数据产品。

（4）数据服务商

需求：对入驻数据交易所企业进行服务登记，以便提供数据相关服务。

平台功能：通过企业入驻和服务登记功能，提供数据相关服务。

（5）服务需求方

需求：对入驻数据交易所企业，发布服务需求，并购买所需服务。

平台功能：通过企业入驻、需求发布和服务购买功能在平台上找到所需的服务并购买。

（6）交易服务平台

核心功能：作为整个数据交易过程的核心枢纽，整合各方需求，提供产品上架、需求上架、服务上架等功能，确保数据产品和服务能够在一个集中的平台上进行交易。

通过这些功能，上海数据交易所的全链路服务平台能够有效地连接数据供需双方，促进数据交易的顺利进行，确保数据市场的高效运作。

9.3 数据资产交易的商业模式、价值和特点

9.3.1 数据资产交易的典型商业模式

1. 精益数据商业模式画布

精益数据方法总结了 5 种利用数据产生增量的商业模式，并用精益数据商业模式画布描述。精益数据商业模式画布基于精益数据方法，结合商业画布，是以数据利用为主的商业模式设计工具，主要由五大要素构成，如图 9-7 所示。

1）价值定位。该商业模式的核心价值定位是什么，即它能够解决客户什么问题，给客户带来什么收益。

2）客户。客户是所有商业模式最核心的内容。如果不能清晰识别出面向的客户，所有的商业模式都是梦幻泡影。企业需要考虑清楚该业务的客户是谁，这些客户有什么痛点。

3）关键业务活动。企业在这个商业模式里的关键业务活动是什么？给客户提供的产品和服务有哪些？

精益数据商业模式画布		
关键业务活动 这项业务的主要活动，以及给客户提供的产品和服务是哪些？	**价值定位** 该商业模式的价值是什么，解决了客户什么样的问题，能够给客户带来什么收益？	**客户** 该业务的客户是谁？这些客户有什么痛点？
数据资产 需要什么数据资产？		**生态伙伴** 这个商业模式的生态伙伴、渠道商、供应商等是谁？

图 9-7　数据资产交易的商业模式画布

4）数据资产。实现这个商业模式需要哪些数据资产。

5）生态伙伴。谁是商业模式的生态伙伴、渠道、供应商？数据产品的特性决定了企业能够通过生态伙伴更快速、更广泛地传播数据产品，并在此基础上进行二次加工，形成更多衍生产品，从而更快速、更大范围地覆盖和触达目标用户。

通过精益数据商业模式画布，企业可以清晰、简洁地梳理出数据产品的客户、业务价值，以及实现业务价值的方法。

2. 具体实现形式

数据要素想要产生价值，需要特定的商业模式。精益数据方法总结了 6 种商业模式，如图 9-8 所示。

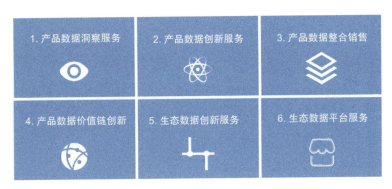

图 9-8　数据资产交易的 6 种新商业模式

下面以挖掘机产业数据要素为例，说明数据要素的6种创新商业模式。

（1）产品数据洞察服务

该模式是对现有产品产生的数据进行分析，形成新的数据洞察服务，并提供给使用该产品的客户，如图9-9所示。

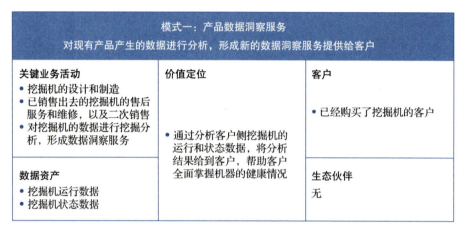

图9-9　产品数据洞察服务

挖掘机厂商在挖掘机上安装物联网设备，实时采集挖掘机的运行和状态数据，并对这些数据进行分析，以诊断挖掘机的健康状态，例如查看机器是否存在异常、是否需要维修。厂商可以将这些分析过程和结果作为增值服务提供给已购挖掘机的客户，帮助他们全面掌握机器的健康情况，避免突发故障，提升生产效率，杜绝生产事故隐患。

（2）产品数据创新服务

该模式通过分析和整合产品数据及其他数据，形成新的服务并提供给现有客户，如图9-10所示。

在分析挖掘机运行状态的基础上，挖掘机厂商结合同类挖掘机常见故障、维修保养等数据，给客户提供预测维修、精准维修、保养建议等增值服务，并整合生态伙伴的维修、配件等相关产品和服务，销售给客户。

（3）产品数据整合销售

该模式通过整合产品数据及其他数据形成新数据，并提供给新客户，如图9-11所示。

模式二：产品数据创新服务		
对现有产品产生的数据进行分析，整合其他数据，形成新的服务提供给客户		
关键业务活动 • 挖掘机的设计和制造 • 已销售出去的挖掘机的售后服务和维修，以及二次销售 • 对挖掘机的数据进行挖掘分析，发现服务的需求和机会	**价值定位** • 通过分析客户侧挖掘机的运行和状态数据，整合同类挖掘机的维修保养和故障数据，进一步帮助客户实现预测维护、精准维修、保养建议等增值服务	**客户** • 已经购买了挖掘机的客户
数据资产 • 用户的挖掘机运行数据 • 用户的挖掘机状态数据 • 同类挖掘机故障概率数据 • 同类挖掘机维修保养数据		**生态伙伴** • 挖掘机的维修、配件等相关产品服务商

图 9-10　产品数据创新服务

模式三：产品数据整合销售		
整合产品数据及其他数据，形成新的服务提供给新客户		
关键业务活动 • 挖掘机的设计和制造 • 已销售出去的挖掘机的售后服务和维修，以及二次销售 • 对行业数据整合加工，形成行业报告	**价值定位** • 将挖掘机行业洞察、趋势等数据报告形成订阅服务，定期推送给需要的新用户	**客户** • 挖掘机行业内相关用户 • 金融类投资研究用户
数据资产 • 挖掘机运营、保养数据 • 挖掘机原材料供应链数据 • 挖掘机市场销售数据 • 其他该行业第三方数据		**生态伙伴** • 第三方数据提供方

图 9-11　产品数据整合销售

挖掘机厂商对内外部数据进行整合，形成行业洞察、趋势报告等数据服务，以订阅产品的形式提供给需求方，如金融类投资研究客户、挖掘机行业相关客户等。

（4）产品数据价值链创新

该模式整合了上下游合作企业的产品数据及其他数据，形成新服务提供给新客户，如图 9-12 所示。

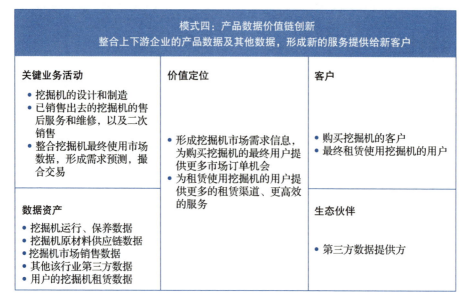

图 9-12　产品数据价值链创新

挖掘机厂商利用其在行业中的核心地位，获取市场需求与供给信息，再结合掌握的挖掘机运行、保养、销售、供应链等信息进行综合分析后，搭建供需匹配和交易撮合等服务平台，帮助客户扩大销售范围，提升业务价值。

（5）生态数据创新服务

该模式通过整合分析上下游伙伴企业的产品数据及其他数据，发现行业生态中其他相关企业的需求，形成新服务并提供给生态相关客户，如图 9-13 所示。

挖掘机厂商利用自己在行业里的核心地位，获取各方面数据或信息，分析生态中其他相关方的需求，整合生态资源，并向这些客户提供相关产品和服务，例如供应链金融服务、精准加油服务等。

（6）生态数据平台服务

该模式旨在打造数据交易平台，为行业生态中的多方提供交易撮合、数据创新及平台服务，如图 9-14 所示。

模式五：生态数据创新服务		
整合上下游企业生态及其他数据，形成新的服务提供给生态客户		

关键业务活动
• 挖掘机的设计和制造
• 已销售出去的挖掘机的售后服务和维修，以及二次销售
• 识别挖掘机行业相关生态的产品和服务
• 识别以挖掘机为支点延展到建筑领域的上下游客户需求
	价值定位
	
	• 挖掘机的业主方、用户方、第三方等的数据，分析它们的服务、采购配件、维修保养、金融贷款等需求，整合相关的生态产品和服务，精准提供给客户
		客户
		• 挖掘机终端消费用户
		• 挖掘机业主方客户
		• 金融类投资研究用户
		• 建材行业相关客户
		
		生态伙伴
		• 挖掘机相关的服务生态
		  – 加油站
		  – 维修厂
		  – 配件厂
		  – 金融机构

数据资产 • 挖掘机运营、保养数据 • 挖掘机原材料供应链数据 • 挖掘机市场销售数据 • 其他该行业第三方数据 • 建筑行业挖掘机相关数据		

图 9-13　生态数据创新服务

模式六：生态数据平台服务		
打造数据交易平台，为生态多方提供交易撮合、数据创新、平台服务		

关键业务活动
• 挖掘机的设计和制造
• 已销售出去的挖掘机的售后服务和维修，以及二次销售
• 建立和运营以挖掘机为核心的建筑产业生态数据开放平台
	价值定位
	
	• 聚合以挖掘机为核心的建筑产业相关数据，为生态提供数据查询、交易撮合服务
	• 依托平台的数据，开展产业创新服务，包括创新大赛等
		客户
		• 挖掘机终端消费用户
		• 挖掘机业主方客户
		• 金融类投资研究用户
		• 建材行业相关客户
		
		生态伙伴
		• 挖掘机相关的服务生态
		  – 加油站
		  – 维修厂
		  – 配件厂
		  – 金融机构
		• 建筑行业相关伙伴

数据资产 • 挖掘机运营、保养数据 • 挖掘机原材料供应链数据 • 挖掘机市场销售数据 • 其他该行业第三方数据 • 建筑产业相关数据		

图 9-14　生态数据平台服务

挖掘机厂商从产业角度构建交易平台，让供需双方在平台上发布服务、产品及数据，通过数据分析技术和工具，实现以挖掘机为核心的产业生态的数据查询、交易撮合服务，并开展如创新大赛等产业创新服务，成为平台运营商。

9.3.2 数据资产交易的价值

数据资产的交易使得不同行业和领域的数据能够相互融合，产生更大的价值。例如，金融机构和电商平台之间的数据共享，可以帮助金融机构更准确地评估客户的信用风险，从而提供更合适的金融产品和服务；同时，电商平台也可以利用金融数据提升用户的购物体验和忠诚度。医疗机构和保险公司共享患者的健康数据和医疗记录。保险公司可以根据患者的健康状况制定更加合理的保险产品和费率，医疗机构则可以通过保险公司的数据支持提升医疗服务质量和效率。城市管理部门整合交通、环保、能源等多方面的数据。通过综合分析不同领域的数据，城市管理者可以更好地规划交通路线、优化能源使用、提高环保措施的有效性，从而提升城市整体运行效率和居民生活质量。

在数据驱动的时代，数据要素的价值不仅在于自身的信息量，还在于与其他数据的融合和集成。通过数据交易，不同行业和领域的数据可以互补、相互赋能，产生超越单一数据的综合价值。这不仅有助于企业优化业务决策和运营效率，也能为整个社会带来更多创新和发展的机会。数据的集成和交易是释放数据要素价值的关键途径，值得各行业和领域的广泛关注和积极实践。

9.3.3 数据资产交易与数据资源入表的关系

数据资源入表是指企业将其数据资产纳入财务报表或其他公开披露文档中。这一做法不仅能够提升企业数据管理的透明度，还能为潜在的交易方提供高质量的数据参考，从而促进数据交易的达成。

数据资产交易是指数据供需双方通过特定方式和渠道进行数据产品或数据服务的买卖和交换，目的是实现数据的价值流通和应用。

这两者之间存在紧密的关系，具体如下。

- 提升数据的透明度和质量。数据资源入表要求企业对数据资产进行评估和管理，提升了数据的透明度和质量，为数据交易提供了可靠的基础。

- 促进数据价值实现。数据资产交易是实现数据价值化的重要手段。通过交易，企业能够将数据资产转化为经济收益，进一步体现数据资源入表的价值。
- 形成正向循环。数据资源入表提高了数据的可信度和市场认可度，可以吸引更多需求方进行交易；数据交通带来的收益反过来激励企业进一步完善数据资源入表，从而形成正向循环。

1. 金融行业的信用数据交易场景

- 数据资源入表。大型银行将其积累的客户信用数据资产纳入财务报表，详细列出数据类型、规模、质量评估以及潜在的市场价值。这一披露增强了投资者和潜在交易方对银行数据资产的信任。
- 数据资产流通。该银行在数据交易平台上出售信用评分数据服务和产品，吸引多家金融科技公司购买。这些公司利用所购数据开发信用评估产品，提升风险管理能力。
- 正向循环。通过数据交易获得的收益使银行能够进一步投资于数据管理和分析，提升数据资产的质量和价值，形成良性循环。银行也会更加关注数据资产的价值，更加重视数据资源入表。

2. 制造业的生产数据服务场景

- 数据资源入表。一家制造企业将其生产线数据纳入报表，披露数据的来源、用途及其在生产优化中的价值。这一披露增强了企业在市场上的数据资产透明度。
- 数据资产流通。制造企业通过数据交易平台，提供生产线实时监控和故障预测服务，帮助其他企业优化生产流程和维护设备。购买方获得高质量的数据服务，提升生产效率。
- 正向循环。数据服务交易带来的收益使制造企业能够进一步投资于数据采集与分析技术，提升数据资产的管理和应用水平，推动数据资源的持续优化。

数据资源入表和数据资产交易相互促进，前者提升数据透明度和市场认可度，后者实现数据价值化，推动企业数据管理和应用，最终形成数据经济的正向循环。

第 10 章 CHAPTER

数据要素市场

数据要素市场是一个与物理世界实体经济市场相对应的新概念，是一个新生事物，在国内尚处于探索初期。数据要素市场的定义是交易数据及其相关服务和工具的市场，其核心在于数据的收集、处理、分析和应用。

随着数字经济的快速发展，数据要素市场将逐步规范化和标准化，形成完善的交易机制和法律法规，促进数据资产的流通和共享。企业将更加重视数据治理和数据资产管理，通过数据驱动的决策和业务优化提升竞争力。同时，数据要素市场将与人工智能、区块链等先进技术深度融合，推动数据的可信交换和高效利用，培育出更多创新应用场景。未来，数据要素市场有望成为经济增长的新引擎，推动社会各领域的数字化转型和高质量发展。本章将探讨数据要素市场的定义、现状、发展模式等内容。

10.1 数据要素市场概述

10.1.1 数据要素市场的概念及现状

1. 数据要素市场的定义

数据要素市场是数据要素在交换流通过程中形成的市场，以数据产品及服务为流通对象，以数据供需双方为主体，通过数据产品和服务的流通交易实现多方利益诉求，由一系列法规、机制、参与方、技术手段、制度、流程等要素形成多层次、多维度的复杂系统。

与传统实体市场相比，数据要素市场将数据作为一种生产要素进行市场化配置。与传统的生产要素（如劳动力、土地、资本、技术等）不同，数据要素市场涉及数据的采集、存储、加工、流通和交易，并通过市场机制实现数据的定价、流通和使用，从而提升生产效率和创新能力。

2. 数据要素市场的规模

在2022年，中国数字经济规模达50.2万亿元人民币，占国内生产总值（GDP）的41.5%。同年，中国数据产量增至8.1ZB，同比增长22.7%，占全球总量的10.5%。据国家工业信息安全发展研究中心的数据，中国数据要素市场规模在2022年达到1018.8亿元。数据要素产业链上游主要涉及数据收集，中游包括数据服务和数据交易，例如采集、存储、加工、流通和分析等关键环节，下游则是金融、医疗、教育等行业的数据需求方。2022年，数据要素各环节的市场规模中，数据存储以180亿元领先，其次是数据分析、数据加工、数据交易等。特别是数据交易行业，由于政策和经济环境的支持，市场规模较2021年增长约42%，达到876.8亿元。

根据中投顾问的研究报告，2022年，我国数据要素市场规模达到998亿元；2023年，我国数据要素市场规模约为1217亿元。2024年，我国数据要素市场规模将达到1465亿元，未来5年（2024—2028年）的复合年均增长率约为17.05%。到2028年，我国数据要素市场规模将达到2750亿元。

相比发达国家，中国数据要素市场仍处于初期阶段，海外市场规模巨大。根据北京大学国家发展研究院分析，虽然我国的数据产出在全球占比 9.9%，但由于场内交易量不足、法律法规不够完善等原因，数据要素市场规模较小，仅为美国的 3.1%、欧洲的 10.5%、日本的 17.5%。但是，数据要素作为建设数字经济、拉动实体经济、实现数实融合的新质生产力的重要组成部分，党和国家给予了高度的战略重视，从制度、政策、体系、组织等方面，全方位组合拳出击，数据要素市场在创新驱动的引导下，不断稳步高速发展。

3. 数据要素市场是打造新质生产力的关键举措

在数字经济背景下，新质生产力以科技创新推动产业创新为要义，以大幅提升全要素生产率为目标，重在加强人工智能、大数据、物联网、工业互联网等数字技术的融合应用。数据要素市场通过数据开发利用，促使生产要素实现创新性配置，催生新产业、新模式、新动能，旨在走出一条生产要素高效协同、产业深度转型升级的增长路径。数据作为数字时代的新型生产要素，打破了传统生产要素的局限，是新质生产力的重要组成部分。

以下从多个方面详细阐述数据要素市场如何推动新质生产力的发展。

1）数据要素市场能够提升全要素生产率。数据作为新型生产要素，既能直接创造社会价值，又能通过与其他要素融合，有效降低交易成本，形成规模经济和范围经济，提升配置效率和激励效率。数据要素的开发利用是数字经济的主要内容，数字化、网络化、智能化过程中产生的海量数据逐渐进入生产领域和经济系统成为生产要素。数据的可共享、可复制、可无限供给、要素互补性等特点，使得数据能够打破土地、资本等传统要素有限供给对经济持续增长的制约，形成规模报酬递增的经济发展模式。

2）数据要素市场能够推动科技创新。伴随高性能计算、智能算法等技术的快速发展，在海量数据的驱动下，科学研究范式得以由传统的假设驱动向基于科学数据进行探索的数据密集型范式转变。利用高性能计算技术、人工智能技术等，将数据科学和计算智能有效结合，可以更精准、快捷地解决许多科研问题，加快推动科学发现和科技创新。例如，基于海量、多元生物数据构建起的人工智能算法模型，在几天甚至几分钟内就能预测出以前要花费数十年才能得到的、具有高置信度的蛋白质结构。

3）数据要素市场能够推动产业深度转型升级，催生新产业、新业态和新模式。通过广泛运用互联网、人工智能和云计算等数字技术，促进数据与高素质劳动者和现代金融等要素紧密结合，可以实现主导产业和支柱产业的持续迭代升级，催生新产业、新技术、新产品和新业态。在数字技术和数据要素双轮驱动下，数字技术与传统产业深度融合，数字经济与实体经济深度融合，形成"数字技术—数据要素—应用场景"三位一体的数字产业链，贯通生产、流通和消费全环节。例如，数据要素与制造环节相结合，构建横向端和纵向端兼容的集成智能网络，可以提升制造业的网络化和智能化水平，推动产业体系向先进制造、柔性生产、精准服务、协同创新方向转型升级，促进制造业价值链向微笑曲线两端延伸。

4）数据要素市场能够推动生产要素的创新性配置。生产要素的高效率配置是实现生产力跃迁、形成新质生产力的必要条件。通过对数据要素的挖掘、分析和利用，可以降低信息交互偏差和要素交易成本，推动创新要素流向高生产效率、高边际产出的企业和行业，打破"信息孤岛"和"数据壁垒"，从而实现要素的高效配置。在高度数字化、智能化的信息环境中，可以实现以数据为纽带的人才、技术、资本、管理等创新要素的价值链联动，使创新资源实现最优配置。

5）数据要素市场能够赋能其他生产要素，产生倍增效应。数据作用于不同主体，与不同要素结合，可以产生不同程度的倍增效应，实现经济发展的乘数效应。通过数据的协同、复用、融合，能够优化知识、技术、工艺，进而带动劳动生产率的提高。这个过程循环往复，能够在新的生产率水平上通过聚变扩能，形成更优化的知识、技术和工艺。数据要素与技术、人才、管理等传统生产要素的融合不断加深，通过业务流程优化、服务水平提高等提升生产率水平，驱动生产要素从低生产率部门向高生产率部门转移，从而使生产要素不断流向效率更高、效益更好的环节。

数据要素市场通过五大关键举措打造新质生产力，见表10-1。

表 10-1 数据要素市场的五大举措

关键举措	详细描述
提升全要素生产率	数据作为新型生产要素，通过与其他生产要素融合，降低交易成本，形成规模经济和范围经济，提升配置效率和激励效率。数据的可共享、可复制、可无限供给等特点，使得数据能够打破传统生产要素有限供给对经济持续增长的制约，形成规模报酬递增的经济发展模式
推动科技创新	高性能计算、智能算法等技术的发展，改变了数据驱动的科学研究范式，加快推动科学发现和科技创新。利用高性能计算技术、人工智能技术等，将数据科学和计算智能有效结合，可以更精准、快捷地解决科研问题。例如，基于海量、多元生物数据构建起的人工智能算法模型，可以迅速预测高置信度的蛋白质结构
促进产业深度转型升级	通过互联网、人工智能、云计算等数字技术，促进数据、高素质劳动者、现代金融等要素结合，实现产业的持续迭代升级，催生新产业、新技术、新产品和新业态。数字技术与传统产业深度融合，形成"数字技术—数据要素—应用场景"三位一体的数字产业链。例如，数据与制造环节结合，提升制造业的网络化和智能化水平，推动产业体系向先进制造、柔性生产方向转型升级
推动生产要素创新性配置	数据要素的挖掘分析和利用，可以降低信息交互偏差和要素交易成本，推动创新要素流向高生产效率、高边际产出的企业和行业，打破"信息孤岛"和"数据壁垒"，实现要素高效配置。在数字化、智能化的信息环境中，实现以数据为纽带的人才、技术、资本、管理等创新要素的价值链联动，使创新资源实现最优配置
赋能其他生产要素	数据与不同要素结合，可以产生不同程度的倍增效应，推动经济发展的乘数效应。通过数据的协同、复用、融合，优化知识、技术、工艺，带动劳动生产率的提高。数据要素与技术、人才、管理等传统生产要素融合，通过业务流程优化、服务水平提高等提升生产率水平，驱动生产要素从低生产率部门向高生产率部门转移，从而实现更高的效益

10.1.2 数据要素市场的趋势

1. 全球数据要素市场规模分析

据 EDGE DELTA 于 2024 年 4 月发布的报告，2024 年全球数据要素市场的趋势显示出显著增长，预计到 2030 年，市场规模将达到数万亿美元。大数据和商业分析市场、全球数据交易和物联网数据市场的综合增长增强了这一趋势。全球数据要素市场在 2024 年将增长到 8612 亿美元，并且将持续快速增长，到 2030 年将达到 2 万亿美元以上，见表 10-2。

表 10-2　全球数据要素市场趋势　（单位：十亿美元）

年份	大数据和商业分析市场规模	数据交易市场规模	物联网数据市场规模	数据要素市场规模
2021	198.08	150	100	448.08
2022	220.2	170	120	510.2
2023	274.3	190	150	614.3
2024	307.52	210	180	697.52
2025	401.2	240	220	861.2
2026	544.38	270	260	1074.38
2027	662.21	300	300	1262.21
2028	777.98	330	340	1447.98
2029	1030	360	380	1770
2030	1300	400	420	2120

从 2021 年到 2030 年，全球数据要素市场规模呈现显著增长趋势。大数据和商业分析、数据交易和物联网数据等主要组成部分都在不断扩展，如图 10-1 所示。

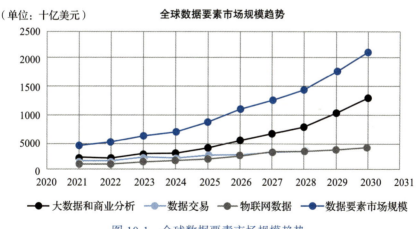

图 10-1　全球数据要素市场规模趋势

首先，大数据和商业分析市场从 2021 年的 1980.8 亿美元增长到 2030 年的 1.3 万亿美元，年均增长率较高。这反映了企业对数据驱动决策和分析的需求不断增加。同时，数据交易市场在此期间也呈现增长趋势，尽管增长速度相对较慢，但仍显示出数据作为资产进行交易的市场潜力。此外，物联网数据市场的增长尤为显著，从 2021 年的 1000 亿美元增长到 2030 年的 4200 亿美元，这主要得益于物联网设备和应用的快速普及，推动了数据生成和利用的激增。

总体来看，数据要素市场的总规模在 2021 年为 4480.8 亿美元，预计到 2030 年将达到约 2.1 万亿美元。这一增长主要受到以下几个因素的影响。

- 技术进步。5G、云计算、人工智能和大数据技术的发展使数据的收集、存储、处理和分析更加高效。
- 行业需求。各行业的数字化转型加速，尤其是在医疗、交通、零售等领域，数据应用变得更加广泛和深入。
- 政策支持。各国政府重视和支持数据要素市场，通过制定相关政策和法规，促进数据市场健康发展。
- 全球化。随着全球数据中心数量的增加和跨国数据交易的普及，全球数据市场的互联互通性进一步提升。

2. 全球数据生产总量趋势

数据生产总量是指每年全球生成的数据量，通常以泽字节（ZettaByte，ZB）为单位，根据权威咨询机构国际数据公司（IDC）2024 年 4 月的统计报告，从 2021 年到 2030 年，数据生产总量预测见表 10-3。

表 10-3 数据生产总量预测（2021 年—2030 年）

年份	数据生产总量（ZB）
2021	79
2022	97
2023	120
2024	147
2025	181
2026	220
2027	267
2028	323
2029	390
2030	470

从 2021 年的 79 ZB 增加到 2030 年的 470 ZB，预计数据生产总量在 10 年内增长近 6 倍。这显示了数据生成的爆炸性增长，主要原因是越来越多的设备和系统生成和收集数据。数据生产总量的复合年均增长率约为 21.8%。这种高增长率反映了数字化转型、物联网设备的普及以及大数据技术的广泛应用。

驱动因素包括越来越多的智能设备接入互联网，不断生成和传输数据。5G 网络的普及使数据的传输速度更快，数据生成量增加。企业和机构利用云平台和大数据分析技术处理并存储大量数据，推动数据量增长。各行业的数字化转型和智能化发展需要大量数据支撑，进一步增加了数据生成量。

未来 10 年，数据生产总量预计将继续快速增长，主要原因包括技术进步、设备普及、应用场景增加和行业需求增长。各行业和企业需要进一步提升数据管理和分析能力，以充分利用海量数据的价值。

3. 我国数据要素市场规模趋势

近年来，我国数据要素市场发展迅速。根据国家工业信息安全发展研究中心的数据，数据要素市场规模复合年均增长率超过 20%。2022 年，数据要素市场规模达到 1018.8 亿元，预计到 2025 年将突破 1749 亿元。我国数据要素市场不仅规模巨大，而且增速迅猛，为我国数字经济发展提供了强大的动力。自 2017 年起，我国数据要素相关企业数量逐年上升，增速强劲。企业对于数据要素市场的潜力充分认可，并纷纷投身其中。这些企业的涌现不仅提高了整个行业竞争的激烈程度，也为市场的多元化和专业化发展提供了有力支撑。我国数据要素市场的蓬勃发展为数字经济奠定了坚实基础，逐步成为支撑我国经济社会发展的优势产业。

4. 中国数据要素市场的七大驱动因素

数据要素市场建设的驱动因素主要包括政策支持与法律保障、技术进步与基础设施建设、数据资源的快速增长、数据经济的需求、市场环境的优化、数据治理与标准化、跨区域合作与国际标准化 7 个方面。这些因素相互作用，共同推动数据要素市场的快速发展和完善。

1）政策支持与法律保障是建设数据要素市场的重要基础。国家层面出台了多项政策和法律法规，明确了数据要素的法律地位和管理机制。例如，《中华人民共和国数据安全法》《中华人国共和国个人信息保护法》等法律为数据安全和个人信息保护提供了保障。顶层设计的持续完善，如中央经济工作会议、数字中国建设整体布局规划等，指明了数据要素市场的发展方向和路径。这些政策和法律为数据要素市场的发展提供了指导和保障。例如，在2021年9月施行的《中华人民共和国数据安全法》中，明确了数据安全的定义，建立了数据分类分级保护制度、数据安全风险监测预警机制、数据安全应急处置机制等，为数据安全提供了全面保障。此外，2021年11月施行的《中华人民共和国个人信息保护法》进一步明确了个人信息保护的要求，为平台型互联网企业的数据资源管理提供了法律依据。这些法律法规的出台和实施，为数据要素市场的健康发展提供了坚实的基础。

2）技术进步与基础设施建设为数据要素市场提供了强有力的技术支撑。5G、人工智能、云计算、大数据等新一代信息通信技术的发展，为数据的收集、存储、处理和分析提供了高效的技术手段。例如，5G技术的普及使数据传输速度更快，网络延迟更低，大幅提升了数据传输和处理的效率。人工智能技术的发展，使数据分析和处理更加智能化，能够从海量数据中快速提取有价值的信息。此外，云计算技术的发展，为数据存储和处理提供了丰富的计算资源，以支持大规模数据的处理和分析。国家大力推进数字基础设施建设，构建全国一体化算力网络和数据基础设施网络，夯实数据要素流通和应用的基础。例如，国家在"十四五"规划中明确提出，加快建设全国一体化大数据中心体系，优化数据中心布局，提升数据中心的集约化、绿色化、智能化水平。这些技术进步和基础设施建设，为数据要素市场的快速发展提供了坚实的技术保障。

3）数据资源的快速增长是数据要素市场发展的重要推动力。随着数字化转型的深入，各行各业的数据产量和存量不断增加，为数据要素市场提供了丰富的原料。例如，根据IDC的统计，2020年全球数据量达到50.5 ZB，预计2025年将达到175 ZB。数据的快速增长，使得数据资源成为新的生产要素，为数据要素市场的发展提供了充足的原料。企业在数字化转型过程中，积累了大量数据资源，如客户数据、交易数据、生产数据等，这些数据资源通过数据要素市场进行流通和交易，实现了数据的价值转化。例如，在零售行业，通过对客户购买行为数据的分析，可以实现精准营销，提升销售额和客户满意度；在交通行业，通过对交通流量数据的分析，可以优化交通信号控制，缓解交通拥堵。这些数据资源的快速增长和广泛应用，推动了数据要素市场的发展。

4）数据经济的需求是数据要素市场发展的内在动力。数据作为新型生产要素，在优化资源配置、提升生产效率、促进经济增长方面具有重要作用。企业对数据驱动决策和业务创新的需求不断增加，推动了数据要素市场的发展。例如，在金融行业，通过对客户交易数据的分析，可以进行信用评估和风险控制，提升金融服务的效率和安全性。在医疗行业，通过对患者健康数据的分析，可以实现精准医疗，提升医疗服务的质量和效率。企业在数字化转型过程中，越来越重视数据的价值，通过数据驱动的决策和业务创新，提升了企业的竞争力。例如，阿里巴巴通过对电商平台的海量交易数据进行分析，优化供应链管理，实现精准营销和智能推荐，提升销售额和客户满意度。数据经济的需求推动了数据要素市场的发展。

5）市场环境的优化是数据要素市场健康发展的重要保障。国家和地方层面相继成立了多个大数据管理机构和数据交易平台，制定了数据交易规则和标准，推动数据交易的规范化和市场化。例如，国家大数据中心在全国范围内建立了多个数据交易中心，提供数据交易的技术支持和服务，规范了数据交易的流程和规则，提升了数据交易的透明度和安全性。地方政府也积极推进数据要素市场的发展，成立了地方大数据管理局和数据交易中心，推动数据资源的开放和共享。例如，广州、贵州等省份在全国率先成立了大数据管理局，推动了数据资源的开放和共享，提升了数据要素市场的发展水平。这些措施为数据要素市场的健康发展提供了良好的环境和条件。

6）数据治理与标准化工作的推进为数据要素市场的健康发展提供了保障。国家制定了多个数据治理和数据标准化的政策文件与技术标准，推动数据治理体系的建立和完善，提升数据质量、数据流通的效率和安全性。例如，《信息技术 大数据 数据治理实施指南》《数据管理能力成熟度评估模型》等政策文件和技术标准，为数据治理和标准化工作提供了指导和依据，提升了数据管理的科学性和规范性。通过数据治理和标准化工作，企业可以提升数据质量，优化数据管理流程，实现数据的高效利用和安全流通。例如，华为通过实施数据治理和标准化工作，优化了数据管理流程，提升了数据质量和数据利用效率，实现了数据的高效流通和应用。这些工作的推进，为数据要素市场的健康发展提供了保障。

7）跨区域合作与国际标准化是数据要素市场发展的重要推动力。数据要素市场的建设需要跨区域合作和国际标准化的支持。国家积极参与国际数据标准化合作，推动数据要素市场的国际化发展，提升全球竞争力。例如，国家通过参与国际标准化组织（ISO）的数据标准化工作，推动了数据标准化的国际合作，提升了数据标准化的国际水平。同时，国家积极推进"一带一路"倡议，推动数据要素市场的跨区域合作，实现数据资源的互联互通和共享共用。例如，中国和东盟（东南亚国家联盟）国家在"一带一路"框架下，推进数据要素市场的合作，推动了数据资源的互联互通和共享共用，提升了数据要素市场的发展水平。这些跨区域合作和国际标准化工作的推进，为数据要素市场的国际化发展提供了重要支持。

综上所述，政策支持与法律保障、技术进步与基础设施建设、数据资源的快速增长、数据经济的需求、市场环境的优化、数据治理与标准化、跨区域合作与国际标准化7个方面，是数据要素市场建设的主要驱动因素。这些因素相互作用，共同推动了数据要素市场的快速发展和完善。

10.1.3 数据要素市场面临的挑战

数据要素市场已经成为全要素新质生产力的主要建设路径，但是我国数据要素市场的建设依然存在以下挑战。

1. 数据要素理论研究尚待完善

理论体系不完善。数据要素作为新型生产要素，其基础理论体系尚未建立，学术界和产业界对数据要素的内涵、发展路径等尚未形成统一认识。关于数据权属界定、价值评估、价格形成、交易流通、开发利用等环节的理论研究还不够深入，缺乏系统性的理论指引。政策和法规未能全面覆盖数据要素市场的各个方面，导致市场运作缺乏明确的法律依据和规范。

我国数据要素市场在顶层设计和政策支持方面取得了一定进展，但在数据流通、数据治理、数据开放共享、数据产品、数据确权、数据估值定价、数据安全等方面，仍面临标准化建设的诸多挑战，相关标准须统一制定。

2. 数据资源供给能力不足

许多部门和企业尚未摸清所拥有的数据资源底数，数据资源的质量不高，数据难以从资源转变为有价值的资产。缺乏统一的数据管理标准和规范，导致数据在不同部门和企业之间难以共享与流通。因数据确权与隐私保护问题，许多数据资源未能充分开放与共享，制约了数据要素市场的发展。

3. 数据安全保障能力有待加强

随着数据量增加和数据应用场景的扩展，数据泄露、数据篡改、数据滥用等安全风险不断增加。现有的数据安全技术和管理手段未能完全适应快速发展的技术产业和市场需求，存在较大的安全隐患。数据安全监管体系尚未完全建立，监管手段和能力需要进一步提升。

4. 数据交易流转机制不健全

数据权属界定复杂，缺乏有效的数据确权机制，导致数据交易中的权利纠纷频发。数据资产的价值评估和定价机制尚未建立，缺乏科学合理的评估标准和方法，影响了数据交易的公平性和透明度。专业数据交易平台和市场机制尚不完善，数据交易渠道和模式较为单一，限制了数据要素的市场化流通。

5. 数据治理体系不完善

在数据管理中，职责存在交叉或真空，不同行业和部门之间的数据管理机制尚未理顺，导致数据治理效果不佳。虽然有《中华人民共和国数据安全法》《中华人民共和国个人信息保护法》等法律法规，但其在不同行业和领域的落实、执行仍需进一步加强。数据分类分级管理制度尚待完善，导致数据的管理和使用混乱低效。

6. 数据技术和基础设施建设急需加强

数据采集、处理、存储等技术和工具的自主研发能力不足，许多关键技术依赖进口，影响数据安全和市场竞争力。大数据平台、数据中心等基础设施建设无法满足快速增长的数据处理和存储需求。

数据要素市场建设面临诸多挑战，包括理论研究滞后、数据资源供给不足、保障能力薄弱、交易流转机制不健全、治理体系不完善以及技术和基础设施建设滞后等。要应对这些挑战，需要在理论探索、制度设计、技术研发、安全保障、基础设施建设等方面加大投入力度，通过优化数据资源供给、加速数据流通、强化数据安全、完善数据治理体系等措施，逐步构建健全的数据要素市场，激发数据要素的价值，推动数字经济发展。

10.2 数据要素市场生态蓝图

数据要素市场的构建是一项体系化、系统化且复杂的工程，需要多方协同构建，如图 10-2 所示。

10.2.1 数据要素市场全景图

可以按照顶层设计、全生命周期价值链、基础设施支撑保障及相关组织和机构的层次划分整体描述数据要素市场，从而形成其全景图。

1. 顶层设计

数据要素市场的顶层设计是国家层面为构建和完善数据要素市场所制定的一系列政策、规划和指导意见，旨在推动数据资源的有效利用、流通和增值。顶层设计包括多个关键内容，每个内容都有其独特的价值和作用，数据要素市场的顶层设计主要包括以下核心文件。

- "十四五"规划。国家层面的中长期发展规划，确定了未来 5 年的发展目标和任务。
- "数据二十条"。具体的政策文件，明确了数据要素市场建设的基本框架和工作重点。
- 《数据资源会计处理暂行规定》。针对数据资源的会计处理和核算提供了指导。
- 《关于加强数据资产管理的指导意见》。对数据资产的管理提出了具体的指导意见。
- 《"数据要素×"三年行动计划（2024—2026 年）》。详细的行动计划，旨在推进数据要素市场的建设和发展。

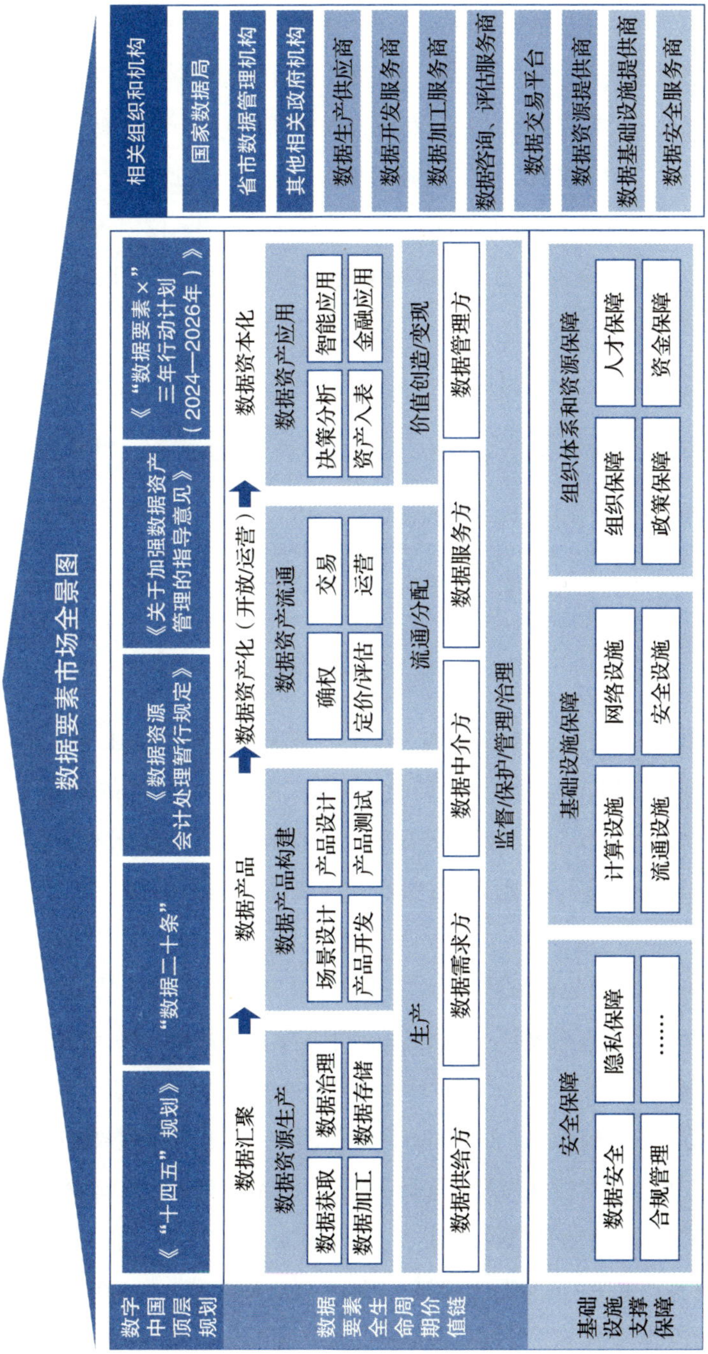

数据要素市场全景图

数字中国顶层规划：《"十四五"规划》、"数据二十条"、《数据资源会计处理暂行规定》、《关于加强数据资产管理的指导意见》、《"数据要素×"三年行动计划（2024—2026年）》

数据要素全生命周期价值链：

- 数据汇聚
  - 数据资源生产：数据获取、数据加工、数据治理、数据存储
  - 数据供给方
- 生产
  - 数据产品构建：场景设计、产品设计、产品开发、产品测试
  - 数据需求方
- 数据资产化（开放运营）
  - 数据资产化：确权、定价评估、交易、运营
  - 数据中介方、数据服务方
- 流通/分配
- 数据资本化
  - 数据资产应用：决策分析、资产入表、智能应用、金融应用
  - 数据管理方
- 价值创造变现

监督/保护/管理治理

基础设施支撑保障：
- 安全保障：数据安全、合规管理、隐私保障、……
- 基础设施保障：计算设施、流通设施、网络设施、安全设施
- 组织体系和资源保障：组织保障、政策保障、人才保障、资金保障

相关组织和机构：国家数据局、省市数据管理机构、其他相关政府机构、数据生产供应商、数据开发服务商、数据加工服务商、数据咨询、评估服务商、数据交易平台、数据资源提供商、数据基础设施提供商、数据安全服务商

图 10-2　数据要素市场全景图

2. 数据要素全生命周期价值链

通过覆盖数据获取、处理、存储、分析、流通和应用全生命周期的价值链，数据要素市场可以实现数据资源的高效利用，减少浪费，提升整体效率。优化各个环节的流程和技术，消除数据冗余、打通数据孤岛、提高数据质量、加速数据流通、保障数据安全，能够加快数据价值链的运转，推动数据驱动的创新和业务优化，为经济和社会发展注入新的动力。数据要素全生命周期价值链可以分为以下 4 个阶段，如图 10-3 所示。

图 10-3　数据要素全生命周期价值链的 4 个阶段

1）数据资源生产包括数据获取、治理、加工和存储四大主要工作。数据获取：收集数据的过程，包括各种数据源的收集。数据治理：对数据进行清洗、整理和质量控制，确保数据的准确性和完整性。数据加工：对数据进行处理和转换，使其适用于特定的场景。数据存储：将处理后的数据进行存储，便于后续使用和管理。

2）数据产品构建包括场景设计、产品设计、产品开发和产品测试四大主要工作。场景设计：无场景不数据，根据具体应用场景设计数据产品，构建场景驱动的数据利用、流通、交易体系。产品设计：具体的数据产品设计过程，包括场景分解、数据产品类型、商业模式和产品原型等。产品开发：开发具体的数据产品，包括数据增强产品、数据洞察产品和数据及服务产品。产品测试：对开发好的数据产品进行测试，确保其功能和性能符合预期。

3）数据资产流通包括确权、交易、定价/评估和运营四大工作。确权：明确数据资产的所有权和使用权。交易：数据产品的交易过程，确保数据的合法流通。定价/评估：对数据资产进行定价和价值评估。运营：数据产品的实际运营和使用过程。

4）数据资产应用包括决策分析、智能应用、资产入表、金融应用。决策分析：利用数据进行决策和分析。智能应用：在各种智能应用场景中使用数据。资产入表：将数据资产作为资本入账。金融应用：数据资产金融化的一系列操作。

从生产采集到交易和金融化的全链路价值链中主要包括 4 类角色：数据供给方，提供数据的企业或组织；数据需求方，需要使用数据的企业或组织；数据中介方，促进数据供需双方交易的中介机构；数据服务方，提供数据相关服务的企业或机构。

数据安全、隐私保护和合规管理确保了数据要素市场的健康运行。数据安全：确保数据在存储、传输和使用过程中的安全性。隐私保障：保护数据隐私，防止数据泄露和滥用。合规管理：确保数据的使用和交易符合相关法律法规。

3. 基础设施支撑保障

数据的价值创造强依赖于算力、网络等基础设施，可以将基础设施分为 4 类：计算设施，支持数据处理和分析的计算资源；网络设施，支持数据传输的网络基础设施；流通设施，确保数据流通的基础设施；安全设施，保护数据安全的设施。

数据要素市场的构建是一个系统化、体系化的工作，需要多方面的保障。组织保障：提供维持数据要素市场运作的组织结构和管理体系。人才保障：确保有足够的专业人才支持数据要素市场的发展。政策保障：提供政策支持，确保数据要素市场的健康发展。资金保障：提供资金支持，促进数据要素市场的建设和发展。

4. 相关组织和机构

- 国家数据局：国家级的数据管理和监管机构。
- 省市数据管理机构：地方政府的数据管理和监管机构。
- 其他相关政府机构：其他参与数据管理和监管的政府部门。
- 数据生产供应商：提供数据生产服务的企业。
- 数据开发服务商：提供数据开发和处理服务的企业。
- 数据加工服务商：提供数据加工和转换服务的企业。
- 数据咨询、评估服务商：提供数据咨询和价值评估服务的企业。

- 数据交易平台：提供数据交易服务的平台。
- 数据资源提供商：提供数据资源的企业。
- 数据基础设施提供商：提供数据存储、传输等基础设施的企业。
- 数据安全服务商：提供数据安全保障服务的企业。

数据要素市场蓝图系统展示了数据要素市场的各个组成部分，包括顶层规划、数据要素生命周期价值链、相关组织和机构、基础设施建设和保障。每个部分都有明确的职责和作用，共同构成了一个完整的数据要素市场生态体系，确保数据资源的有效利用和价值实现。接下来将按照数据要素的供给方、需求方、中介方、服务方分别阐述。

10.2.2 数据要素供给方

数据要素的供给方包括政府、企业和个人，各自具备不同的特点和优势。政府作为数据供给方，具有广泛性和权威性，掌握大量公共数据和基础数据，涉及国民经济、社会管理、公共服务等方面，具有较高的可信度和较大的覆盖面；同时，政府数据供给有政策支持和法律保障，能在数据共享和开放方面起到引领和示范作用。企业作为数据供给方，数据资源丰富多样，特别是互联网公司、金融机构和制造企业等，积累了大量用户行为数据、交易数据和生产数据，具有丰富的商业价值和广阔的应用前景；此外，企业数据供给伴随技术创新和市场需求，能够快速响应和满足不同领域的分析和应用需求。个人作为数据供给方，数据具有私密性和个性化的特征，包括消费习惯、健康状况、地理位置等，在个性化服务、精准营销和健康管理等领域具有重要价值；同时，个人数据供给面临隐私保护和数据安全的挑战，需要利用法律法规和相关技术保障合理利用。综上所述，政府、企业和个人作为数据要素的供给方，各具独特的特点和优势，共同构成了数据要素市场的重要基础。

1. 政府

政府作为数据要素的重要供给方，拥有大量的人口、地理、经济、环境等公共数据资源。政府可以通过开放、共享数据的方式，为企业和个人提供数据支持，促进数据流通和利用。

政府所拥有的数据有以下 3 个特点：公共性、广泛性、权威性。

- 公共性：政府拥有的数据具有公共属性，涉及社会的各个方面。
- 广泛性：政府的数据覆盖面广，涵盖人口、经济、环境等多个领域。
- 权威性：政府数据具有权威性和可信度，能够作为决策依据。

政府拥有的数据类型包括人口数据、地理数据、经济数据、环境数据和公共事业运营数据等。

1）人口数据：包括人口普查数据、人口分布、出生率、死亡率等。

2）地理数据：如地理信息系统（GIS）数据、地图数据、地形数据等。

3）经济数据：包括 GDP、行业产值、企业注册信息等。

4）环境数据。

- 空气质量：空气污染指数（AQI）、污染物排放量、空气监测站数据等。
- 水环境：河流湖泊水质监测数据、污染源排放数据、水污染治理信息等。
- 土壤环境：土壤污染监测数据、土地利用情况、污染治理信息等。
- 固废管理：垃圾产生量、分类处理情况、垃圾处理设施运营数据等。

5）公共事业运营数据。

①交通运输数据：

- 道路交通：道路状况、交通流量、事故记录、道路维护信息等。
- 公共交通：公交车、地铁、轻轨等的运营数据，包括乘客量、班次、路线、车站信息等。
- 物流运输：货运量、物流网络、运输成本等。

②水电煤气数据：

- 供水系统：水源、水质监测数据、供水量、管网维护信息等。
- 电力系统：发电量、用电量、配电网络、停电记录等。
- 燃气系统：燃气供应量、用户用气量、管道维护信息等。
- 热力系统：供热量、用户用热量、管网维护信息等。

③公共安全数据：

- 治安管理：犯罪记录、治安巡逻数据、公共安全事件处理情况等。

- 消防安全：火灾报警记录、消防设施信息、消防演练数据等。
- 应急管理：自然灾害监测数据、应急预案、应急响应情况等。

④公共卫生数据：

- 医疗卫生：医疗机构数量、床位数量、医疗服务利用情况等。
- 疾病控制：传染病监测数据、疫苗接种情况、疾病防控措施等。
- 卫生应急：突发公共卫生事件处理数据、应急预案、医疗救援情况等。

⑤教育文化数据：

- 教育资源：学校数量、学生人数、教师人数、教育设施信息等。
- 文化设施：图书馆、博物馆、文化中心等的运营数据、访问量等。
- 公共活动：公共文化活动的组织情况、参与人数、活动效果等。

⑥社会保障数据：

- 社会保险：养老保险、医疗保险、失业保险等的参保人数、缴费情况、领取情况等。
- 社会救助：低保人员数量、救助资金发放情况、救助效果评估等。
- 住房保障：保障性住房建设情况、分配情况、住房维修维护数据等。

政府掌握的公共数据可以通过以下多种方式开放和流通，以促进数据的开放利用和价值发挥。

1）开放数据平台。开放数据平台免费向公众开放大量政府数据。许多国家和地区建立了开放数据平台，公众可以免费访问和下载这些数据。例如，国家统计局推出的国家数据平台（data.stats.gov.cn）提供了大量的政府数据集，包括经济、环境、交通等各个领域。

2）数据共享。数据共享包括政府部门之间以及政府与企业之间的数据共享。政府部门间的数据共享指政府不同部门之间共享数据，以提高行政效率和政策决策的科学性。例如，公安部门与交通部门共享车辆和驾驶员数据，税务部门与工商部门共享企业注册和纳税信息。政府与企业数据共享指政府与企业合作，为企业提供必要的数据支持，促进产业发展。例如，政府共享城市交通数据给互联网公司，帮助优化公共交通线路和服务。

3）数据交易。通过数据交易平台，可以有偿提供高价值数据。政府通过数据交易平台，有偿提供高价值的公共数据。这些平台通常由政府或第三方机构运营，提供合法合规的数据交易服务。

4）数据服务。通过数据服务平台可以提供定制化数据服务和 API 服务。定制化数据服务，即根据特定需求，提供定制化的数据服务，包括数据分析、数据报告等。这些服务通常面向企业、科研机构等特定用户。API 服务，即政府开放 API，允许开发者实时获取和使用政府数据，促进数据的广泛应用与创新。

通过这些方式，政府提高了公共资源的利用效率，促进了数据驱动的创新和发展。公共数据要素的具体应用，详见本书第三篇。

2. 企业

企业作为市场经济的主体，拥有大量商业数据资源，如销售数据、客户数据、生产数据等。企业可以通过数据分析和挖掘，发现商业机会，提高生产效率，优化产品和服务，提升竞争力。企业拥有的数据有以下 3 个特点。

- 市场导向：企业的数据收集和使用以市场需求为导向。
- 商业性：企业数据主要用于商业目的，如市场分析、客户管理等。
- 创新性：企业通过数据创新，发现新的商业机会和增长点。

企业在生产经营过程中会产生海量的产业数据，具体如下。

- 销售数据：销售额、销售渠道、销售趋势等。
- 客户数据：客户信息、购买行为、客户反馈等。
- 生产数据：生产流程、生产效率、原材料使用情况等。
- 运营数据：供应链管理、库存管理、财务数据等。

企业数据的供给有着很强的商业导向和价值创造的目标，主要包括以下 3 类供给模式。

- 数据分析和挖掘：企业通过数据分析和挖掘，优化生产流程，提高运营效率。
- 数据共享和合作：企业与合作伙伴、供应商、客户之间共享数据，共同提升价值链效率。

- 数据产品和服务：企业开发数据产品和服务，并提供给其他企业和消费者，如数据分析工具、数据咨询服务等。

产业数据要素的具体应用，详见本书第四篇。

3. 个人

个人作为数据的生产者和消费者，拥有大量的个人数据资源，如社交数据、消费数据、健康数据等。个人可以通过授权和共享数据，获得更好的服务和产品，同时也可以保护个人数据的隐私和安全。个人数据具有个体性、隐私性、可控性3个特点。

- 个体性：个人数据高度个体化，反映了个人的行为和偏好。
- 隐私性：个人数据涉及隐私保护，需遵循相关法律法规。
- 可控性：个人可以选择分享和授权自己的数据，享受个性化服务。

个人作为数据的供给方，拥有的数据类型如下。

- 社交数据：社交媒体上的互动数据、好友关系等。
- 消费数据：购物记录、消费偏好、支付方式等。
- 健康数据：运动数据、医疗记录、健康监测数据等。

个人数据的供给模式和方法如下。

- 数据授权：个人通过授权，允许企业或平台使用自己的数据，以换取更好的服务或产品。
- 数据共享：个人在某些情况下会选择与特定机构或平台共享数据，如与医院共享医疗数据。

10.2.3 数据要素需求方

在数据驱动的时代，数据要素的需求方广泛分布在各个领域，包括企业、政府和公共部门、科研机构和教育机构、金融机构、医疗健康机构以及个体用户。每个需求方利用数据的方式和目的各不相同，但共同点在于通过数据驱动决策和优化操作，以提高效率、创新发展和提升服务质量。典型的数据要素需求方及数据应用场景如下。

1. 企业

企业通过数据分析优化业务流程，提高运营效率。零售企业使用销售数据和客户数据进行市场分析、库存管理和个性化营销。制造企业通过生产数据和供应链数据优化生产流程和供应链管理。互联网企业利用用户行为数据进行产品推荐和广告投放。数据还可用于市场洞察，帮助企业了解市场趋势和消费者需求，从而制定战略决策。通过用户数据和市场反馈，企业可以进行产品创新和改进，推出更符合市场需求的产品。

2. 政府和公共部门

政府和公共部门利用数据进行政策分析和制定，以提高公共服务效率。例如，交通管理部门利用交通流量数据和事故数据优化交通信号和道路规划。环保部门通过空气质量监测数据和排放数据进行环境保护和治理。卫生部门利用公共健康数据和疾病监测数据进行疫情防控和公共卫生管理。数据还可用于社会管理，相关部门通过数据监测和分析，进行城市规划、交通管理和环境保护。同时，数据在公共安全方面也起到了重要作用，例如帮助进行犯罪预测、应急响应和安全防控。

3. 科研机构和教育机构

科研机构和教育机构利用数据进行科学研究和技术创新。例如，大学和研究所使用气象数据、环境数据和社会数据进行科研项目。教育部门通过学生成绩数据和教育资源数据进行教学质量评估和教育资源分配。数据分析还可用于提高教学质量和教育管理水平，帮助发现和解决教育过程中存在的问题。

4. 金融机构

金融机构利用数据进行风险评估和管理，以提高金融安全性。例如，银行使用信用数据和交易数据进行信用评估与风险控制。保险公司使用客户数据与事故数据进行风险定价和理赔管理。证券公司利用市场数据和交易数据进行市场分析与投资组合管理。数据还可用于市场分析，帮助金融机构进行市场预测和投资决策。同时，客户服务也受益于数据分析，金融机构可以使用数据进行客户分析与提供个性化金融服务。

5. 医疗健康机构

医疗健康机构利用数据进行疾病诊断和治疗方案优化。例如，医院使用患者数据和诊疗数据提供医疗服务和评估治疗效果。制药公司通过临床试验数据和患者反馈数据进行药物研发。公共卫生机构利用流行病学数据和健康监测数据进行公共卫生干预和政策制定。数据还可用于健康监测和疾病预防。同时，科研创新也受益于数据，医疗数据被用于医学研究和新药开发。

6. 个体用户

个体用户利用数据享受个性化的产品和服务。例如，智能设备用户使用健身数据和健康监测数据进行自我健康管理。社交媒体用户通过数据享受个性化内容推荐和广告服务。在线购物用户利用消费数据享受个性化商品推荐和优化购物体验。数据还可用于健康管理，个体用户通过健康数据进行自我健康监测和管理。同时，数据提高了日常生活的便利性和效率，例如使用导航数据进行路径优化和时间管理。通过数据，个体用户能够获得更加个性化和便捷的服务体验。

10.2.4 数据要素中介方

在数据要素市场中，中介方连接着数据供给方和需求方，在数据价值链中提供增值服务，促进数据的流通和利用。中介方主要包括数据交易所、数据认证机构、数据经纪人、数据交易平台，如图10-4所示。

1. 数据交易所

数据交易所是高度规范化和集中化的市场平台，类似于传统的证券交易所，主要用于大规模的数据场内交易。它通常由政府或行业协会设立，具有严格的监管和标准化流程。

（1）主要功能

- 数据交易撮合：提供数据供给方和需求方之间的撮合服务，确保交易公平、公正和透明。
- 标准化合同：使用标准化的数据交易合同，明确双方的权利和义务。

图 10-4　数据要素中介方的四大类型

- 数据认证和质量评估：对数据进行严格的认证和质量评估，确保数据的真实性和可靠性。
- 监管和合规：遵循相关法律法规，对数据交易过程进行监管，确保合规性。
- 市场监控：实时监控数据交易市场，防范市场操纵和欺诈行为。

（2）结构和运营

- 集中管理。由交易所统一管理和运营，提供集中化的交易服务。
- 严格监管。具有严格的监管机制，确保交易过程的合法性和合规性。
- 会员制。通常采用会员制，只有经过认证的会员才能进行交易。

2. 数据认证机构

数据认证机构是专门负责验证和认证数据集的真实性、合法性和质量的第三方机构。这些机构通过严格的审核和评估流程，为数据交易中的供需双方提供信任保障，确保数据交易的公正性和可靠性。

（1）数据认证机构的类型

数据认证机构可以包括多种类型，主要有以下几类。

- 政府认证机构。由政府设立或授权的机构，负责对公共数据和其他重要数据进行认证。
- 行业协会。某些行业协会会设立数据认证部门，专门针对行业内的数据进行认证。
- 第三方认证公司。独立于数据供给方和需求方的专业认证公司，提供广泛的数据认证服务。

- 学术机构和大学。某些学术机构也提供数据认证服务，尤其是针对科研数据和高精度数据。

(2) **数据认证机构的功能**

数据认证机构的主要功能如下。

- 数据审核。对数据集的来源、内容和结构进行全面审核，确保数据的完整性和准确性。
- 真实性验证。通过技术手段和验证流程，确保数据的真实性和可靠性。
- 合法性审查。检查数据是否符合相关法律法规和行业标准，确保数据在交易过程中的合法性。
- 质量评估。对数据集进行质量评估，提供质量评分和评估报告。
- 认证标识。为通过认证的数据集提供认证标识，增加数据的可信度。
- 合规检查。确保数据交易过程中的各个环节符合相关法律法规和行业标准。

(3) **数据认证机构的组成结构**

- 审核团队。由数据科学家、分析师和行业专家组成，负责数据审核和评估。
- 技术支持团队。提供认证所需的技术支持和工具开发，确保认证过程的高效和准确。
- 合规专家。熟悉相关法律法规和行业标准，负责合法性审查和合规管理。
- 质量控制部门。负责数据质量的评估和管理，确保数据的高标准和高质量。
- 客户支持团队。提供客户服务和支持，解答客户在认证过程中的疑问。

(4) **数据认证机构的运营模式**

1）审核流程：

- 数据提交。供给方提交数据集，并提供必要的背景信息和支持材料。
- 初步审核。审核团队进行初步检查，确保数据集的完整性和基本合规性。
- 详细评估。对数据集进行详细的真实性验证、合法性审查和质量评估。
- 认证决定。根据评估结果，决定是否通过认证，并出具认证报告和认证标识。

2）服务模式：

- 独立认证。提供独立于数据供需双方的认证服务，确保公正性和可信度。
- 持续监控。对已认证的数据集进行监控，确保数据在整个生命周期内的合规和高质量。

- 咨询服务。提供有关数据合规和质量提升的咨询服务，帮助数据供给方提升数据标准。

3）技术支持：

- 认证工具。开发和维护数据认证所需的工具和平台，支持高效的审核和评估流程。
- 数据分析。利用先进的数据分析技术，进行深度数据挖掘和验证，提升认证的准确性。

4）客户关系：

- 培训和教育。提供数据认证相关的培训和教育，提升客户对数据认证的理解。
- 客户反馈。收集和分析客户反馈，不断改进认证服务和流程，提升客户满意度。

通过上述结构和运营模式，数据认证机构确保了数据交易的可信和可靠，为数据要素市场的健康发展提供了重要保障。

3. 数据经纪人

数据经纪人是一类专门从各种来源收集、整理并出售或许可数据的个人或公司。它们通常从公共记录、第三方公司（如信用卡公司和零售商）及网络数据中获取信息，并将这些数据出售给广告公司、金融机构、政府机构等。

（1）主要工作

1）数据收集。数据经纪人从多个渠道收集数据，包括公共记录（如人口普查数据、出生证、选民登记信息等）、第三方公司（如零售商的客户购买历史）和在线行为数据（如网页浏览记录、社交媒体活动）。

2）数据处理和分析。收集的数据会经过清洗、整合和分析，以创建详细的个人或组织档案。这些档案可能包含多达数千个数据点，涵盖人口统计信息、购买行为、收入水平、健康状况等内容。

3）数据销售和许可。数据经纪人将处理后的数据出售或许可给需要这些信息的企业和机构,帮助它们进行市场分析、风险评估、广告定位等。例如,广告公司利用这些数据进行精准营销,金融机构则用于信用评估和风险控制。

(2)能力模型

数据经纪人在数据要素市场中扮演着至关重要的角色,它们需要具备一系列综合能力,才能有效收集、处理、分析和交易数据。以下是数据经纪人需要具备的能力模型。

1)数据采集能力:

- 数据源识别。能够识别和评估公开数据源、第三方数据供应商及企业内部数据等多种数据源。
- 数据采集技术。熟悉各种数据采集技术和工具,如网络爬虫、API工具、数据导入导出工具等。

2)数据处理和清洗能力:

- 数据清洗。能够处理数据中的错误、缺失值和异常值,保证数据质量。
- 数据整合。能够将不同来源的数据整合成统一的数据集,便于后续分析和利用。
- 数据标准化。理解数据标准化的方法,将数据转换为统一的格式和结构,从而提高数据的可用性。

3)数据分析和建模能力:

- 数据分析。掌握基本的统计分析方法和工具,能够从数据中提取有价值的信息和洞察。
- 机器学习和AI。具备机器学习和AI的基础知识,能够使用这些技术进行高级数据分析和建模。
- 数据可视化。熟练使用Tableau、Power BI等数据可视化工具,能够清晰直观地展示数据分析结果。

4)数据管理和存储能力:

- 数据管理。了解数据管理的基本原则和最佳实践,能够有效地组织和管理大量数据。
- 数据库技术。熟悉MySQL、PostgreSQL、MongoDB等常见数据库管理系统,能够进行数据存储和查询。
- 数据安全。具备数据安全知识，能够实施数据加密、访问控制和备份等措施，保障数据安全。

5）数据交易和市场能力：
- 市场洞察。了解数据市场的动态和需求，识别市场机会，进行有效的市场预测和分析。
- 数据定价。掌握数据定价的策略和方法，能够合理评估和定价数据资产。
- 法律和合规。熟悉数据相关的法律法规和合规要求，确保数据交易过程合法合规。

6）沟通和谈判能力：
- 客户沟通。具备良好的沟通能力，能够与客户进行有效的交流，理解客户需求。
- 谈判技巧。具备出色的谈判能力，能够在数据交易中争取最佳利益，并达成双赢的协议。
- 合作能力。能够与不同的利益相关方（如数据提供者、数据需求方、监管机构等）建立良好的合作关系。

4. 数据交易平台

数据交易平台是一个开放的在线平台，为数据供给方和需求方提供数据发布、搜索、交易和结算服务，通常由企业或商业机构运营，提供灵活多样的交易服务。

（1）主要功能
- 数据发布和管理。供给方可在平台上发布和管理数据集，包括数据描述、价格及样本等信息。
- 数据搜索与匹配。需求方可通过多种搜索条件查找和筛选数据集，并通过推荐系统获取相关数据建议。
- 在线交易和结算。支持在线数据交易和资金结算，提供便捷的支付方式。
- 用户管理。管理供给方和需求方的账户，提供用户认证和权限控制。

- 数据服务。提供数据处理、分析、可视化等增值服务，帮助需求方更好地利用数据。

（2）运营策略

数据交易平台是需要强运营的商业模式，通常有以下 3 种运营策略。

- 去中心化管理。由多个运营主体管理，提供去中心化的交易服务。
- 灵活交易。提供多样化的交易模式和服务，满足不同用户的需求。
- 开放性。平台对所有用户开放，任何有需求的用户都可以注册并进行数据交易。

10.2.5 数据要素服务方

在数据要素创造价值的整个过程中，不同类型的数据服务商提供多种增值服务。随着数据要素市场的不断发展，各种细分的服务领域不断衍生，以确保数据在各个环节中的有效性、安全性、合规性和数据产品的增值，数据要素服务方的类型如图 10-5 所示。

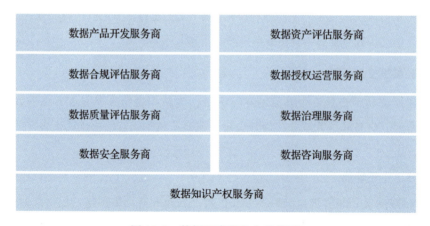

图 10-5　数据要素服务方的类型

1. 数据产品开发服务商

数据产品开发服务商专注于开发数据产品，将原始数据转化为具有商业价值的数据产品，数据产品开发服务商的主要服务内容如下。

- 需求分析：了解客户需求，制定数据产品开发方案。
- 数据采集和处理：从多种来源收集数据，并进行清洗、整合和处理。
- 产品设计和开发：设计和开发数据产品，包括数据分析模型、算法和应用程序。
- 测试和验证：对数据产品进行测试和验证，确保其准确性和稳定性。
- 产品发布和维护：发布数据产品，并提供持续的技术支持和维护服务。

2. 数据资产评估服务商

数据资产评估服务商提供数据资产的价值评估服务，帮助企业了解其数据资产的价值和潜力，主要提供以下服务内容。

- 数据资产清单：编制企业数据资产清单，确定数据资产的范围和类别。
- 价值评估：使用科学的评估方法和模型，对数据资产进行价值评估。
- 报告生成：生成数据资产评估报告，提供详细的分析和评估结果。
- 价值提升建议：提出提升数据资产价值的建议和方案，帮助企业充分利用数据资产。

3. 数据合规评估服务商

数据合规评估服务商负责评估企业数据处理和管理的合规性，确保其符合相关法律法规和行业标准，主要提供以下服务内容。

- 法律法规审查：了解和解读相关法律法规和行业标准。
- 合规评估：对企业的数据处理和管理流程进行合规性评估，识别潜在的合规风险。
- 整改建议：提供合规整改建议，帮助企业改进数据管理和处理流程。
- 培训和咨询：提供合规培训和咨询服务，增强企业的合规意识。

4. 数据授权运营服务商

数据授权运营服务商负责管理和运营数据的授权使用，确保数据的合法和安全使用，主要提供以下服务内容。

- 授权管理：制定和管理数据授权的策略和流程，确保数据的合法使用。
- 合同管理：起草和管理数据使用合同，明确各方的权利和义务。

- 监控和审计：监控数据的使用情况，定期进行审计，确保数据使用符合授权要求。
- 风险管理：识别和管理数据授权过程中的风险，确保数据安全，保护隐私。

5. 数据质量评估服务商

数据质量评估服务商提供数据质量评估服务，以确保数据的完整性、准确性和一致性，数据质量评估服务商主要提供以下服务内容。

- 数据质量标准：制定数据质量评估标准和指标。
- 数据质量检查：对数据集进行质量检查，识别数据中的错误和不一致之处。
- 质量报告：生成数据质量评估报告，提供详细的质量分析和改进建议。
- 质量改进：提供数据质量改进方案，帮助企业提升数据质量。

6. 数据治理服务商

数据治理服务商提供数据治理解决方案，帮助企业建立和维护有效的数据管理体系，主要的服务内容如下。

- 数据治理框架：设计和实施数据治理框架，包括政策、标准和流程。
- 数据管理：提供数据分类、数据字典、元数据管理等服务。
- 数据质量管理：制定和实施数据质量管理策略，确保数据质量。
- 数据安全和隐私保护：制定数据安全和隐私保护措施，确保数据的安全和合规使用。

7. 数据安全服务商

数据安全服务商专注于数据安全防护，提供全面的数据安全解决方案，主要提供如下服务。

- 安全评估：进行数据安全评估，识别潜在的安全威胁和漏洞。
- 安全策略：制定和实施数据安全策略，确保数据的机密性、完整性和可用性。
- 安全监控：提供实时数据安全监控，监测和响应安全事件。
- 安全培训：提供数据安全培训，增强员工的数据安全意识。

8. 数据咨询服务商

数据咨询服务商提供专业的数据咨询服务，帮助企业制定和实施数据战略，主要提供如下服务。

- 数据战略规划：制定数据战略，帮助企业实现数据驱动的业务转型。
- 数据分析和应用：提供数据分析和应用咨询，帮助企业挖掘数据价值。
- 项目实施：支持数据项目的实施，提供技术和管理咨询。
- 培训和支持：提供数据相关的培训和技术支持，提高企业的数据能力。

9. 数据知识产权服务商

数据知识产权服务商提供数据知识产权评估、认证和管理服务，确保数据的合法使用和权益保护，主要提供如下服务。

- 知识产权评估：评估数据的知识产权价值，确定数据的权利归属。
- 保护策略：制定和实施数据知识产权保护策略，防止数据侵权和滥用。
- 法律支持：提供数据知识产权相关的法律支持，帮助企业维护数据权益。
- 培训和咨询：提供数据知识产权培训和咨询，增强企业的知识产权保护意识。

不同类型的数据服务商通过提供专业服务，确保数据在各环节中的有效性、安全性和合规性，促进数据的流通和利用，为数据要素市场的繁荣发展做出重要贡献。

| 第 11 章 | CHAPTER

数据基础设施

随着以数据为关键要素的数字经济快速发展,基础设施面临新的要求,需建设能够适配数据特性、促进数据流通和价值实现的数据基础设施。数据基础设施是国家建设数据市场和发展数字经济的坚实基础,担负着数据价值创造的全过程职能。

在本章中,我们将深入探讨数据基础设施的定义、价值和重要性,了解它如何为各类组织和机构提供坚实支撑,助力其在数字世界中稳步前行。

11.1 数据基础设施概念剖析

数据基础设施是从数据要素价值释放的角度出发,在网络、算力等设施的支持下,面向社会提供一体化的数据汇聚、处理、流通、应用、运营、安全保障服务的新型基础设施,是包含硬件、软件、开源协议、标准规范、机制设计等在内的有机整体。

11.1.1 数据基础设施的六大功能

数据基础设施为数据要素市场提供全方位的数据处理服务，主要功能如图 11-1 所示。

图 11-1　数据基础设施的六大功能

1. 数据汇聚

数据汇聚是将各方数据源源不断地接入、采集、汇聚到一起的基础设施，功能主要包括高效接入，快速、便捷地接入多种来源的数据；可信登记，在数据汇聚的过程中，确保数据的真实性和可靠性；精准确权，明确数据的权利归属；全面汇聚，支持全量、多源、多维的数据，形成一体化的数据集。

数据汇聚是数据价值化的第一步，只有对跨域、跨类型的数据进行统一汇聚，才能为数据的加工处理、价值创造打下基础。例如，在智慧城市中，通过数据基础设施的高速光纤、IPv6、下一代互联网、卫星互联网等网络设施，可以将城市中的交通流量数据、环境监测数据等进行高效接入和汇聚。利用物联网、区块链、标识编码和解析等技术，实现对数据的可信登记和精准确权。这使得不同部门和系统之间能够共享和利用这些数据，从而更好地管理城市资源、优化城市运行。

2. 数据处理

从数据源到数据应用场景的价值链路很长，其中数据处理是关键环节。数据处理的功能主要包括数据清洗，去除重复、错误或不完整的数据；数据转换，对数据格式进行转换，以满足不同的分析需求；数据集成，将多个数据源的信息整合到一起；数据标注，为数据添加标签或注释，以便更好地理解和使用；数据分类，将数据按照一定的规则或特征分类；数据筛选，提取有价值的信息，去除无用的数据；数据压缩，减少数据量，提高存储和传输效率；数据分析，运用各种分析方法，挖掘数据中的潜在信息。

数据处理的典型应用场景如下。

- 市场分析：对销售数据进行加工处理，以了解市场趋势和客户需求。
- 客户关系管理：整合客户数据，优化客户服务和营销策略。
- 供应链管理：处理物流数据，提高供应链效率。
- 金融风险评估：分析金融数据，评估金融风险并制定相应策略。
- 医疗保健：加工医疗数据，支持疾病诊断和治疗决策。
- 智能交通：处理交通数据，优化交通流量和路线规划。
- 工业制造：分析生产数据，提高生产效率和质量。
- 能源管理：整合能源数据，实现节能减排和资源优化。

通过对汇聚后的数据进行加工处理，企业可以从大量数据中提取有价值的信息，为决策提供支持，提高工作效率和竞争力。这些场景体现了数据产品的价值，也是数据产品在数据要素市场中流通交易的载体。

3. 数据流通

（1）数据交易所的功能

当数据被加工处理成可交易、可流通的数据产品后，我们就需要数据流通类基础设施来支持多样、海量的数据产品安全、可靠地流通交易，即数据交易所所承载的功能。

1）数据存储与管理：

- 安全、可靠地存储数据和数据产品，确保数据产品的完整性和保密性。
- 提供有效的数据管理工具，包括数据分类、索引和检索系统，以便数据产品发布者能够有效管理自己的数据产品，数据购买用户可以快速找到所需的数据产品。

2）数据安全性：

- 实施强大的数据加密措施，保护数据在存储和传输过程中的安全。
- 设立访问控制系统，确保只有授权用户才能访问敏感数据。
- 监控和防范任何未授权的数据访问或数据泄露。

- 数据在传输和存储过程中都采用高级加密技术，保护数据免受未授权访问。
- 确保平台操作符合国内外数据保护法规，包括 GDPR 等。

3）交易撮合与处理：
- 支持数据买卖双方进行交易，包括数据上架、搜索、购买和下载等功能。
- 提供交易记录和审核功能，确保交易的透明度和可追溯性。
- 利用实时撮合引擎，模仿证券交易系统，实现实时的数据交易撮合，快速配对买卖双方。
- 支持市价订单、限价订单等多种交易方式，让用户可以根据需要选择。

4）交易保障：
- 交易清算与结算：确保交易双方的资金与数据交换准确无误，可参考证券交易所的清算与结算流程。
- 数据质量保证：设立严格的数据审核机制，确保上架数据的准确和完整，类似于电商平台对商品质量的控制。

5）财务与支付结算系统：
- 多样的支付选项：支持信用卡、PayPal、数字货币等多种支付方式，为用户提供便利。
- 透明的费用结构：向用户清晰地展示所有费用，确保无隐藏费用，类似于电商平台的价格显示。

6）用户界面与交互：
- 设计直观、易用的用户界面，使用户可以方便地浏览、搜索和购买数据。
- 提供丰富的用户帮助和技术支持，以便用户能够有效地使用平台。
- 提供高效的搜索引擎和过滤工具，使用户能够根据不同参数（如数据类型、价格、评级等）快速找到所需数据。
- 利用用户评价系统，让用户评价数据提供者，从而提高平台的透明度和用户信任度。

7）合规性与标准：
- 确保数据交易平台遵守相关的法律法规，如数据保护法、隐私法等。
- 与国际数据标准兼容，确保数据格式和交易流程符合行业标准。

- 数据在传输和存储过程中都采用高级加密技术，保护数据免受未授权访问。
- 确保平台操作符合国内外数据保护法规，包括 GDPR 等。

8）数据分析与报告：

- 提供数据分析工具，帮助用户理解数据购买的趋势、价值和潜在用途。
- 定期生成交易报告和市场分析报告，为用户提供市场动态和指导意见。

9）技术支持与客服：

- 客户服务：提供全天候客户服务，解决用户在数据流通交易过程中遇到的问题。
- 技术支持：提供技术支持和教程，帮助用户理解如何使用平台进行数据交易。

（2）数据要素流通与交易平台的特性

强大的数据要素流通与交易平台是构建数据要素市场的重要基础设施，应该具备以下特性，以确保其有效性、安全性和用户友好性。

1）高度可扩展的架构：

- 弹性设计：能够根据交易量的变化自动调整资源，保证平台在高负载时仍能高效运行。
- 模块化结构：各个组件如数据存储、交易撮合、安全监控等应是模块化的，便于独立升级和维护。

2）强大的数据处理能力：

- 大数据技术支持：采用最新的大数据技术处理海量数据，确保数据处理的速度和准确性。
- 数据清洗与验证：自动对上传的数据进行清洗和验证，确保数据的质量和可用性。

3）先进的数据安全措施：

- 综合加密措施：使用先进的加密技术保护数据在传输和存储过程中的安全。
- 多级访问控制：实施细粒度的访问控制策略，确保数据仅对授权用户开放。

4）透明和公平的交易机制：

- 智能合约应用：利用区块链技术的智能合约自动完成交易流程，确保交易的透明和公正。
- 建立公开的评价系统：让用户可以对数据提供者的数据质量进行评价，增加用户对平台的信任度。

5）用户友好的交互设计：
- 直观的用户界面：提供简洁明了的界面，确保用户可以轻松地浏览、搜索和购买数据。
- 多语言支持：支持多种语言，以满足不同地区用户的需求。

6）数据交易与运营：

在数据要素流通与交易平台中，数据交易和运营的主要功能可以包括以下几个方面。

- 数据展示与浏览。数据目录提供详细的分类和搜索功能，方便用户查找所需数据；数据预览，用户可以在购买前查看数据的部分样本。
- 数据定价与交易。提供定价模型，支持多种定价方式，如按量计费、订阅制等。提供合同交易功能，自动生成数据交易合同，保障交易双方的权益；提供支付结算，集成安全支付系统，支持多种支付方式。
- 数据管理。包括数据存储、数据清洗、数据标注等功能。
- 数据安全与隐私。数据加密，在传输和存储过程中对数据进行加密；权限管理，严格的权限控制，确保只有授权用户可以访问数据；数据脱敏，在数据共享前对敏感信息进行脱敏处理。
- 数据监控与分析。监控交易，实时监控数据交易过程，确保交易顺利进行；数据使用分析，提供数据使用情况的统计和分析报表；异常检测，自动检测数据交易和使用中的异常情况，及时预警。
- 平台运营支持。负责管理平台用户的注册、认证及权限分配；提供 7×24 小时的技术支持服务；建立用户社区，促进交流与合作。
- 其他增值服务。包括数据增值服务（数据融合、数据分析）和数据版权保护（数字水印、版权追踪）。

数据要素流通与交易平台通过这些功能，可以高效、安全地促进数据交易和运营，帮助企业和个人充分利用数据价值。

7）全面的监管合规性：

- 遵守法规。确保所有交易活动符合国家和地区的数据保护法律法规。
- 数据使用透明度。明确数据的来源、使用方式和权限，为用户提供详细的数据使用记录。

8）综合的技术与客服支持：

- 7×24小时客服。提供全天候客户支持，帮助用户解决使用平台时遇到的问题。
- 持续的技术更新。定期更新平台功能和安全措施，保持技术的先进性和竞争力。

4. 数据应用

数据产品的交易流通只是数据产生价值的起点而非终点。因此，在数据要素基础设施中，应提供一个能够将数据应用到特定场景和特定业务需求的平台，以便用户能够快速搭建自己的数据应用，实现业务价值。数据应用构建平台作为数据要素基础设施的重要组成部分，使用户能够迅速将交易后的数据应用到特定场景和业务需求中，从而实现更高的数据价值。

（1）数据集成和管理

- 多源数据整合：支持从多种数据源（如数据库、API、文件上传等）导入数据，实现无缝集成。
- 数据质量管理：提供数据清洗、格式转换、去重等功能，保证数据的质量和一致性。

（2）可视化数据建模工具

- 拖拽式界面：提供图形化界面，允许用户通过拖拽的方式构建数据模型，无须编写复杂代码。
- 预配置的模型模板：提供各种业务场景下的预配置模型模板，用户可快速选择并定制。

（3）业务逻辑和流程设计

- 可视化业务流程设计：允许用户使用可视化工具设计和模拟业务流程，确保数据应用的逻辑符合业务需求。
- 条件触发和自动化任务：支持设置基于数据事件的触发条件，实现流程的自动化执行。

（4）应用部署和运行环境

- 一键部署：用户可以一键将设计好的数据应用部署到生产环境中，不需要复杂的配置。
- 弹性计算资源：根据应用的计算需求动态调配资源，确保应用的高效运行。

（5）安全和权限管理

- 细粒度权限控制：为不同用户和角色配置详细的数据访问和操作权限，保障数据安全。
- 审计日志：记录所有用户的操作日志，方便追踪和审计数据应用的使用情况。

（6）协作和共享功能

- 团队协作工具：支持团队成员间的实时协作和资源共享，提高开发效率。
- 对数据应用的每次修改进行版本控制，用户可以轻松恢复到任意历史版本。

（7）性能监控和优化

- 实时监控：提供实时监控工具，监控数据应用的性能和资源消耗。
- 性能优化建议：根据监控结果提供性能优化建议，帮助用户改善应用的性能。

通过这些功能和特性，数据应用构建平台能够帮助用户快速将数据转化为业务价值，提高数据的应用效率和价值创造能力。

5. 数据运营

当组织拥有数据时，如何持续应用数据，使数据能够在场景中产生价值，并不断产生和获取新的数据，激活数据使用的用户，增加数据的类型，使数据不断增长，从而形成正循环，这就是数据运营的工作和价值。

数据运营平台的核心任务是实现数据的有效管理和应用，确保数据持续产生价值并推动新数据生成，数据运营平台应包括以下主要功能和特性，以形成数据使用和增长的正循环。

（1）数据收集与整合

- 自动化数据采集：支持从多种来源自动采集数据，包括在线行为数据、IoT设备、外部API等。

- 数据整合：将收集的数据统一整合，并进行清洗、标准化和融合，以建立统一的数据视图。

（2）数据存储与管理
- 分层数据存储：根据数据的访问频率和价值，将数据存储在不同的存储层级上，如热存储、冷存储等。
- 元数据管理：管理数据的描述信息，如来源、格式、敏感级别等，便于数据的发现和管理。

（3）数据分析与可视化
- 高级数据分析工具：提供统计分析、机器学习、预测模型等高级分析工具，帮助用户深入理解数据。
- 动态可视化仪表板：提供可配置的可视化工具，让用户可以根据需要定制仪表板，实时查看关键性能指标（KPI）。

（4）数据产品化与市场化
- 数据产品管理：允许用户将数据封装成产品，定义产品的数据模型、用户接口和访问权限。
- 市场接入：提供数据市场功能，用户可以将数据产品发布到市场上，吸引更多用户使用。

（5）用户行为分析与用户激活
- 用户行为追踪：追踪用户对数据的访问和使用行为，分析用户偏好和行为模式。
- 用户激活策略：基于用户行为数据，设计个性化的用户激活和留存策略，提高用户活跃度。

（6）安全与合规
- 安全策略执行：实施严格的安全策略，包括数据加密、访问控制和审计日志，确保数据的安全。
- 合规性监控：监控数据的使用情况，确保所有数据操作符合相关法律法规。

（7）数据价值评估与反馈
- 数据价值评估：定期评估数据的业务影响和价值贡献，确定数据资产的

- 反馈机制：建立反馈机制，收集用户对数据产品的反馈，持续改进数据产品和服务。

通过这些功能和特性，数据运营平台不仅能够有效管理和应用现有数据，还能推动新数据的生成和用户的激活，实现数据资产的持续增长和价值最大化，这正是数据运营工作的核心价值所在。

6. 安全保障

数据的安全保障基础设施是数据要素基础设施的关键组成部分，用于确保数据在整个生命周期中的安全和合规，主要包括以下功能。

（1）数据加密
- 传输加密：使用 SSL/TLS 等协议加密在传输过程中的所有数据。
- 存储加密：对存储在数据库或文件系统中的数据进行加密，确保数据在静态状态下的安全。

（2）访问控制
- 身份验证：强制执行多因素认证和强密码策略，确保只有通过验证的用户才能访问系统。
- 授权管理：使用基于角色的访问控制（RBAC），确保用户只能访问其角色所允许的数据和功能。
- 最小权限原则：确保每个用户和服务只有完成其任务所需的最少数据的访问权限。

（3）数据遮蔽和脱敏
- 数据遮蔽：在展示数据时隐藏敏感部分，比如将部分数字或字母替换为星号。
- 数据脱敏：在将数据用于测试或分析之前，去除或替换所有敏感数据元素，保护个人隐私。

（4）数据备份与恢复
- 自动备份：定期自动备份数据，确保数据在丢失或损坏时可以快速恢复。

- 灾难恢复：制订和实施灾难恢复计划，包括在不同地理位置存储备份数据，确保在严重的数据中心故障后能够恢复服务。

（5）安全监控与审计
- 实时监控：使用安全信息和事件管理（SIEM）系统实时监控数据访问和异常行为。
- 审计日志：记录并保留详尽的访问和操作日志，以支持后续的安全审计或满足法律合规的要求。

（6）合规性管理
- 合规框架遵守：确保数据处理遵循GDPR、HIPAA等国内外数据保护法规。
- 数据保护影响评估：定期进行数据保护影响评估（DPIA），评估数据处理活动对隐私的影响。

（7）威胁检测与响应
- 入侵检测系统（IDS）：部署IDS检测潜在的恶意活动或违规操作。
- 安全响应：建立快速响应机制，一旦检测到安全威胁，立即采取措施以阻止损害扩散。

（8）数据完整性保护
- 数据完整性检查：定期进行数据完整性检查，确保数据未被未授权修改。
- 区块链技术：利用区块链技术提供不可篡改的数据记录，增强数据的透明性和可信度。

通过这些功能和特性，数据安全保障基础设施能够有效地保护数据在采集、存储、处理、交易和使用全过程中的安全与合规，这对于维护企业信誉、遵守相关法律法规至关重要。

11.1.2 数据基础设施的五大类型

对应数据基础设施的六大功能，可以从设施的属性维度将数据基础设施分为以下5种类型（如图11-2所示）。

图 11-2　数据基础设施的 5 种类型

1. 网络设施

数据基础设施中的网络设施是支持数据中心、云服务、企业内部网络等环境中数据传输和通信的物理与软件资源。这些设施包括广泛的硬件设备和网络管理软件，是确保数据高效、安全流通的关键组成部分，主要的网络设施如下。

- 路由器：路由器用于连接多个网络，如连接企业网络和互联网，它们决定了数据包在网络中的路径。
- 交换机：交换机用于网络中的设备连接，它们在数据包转发中起到桥接作用，可以是层 2（数据链路层）或层 3（网络层）交换机。
- 防火墙：防火墙用于监控和控制进出网络的数据包，是网络安全的关键组件，可以是硬件也可以是软件。
- 负载均衡器：负载均衡器用于分配网络流量和请求到多个服务器上，从而提高网站、应用程序的可用性和效率。
- 网络安全设备：包括入侵检测系统（IDS）、入侵防御系统（IPS）和统一威胁管理（UTM）设备，用于增强网络的安全防护。
- 无线网络设备：包括无线接入点（AP）和无线网络控制器，用于构建和管理无线通信网络。
- 光纤通信设备：包括光纤交换机、光模块等，用于高速的数据传输。

这些网络设施构成了数据基础设施的网络骨干，确保数据能够高效、安全地在不同计算环境中流动。选择合适的网络设备和管理工具对于建立稳定可靠的网络环境至关重要。

2. 算力设施

数据基础设施中的算力设施指支持数据处理、存储和分析操作的硬件与软件资源。这些设施提供计算能力，确保数据应用和服务高效运行。算力设施的具体类型如下。

- 服务器。服务器是数据中心的基本构件，提供数据处理、存储和网络服务等功能。
- GPU（图形处理单元）。GPU主要用于处理大规模并行操作，尤其是图形和视频渲染，以及加速机器学习和深度学习任务。
- TPU（张量处理单元）。TPU是谷歌开发的专门用于机器学习任务的定制集成电路（ASIC），特别优化了神经网络的前向传播和反向传播。
- FPGA（现场可编程门阵列）。FPGA是可编程的硬件设备，可以被用户配置以执行特定的逻辑功能，适合硬件原型快速开发或特定应用加速的场景。
- 超级计算机。超级计算机是多个高性能计算机的集合，提供强大的计算能力，用于解决气候模拟、物理模拟等大规模计算密集型问题。
- 云计算资源。云计算资源提供基于需求访问和扩展的计算服务，包括虚拟机、服务器和存储等。
- 边缘计算设备。边缘计算设备放置在网络边缘位置，靠近用户数据源，可进行本地数据的处理和分析，减少延迟和带宽使用。

这些算力设施提供了从个人使用到大型企业和科研机构所需的各种计算能力，满足了数据处理的多层面需求。

3. 流通设施

在数据基础设施中，为了在确保安全性和隐私保护的基础上实现数据的自由开放流通交易，需要构建数据流通基础设施，主要技术如下。

- 隐私计算：允许数据在加密状态下进行处理和分析，确保数据在使用过程中不被泄露隐私。
- 数据空间：构建一个分布式、可控的数据共享环境，支持不同组织之间安全共享和合作处理数据。

- 数据沙箱：提供一个隔离的测试环境，允许在这个环境中安全地运行程序和代码、测试数据集成、开发应用和分析模型，而不会影响生产环境。
- 数据脱敏：通过修改数据内容，在保留数据格式的前提下防止敏感信息泄露，使数据在非生产环境中可以安全使用。例如，提供动态数据平台，支持数据虚拟化和脱敏，帮助企业快速访问安全的数据。实时数据脱敏和权限控制可以保护敏感数据不被未授权访问。
- 区块链技术：为数据交易提供一个去中心化、不可篡改的记录系统，有助于确保交易的透明性和可追溯性。
- 数字货币支付集成：通过集成数字货币支付解决方案，如数字人民币，数据基础设施可以提供一个安全、高效的支付方式，特别适合处理跨境交易和即时结算。
- 智能合约：可以按照合同或协议的条款，自动执行、控制或文档化相关的法律事件和行动。这可以减少中间环节，降低交易成本，并提高效率。
- 支付和清算技术：提供高效的支付清算解决方案，确保资金流和数据流的及时性和准确性。
- 数据交易平台：一个综合性平台，集成了数据发布、交易、监管和支付功能，确保数据交易的全流程合规与高效。

通过这些技术的融合，数据流通基础设施能够提供一个全面、安全且合规的数据交易环境，使用户方便地购买、销售和交换数据资产。数字人民币的集成将特别增强跨境交易的安全性，推动国际数据交易的发展。

4. 使能设施

数据基础设施中的使能设施是指帮助企业利用数据驱动决策、优化操作和创新服务的技术与工具。这些设施使数据以各种形式可用，支持数据的可视化、集成、自动化处理和接口化，从而发挥数据的最大价值。以下是使能设施的具体类型及其产品实例。

- 数据看板和可视化工具：将复杂的数据转换成直观的图表、图形和仪表板，帮助用户快速理解数据趋势并获取洞察。
- 数据仓库：集中存储企业内部的结构化数据，支持大规模数据分析和报告。

- 数据 API：提供标准化的接口，允许开发者和应用程序安全地访问和交互数据。
- 机器人和 RPA（机器人流程自动化）：使用软件机器人或 AI 来自动化重复的业务流程，提高效率并减少人为错误。
- 数据湖和数据管理：用于存储大量结构化和非结构化数据，并提供数据查询、分析和机器学习的功能。

通过上述类型的使能设施，企业能充分利用其数据资产，不仅能改进内部操作，还能增强客户服务和开拓新的业务机会。这些工具和平台的集成，不仅实现了数据的存储和管理，更重要的是被有效地使用和转化为具体的业务价值。

5. 安全设施

数据基础设施中的安全设施是关键组件，用于确保数据在生产、加工、运营、流通、使用和交易的全过程中保持安全和合规。这些设施涵盖一系列技术和工具，包括但不限于数据加密、访问控制与身份验证、安全监控与事件管理、合规性管理和网络安全设备。以下是安全设施的具体类型及其产品实例。

- 数据加密：确保数据在存储和传输过程中的安全，防止数据被未授权访问。
- 访问控制与身份验证：确保只有授权用户和系统才能访问或操作敏感数据。
- 安全监控与事件管理：实时监控安全事件，及时响应潜在的安全威胁。
- 合规性管理：确保数据处理和交易遵守相关的法律法规和标准。
- 网络安全设备：保护数据在网络中的安全，防止数据泄露或被未授权访问。

通过综合应用这些安全设施，数据基础设施能够确保数据在其全生命周期内的安全和合规，这对于保护企业资产、维护客户信任和遵守法律法规至关重要。

11.2　数据基础设施的发展趋势

11.2.1　数据基础设施成为世界各国竞争的重要内容

近年来，数据基础设施成为世界各国竞争的重要领域，全球多个国家纷纷出台政策，加快推进各自的数据基础设施建设。我国不断强化战略布局，持续推进数据基础设施演化升级，数据基础设施的建设规模大幅提升，支撑经济社会发展的战略性、基础性、先导性作用日益凸显。

2021 年，美国颁布了《基础设施投资与就业法案》，该法案拨款 650 亿美元用于宽带基础设施的改进，确保更广泛的可靠互联网接入。

欧盟推动"数字单一市场"战略，旨在增强成员国间数字基础设施的互联互通。欧盟通过《数据治理法案》和《数据法案》来规范数据的访问和利用，促进数据共享。欧盟的《数字欧洲计划》旨在增强数据基础设施，推动包括大数据在内的关键数字技术发展。

英国推出新的《数字战略》专注于完善数字基础设施、发展创意与知识产权、提高数字技术技能与人才培养、畅通金融渠道、改善经济与社会服务、提升国际影响力六大关键领域，以促进数字经济的包容性、竞争力和创新性发展。

日本政府实施《Society 5.0 计划》，注重强化数字基础设施并提升数字技术的应用。印度推出《数字印度计划》，旨在通过增强数字基础设施布局，促进国家数字化转型，同时提升公民的数字技术应用水平。

各国高度重视数据基础设施，并将其作为战略发展方向，根本原因在于数据已成为推动现代经济发展、增强国家竞争力和提高公民生活质量的关键生产要素资源，而数据基础设施的建设能够为国家带来六大收益。

1. 经济增长的新动力

数据基础设施的建设与优化，能够显著增强国家数据处理能力，进而推动大数据、人工智能、物联网等技术的发展与应用。这些技术在经济增长、就业创造与创新促进方面起着重要作用，如通过数据分析优化产品设计、提高生产效率及个性化服务水平、提升企业竞争力与盈利水平。

2. 公共服务的改善

政府使用先进的数据基础设施，能够更有效地收集和分析健康、教育、交通等与公民生活密切相关的数据。这有助于政府优化资源配置，改进政策制定，并提供更精确、高效的公共服务，提高民众满意度和生活质量。

3. 社会治理的现代化

数据基础设施的完善有助于政府实现更高的社会治理透明度。例如，数据分析可以用于监控和预防犯罪、管理城市安全和优化交通流量，有效提升治理效率和应对紧急情况的能力。

4. 国家安全和防御

随着网络安全威胁的增加，强大的数据基础设施是保障国家安全的重要因素。通过建立高效的数据监控和分析系统，国家可以更好地识别和应对网络攻击及安全威胁，保护关键基础设施和敏感信息。

5. 促进科学研究和技术创新

数据基础设施使科研机构能够高效存储、访问和分析大量复杂的科学数据。这对于推动科学研究、加速新技术的发明和应用至关重要。例如，基因组数据的分析依赖于强大的数据处理能力，对生物医药和精准医疗的发展至关重要。

6. 增强国际竞争力

在全球化经济环境中，数据基础设施的强弱直接影响一个国家在国际舞台上的竞争力。拥有先进的数据基础设施能够吸引外国投资，促进国际贸易和合作，从而提升国家整体的影响力和竞争力。

数据基础设施的发展已经成为国家战略的重要组成部分，关系到经济发展、社会福祉、治理能力和国际地位。这也是各国政府加大投入、加快数据基础设施建设和升级的原因。

11.2.2 数据基础设施的四大技术趋势

1. 数据基础设施全面云化

数据基础设施全面云化是现代技术发展的重要趋势之一。这一趋势的驱动力主要源自云计算的灵活性、成本效益和创新速度优势。随着云原生理念的普及和技术的成熟，云化趋势已经从简单的云存储和计算服务扩展到更复杂的云原生应用和服务。数据基础设施全面云化具有以下几点优势。

(1)成本效率提升

云服务模型（如公有云、私有云和混合云）通常采用按需付费模式，使企业在前期不需要大量投资即可获得必要的 IT 资源，大大降低了总体拥有成本（TCO）。云服务还减少了维护成本，因为云服务提供商负责维护数据中心和硬件设施。

(2)灵活性和可扩展性

云平台允许数据存储和计算资源按需扩展，使企业能够迅速适应业务需求变化。通过自动化的资源管理和弹性计算能力，显著提高资源的利用率。

(3)创新速度

云平台支持快速开发、测试和部署新应用，这对于创新来说至关重要。云原生架构（如微服务和容器化）使得更新和迭代可以在不影响整个系统稳定性的情况下独立进行。

(4)数据访问与协作

云平台提高了数据的可访问性，使地理位置分散的团队能够实时访问和协作处理数据，促进业务运作全球化。

(5)安全性和合规性

尽管初期对云服务的担忧主要集中在安全性问题上，但现代云服务提供了数据加密、多重身份验证、常规安全审计和符合行业标准的合规措施等严格的安全措施和保障。

(6)技术整合与优化

云服务使高级数据分析和人工智能工具更容易整合，企业可利用这些工具从海量数据中洞察商业机会，提高工作效率。

2. OLTP/OLAP 融合一体化

OLTP 系统旨在优化事务性操作，如插入、更新或删除数据，这些操作通常涉及大量用户和高并发场景。OLAP 系统则是为了支持复杂的查询和分析，如数据挖掘和报告，通常需要处理大量数据以提供深入的业务洞察。

随着业务和技术的发展，OLTP 和 OLAP 系统的融合成为一种趋势，原因有以下几点：

（1）实时决策需求增加

当今业务环境要求企业快速响应市场变化，在处理事务的同时进行数据分析，以便即时做出基于数据的决策。企业需要即时地从交易数据中提取洞察，以优化运营和客户体验。

（2）技术进步

随着硬件和软件的发展，特别是内存价格的下降、多核处理器的普及以及大数据技术的进步，同一平台上同时实现 OLTP 和 OLAP 成为可能。内存计算技术（如 SAP HANA）和新型数据库技术支持在同一个系统中高效地处理事务和分析。

（3）简化数据架构

传统上，企业需要维护独立的 OLTP 和 OLAP 系统，这导致数据冗余、管理的复杂度和成本增加。融合架构可以简化数据流程，减少数据移动和同步的需求，降低延迟，提高数据一致性。

（4）降低总体拥有成本（TCO）

融合系统的维护成本低于两个独立系统，它不仅减少了硬件投资，而且操作和维护更高效。

（5）提高数据的可用性和实用性

在单一系统中，数据既可以用于事务处理也可以用于分析，不需要复杂的 ETL 过程，从而更快速地从数据中获得价值。

实现 OLTP 和 OLAP 的融合通常依赖以下几种技术：内存数据库将所有数据存储在 RAM 中，缩短了磁盘的 I/O 延迟，从而加速了数据访问，使同时进行 OLTP 和 OLAP 操作成为可能；列式存储与行式存储的结合。现代数据库系统（如 HybridDB 和 SAP HANA）采用列式存储和行式存储混合的方式，列式存储提高了数据分析效率，行式存储则提高了事务处理效率；多版本并发控制（MVCC）允许用户访问数据的多个版本，使分析操作能在不影响事务处理的情况下执行。

（6）强大的计算能力

随着处理器技术的进步，特别是多核处理器和 GPU 的使用，现代数据库系统能够同时处理大量事务和执行复杂的分析任务。

OLTP 和 OLAP 的融合技术也被称为 HTAP（混合事务分析处理技术）。它为企业提供了一种高效、灵活且成本效益较高的方式来处理和分析数据。国内外厂商纷纷提出自己的融合架构解决方案。例如，近年来海外厂商 Databricks 同戴尔联合推出 Data LakeHouse，亚马逊推出智能湖仓架构；2022 年国内厂商巨杉推出数据库 SequoiaDB，阿里云推出 MaxCompute 湖仓一体方案，星环科技推出星环湖仓一体 V2.0 等。

3. 新型存算分离架构逐渐成为主流

存算分离架构在数据基础设施的发展中将成为必然趋势，主要由以下几个因素推动。

（1）业务需求的快速变化

在现代业务场景中，特别是云服务、大数据、人工智能和物联网等场景，对数据处理的需求日益增长且复杂化。这些业务场景要求基础设施能够快速适应不断变化的需求，并提供必要的灵活性和可扩展性。存算分离架构通过将计算资源和存储资源分离，使得二者可以独立扩展，以更好地应对业务增长和技术变革带来的问题。

（2）提高资源利用率

在传统的融合架构中，计算和存储资源常常捆绑在一起，这可能导致资源利用不均。例如，计算密集型应用可能会造成存储资源的闲置，而存储密集型应用则可能导致计算资源的闲置。存算分离架构允许独立优化计算和存储资源，从而实现更高的资源利用率。

（3）加速技术创新

存算分离架构为技术创新提供了更大的灵活性，例如，可以独立升级存储系统以支持新的存储技术，如固态驱动器和非易失性内存，而无须更改计算资源；同样，也可以单独升级计算节点以利用最新的 CPU 或 GPU，而不影响存储系统。这种灵活性对于保持技术领先至关重要。

（4）响应新型分布式应用需求

随着无服务器计算和容器化技术的兴起，应用的部署和运行方式变得更加分布式和动态。存算分离架构更适合支持这些新型应用，因为它提供了更灵活的存储选项和更强大的网络性能，能够支撑大规模分布式应用的数据密集型工作负载。

（5）满足数据保护和合规要求

全球范围内对数据隐私和安全的要求日益严格，如 GDPR 等法规对数据处理提出了高标准。存算分离架构通过集中管理数据，实现了更严格的数据访问控制和审计，更容易满足这些法律和合规要求。

（6）优化数据访问和处理性能

新型存算分离架构通常采用高性能网络技术，如 RDMA 和 CXL，可以显著降低数据传输延迟，提高数据处理速度。同时，使用专用数据处理单元（如 DPU）进一步优化数据路径，可以释放 CPU 资源以处理更多业务逻辑。

总之，存算分离架构的优势在于其提供的灵活性、扩展性、成本效益以及对创新技术的支持能力，使其成为应对快速变化的技术和业务需求的理想选择。随着数字化转型的不断深入，存算分离架构将在数据基础设施的未来发展中扮演关键角色。

4. 大模型驱动的数据基础设施快速发展

大模型，特别是机器学习和人工智能领域中的大规模预训练模型，如 GPT（生成式预训练转换器）、BERT（一种预训练的深度学习模型）和其他大规模深度学习网络，正在成为推动数据基础设施快速发展的主要驱动力，主要体现在以下 6 个方面。

（1）算力需求的增长

大模型的训练和推理需要极其庞大的计算资源。例如，OpenAI 的 GPT-3 模型具有 1750 亿个参数，其训练需要数千个 GPU 核心，持续数周的时间。这种对高性能计算资源的需求促使数据中心不断扩展和升级其硬件设施，包括 GPU、TPU 和其他专用加速器的部署。

（2）存储能力的提升

大模型需要处理和生成大量数据，包括训练数据、模型参数和中间状态信息。这不仅需要快速的计算能力，还需要高速的存储解决方案和大容量的数据存储系统。数据基础设施必须采用更高效的存储技术，如 NVMe、SSD 和新型存储协议，以支持快速的数据访问和处理。

（3）网络带宽和延迟的优化

大模型的分布式训练涉及大量数据在服务器之间的传输，对网络带宽和延迟提出了更高要求。这推动了数据中心网络（DCN）技术的发展，包括高速以太网技术和先进的网络交换技术。此外，为了减少训练时间和提高效率，网络优化如 RDMA（远程直接内存访问）技术的重要性也日益增强。

（4）安全和隐私保护

大模型的广泛应用增强了对数据隐私和模型安全性的关注。因此，针对数据基础设施，我们需要实施更为严格的数据加密、访问控制和持续的安全监控措施。同时，联邦学习等技术的发展也推动了数据基础设施在保护数据隐私方面的技术创新。

（5）能源效率的考量

训练和运行大模型的能源消耗巨大，这推动了对数据基础设施能效技术的研究和应用。为了减少能源消耗和运营成本，我们需不断探索更高效的冷却系统、能源管理技术和绿色能源解决方案。

（6）生态系统和服务的扩展

随着大模型需求的增加，从硬件制造商到云服务提供商的整个技术生态系统都在迅速扩张。云服务提供商，如阿里云、腾讯云、Amazon AWS、Google Cloud 和 Microsoft Azure 纷纷推出针对 AI 和机器学习的专用云服务与工具，支持企业和研究者更轻松地训练和部署大模型。大模型的复杂性和对资源的巨大需求不断推动数据基础设施的升级和创新，促进行业的快速发展。

| 第三篇 |

公共数据要素价值化

在数据要素时代，公共数据的角色和价值正被重新定义和深化。从交通管理系统的实时数据到气象局的天气预报，从公共卫生信息到城市规划数据，这些公共数据要素不仅是现代治理的基石，也是推动社会创新和经济增长的关键资产。然而，尽管公共数据的潜在价值巨大，但如何有效挖掘和应用这些数据，以及如何解决过程中遇到的挑战，仍是需要深入探讨的课题。

本篇分为3个主要部分，系统地展开这一讨论。首先，在"公共数据要素概述"中，我们将界定公共数据的含义，探索其多样的来源和类型，并阐述其在当今社会中的基本功能和作用。接下来，"公共数据利用的困难、挑战和应对"部分深入分析了在实际操作中将公共数据转化为实际价值时所面临的技术、政策和伦理障碍，并提出相应的解决策略和政策建议。最后，"公共数据要素价值蓝图"部分将通过具体案例，展示公共数据在不同场景下的应用模式和创新实践，描绘其价值化的未来蓝图。

通过本篇的深入分析和讨论，我们希望为政策制定者、企业领导者和数据科学家提供实用的知识和策略，以推进公共数据资产的高效利用，实现价值的最大化。

| 第 12 章 | CHAPTER

公共数据要素概述

公共数据具有来源特定、与公共利益相关的特点,涵盖多个领域和多种形式。公共数据的有效管理和利用,可以极大地促进公共治理、提高公共服务的效率和质量,并推动社会经济的健康发展。然而,公共数据利用面临数据质量、安全与隐私保护、法律法规、数据整合与共享、数据治理、技术和基础设施需求、公众信任与接受度、人才短缺等多方面的挑战。通过在组织、流程、能力、体系、技术等多个维度进行综合应对,可有效克服这些挑战,最大化公共数据的价值,促进社会公共利益的实现。本章将从公共数据的定义和特点,以及利用的困难、挑战和应对等方面进行阐述。

12.1 公共数据的基本内容

12.1.1 公共数据的定义

公共数据是指国家机关和法律、行政法规授权的具有管理公共事务职能的组织在履行公共管理职责或者提供公共服务过程中收集、产生的各类数据,以及其他组织在提供公共服务中收集、产生的涉及公共利益的各类数据。

12.1.2　公共数据的特点

与其他类型数据相比,公共数据有两大基本特点。

- 来源特定。公共数据来源于国家机关和相关组织履行职责或提供服务的过程,这些数据从归属上来说应该属于全体人民,而非某个个人或组织。例如,天气数据、交通数据、地下管线数据,都是典型的公共数据。
- 与公共利益相关。不同于个人数据,公共数据往往涉及公共利益。例如交通数据直接关系到社会的出行效率和交通规划等问题。

公共数据涵盖政务数据、公共服务数据、社会治理数据等多个领域,具有公共性、公益性和共享性的特点,是公共治理、公益事业以及产业和行业发展的宝贵资源。

为了促进更广泛的使用,公共数据遵循"原始数据不出域、数据可用不可见"的原则,通过模型、核验等形式提供服务,同时注重保护个人信息和公共安全。为打破"数据孤岛",促进数据的互联互通和统筹授权使用,公共数据的汇聚共享和开放开发正在被强化。

公共数据的价值在实际应用中已经发挥了重要作用,尤其是在城市交通管理、公共卫生监测与疾病预防、智慧农业等领域。例如,通过政府公开的交通流量和公交系统运行数据,可以有效优化城市的交通管理,减轻拥堵;利用公共卫生数据,可以提高对疾病暴发的监测和预防能力,保护公众健康;而农业领域对土壤质量、气象和水资源数据的应用,则推动了农业技术的创新和发展,提高了作物产量和生产效率。

这些案例证明了公共数据在促进公共治理、提高公共服务效率和质量、推动社会经济健康发展方面的重要作用。它们不仅展示了公共数据的实际应用价值,也彰显了其在推动数据共享和开放方面的巨大潜力,为我们提供了解决社会问题、促进产业进步的新思路和新方法。通过加强公共数据的汇聚共享、开放开发和互联互通,可以打破数据孤岛,释放数据的最大价值,为构建更加开放、高效、智能的社会提供支撑。

公共数据具有公共性、公益性和共享性等特点，能够用于公共治理、公益事业、产业和行业发展等目的。公共数据应当按照"原始数据不出域、数据可用不可见"的原则，以模型、核验等产品和服务的形式向社会提供。对不涉及个人信息且不影响公共安全的公共数据，应按用途扩大供给和使用范围。公共数据应加强汇聚、共享和开放开发，强化统筹授权使用和管理，推进互联互通，打破"数据孤岛"。

12.1.3 公共数据的典型类型

公共数据种类繁多，涵盖社会各个方面，根据领域和数据源可进行多维度分类和分析，以下是公共数据的主要类型及其特点。

1. 主要数据类型

政府数据是指政府在治理过程中产生的公共数据，例如财政预算、税收数据、政府政策、法律法规、公共服务记录等。有效利用政府数据能够提高政府工作的透明度，以支持政策分析和公共监督。

统计数据是指经过统计分析产生的结果数据，如国家统计局发布的人口普查数据、经济统计、劳动市场数据、教育统计等，可以用于社会经济研究、政策制定和决策支持。

地理信息数据包括地形图、地质勘探数据、土地使用数据、气象数据等，可用于支持城市规划、环境保护、灾害管理和交通运输等。

环境数据包括空气质量数据、水质数据、气象数据、环境污染数据等，可用于环境监测、公共健康保护和环境政策制定。

交通数据是指在交通运输过程中产生的道路交通流量数据、公共交通运营数据、交通事故统计等，可用于优化交通管理、提高出行效率和改善交通安全。

公共健康数据包括疾病发生率、疫苗接种率、医疗资源利用率等，可用于支持公共健康政策制定、疾病防控和健康服务改进。

教育数据包括学校分布、招生数据、经费分配、成绩统计等，可用于政策研究、学校管理和资源分配。

文化与旅游数据包括文化遗产数据、旅游景点信息、文化活动安排等，可用于景点流量疏导、文化交流、旅游业发展和文化遗产保护。

社会服务数据包括社会福利分配数据、社会援助项目数据、社区服务记录等，可用于改进社会服务、优化资源配置和完善社会福利政策。

经济宏观数据、企业运营数据、市场价格信息、就业数据等可以用来支持经济分析、市场研究和商业决策。

公共数据广泛覆盖政府、社会、环境和经济等多个方面，可用于提升社会透明度、支持公共服务、促进社会发展。

2. 数据源

1）政府部门是最主要的公共数据的生产和管理方，数据权威、覆盖面广，包括税务、社保、城市管理、公安等多个部门的数据。

2）公共服务机构，如燃气公司、电力公司、银行等，提供专业领域的标准数据。

3）学术和研究机构，如研究所、高校等，它们的数据具有高度的专业性和丰富的研究价值，常用于学术研究和科技开发。

4）非政府组织（社会或公益组织）通常关注特定社会问题或群体，数据具有针对性和倡导性。

公共数据源提供不同类型的数据，为政府决策、公共服务、学术研究、环境保护和社会发展等提供了重要支持。通过有效整合和利用这些公共数据源，能够提升数据价值，推动社会进步和创新。

3. 数据形式

公共数据的形式包括结构化数据和非结构化数据两类。结构化数据主要是格式规范，易于存储、查询和分析的数据，如统计局的统计数据。非结构化数据则形式多样，包括文本、图片、视频等，处理和分析的复杂度较高，比如政府的政策文件、公共摄像头数据等。

公共数据的多样性和复杂性要求相关的数据管理和分析技术具有高度的专业性和灵活性。同时，公共数据的开放与利用还需要法律和伦理规范的支持，以确保数据安全和个人隐私得到保护。通过有效的管理和利用，公共数据可以极大地促进社会公共利益的实现。

12.2 公共数据利用的困难、挑战和应对

公共数据由于其产生环境多样、利益相关方复杂，并且缺乏统一规划和体系化设计，所以公共数据要素的使用与价值创造面临许多实际困难和挑战。

12.2.1 公共数据利用的 8 项挑战

公共数据利用面临的挑战可以总结为 8 项，如图 12-1 所示。

图 12-1　公共数据利用的 8 项挑战

1. 数据质量

数据质量是使用公共数据时面临的重要挑战。低质量的数据可能导致错误的分析和决策。数据可能存在不准确、不完整或过时的情况，例如，数据的不准确可能是输入错误、测量误差或系统错误导致的。这会影响基于这些数据做出的决策的准确性。不完整的数据可能缺失关键信息，使分析和结论不完整。过时的数据可能无法反映当前的实际情况。数据的一致性和可靠性也可能存在问题，不同来源的数据可能存在冲突或不一致。重复的数据会增加数据管理的复杂性和成本。

2. 数据安全与隐私保护

在使用公共数据时，确保数据的安全和保护个人隐私至关重要。数据可能包含敏感信息，如个人身份信息、财务信息或健康记录。数据泄露可能导致严重的后果，包括身份盗窃、财务损失和声誉损害。隐私法规的不断变化增加了合规的难度。确保数据在存储、传输和处理过程中的安全是一项关键任务，需要采取措施来保护数据不会被未经授权地访问、篡改或丢失。

3. 法律法规限制

使用公共数据必须遵守相关的法律法规，具体如下。

- 不同地区和行业可能有特定的法律要求，需要进行详细的法律审查。
- 法律法规可能限制数据的使用方式、使用目的和传播范围。
- 合规性要求可能包括数据保护法规、隐私法、知识产权法等。
- 违反法律法规可能承担法律责任和损失声誉。
- 法律的变化可能影响现有的数据使用模式和策略。

4. 数据整合与共享困难

公共数据的整合和共享往往比产业数据更有挑战，具体如下。

- 不同部门或系统可能使用不同的数据格式、标准和定义。
- 数据可能存储在不同的数据库或系统中，难以集成。
- 存在数据所有权和管理权的问题，导致各方之间的协调困难。
- 技术和接口的不兼容可能阻碍数据的整合。
- 数据质量和可靠性的差异也会影响整合的效果。

5. 数据治理难题

有效的数据治理对于公共数据的使用至关重要，但面临很多挑战。确定数据治理的角色、职责和决策权并不容易。数据治理不仅仅涉及数据和技术，本质上是对业务和流程的优化与梳理。对于很多业务复杂的企业和组织来说，制定一致的数据标准和治理机制可能具有挑战性，但也是能力的体现。确保数据的质量、准确性和一致性需要大量的工作。数据治理需要跨部门、跨机构的协调与合作。监控和评估数据治理的效果也是一个复杂的任务。

6. 技术和基础设施需求

满足公共数据使用的技术和基础设施要求可能面临以下挑战。

- 需要足够的计算资源来存储、处理和分析大量数据。
- 数据存储和管理系统需要具备可靠性和安全性。
- 网络连接和带宽要求可能很高,以支持数据的传输和共享。
- 需要具备数据清洗、转换和集成的技术能力。
- 数据分析工具和技术的选择也很关键。

7. 公众信任与接受度

公众对公共数据的流通和使用可能存在以下担忧与疑问。

- 公众可能对数据的安全性和隐私保护存在疑虑。
- 他们可能对数据的使用目的和使用方式不太了解。
- 缺乏透明度可能导致公众对数据使用的不信任。
- 需要进行有效的沟通和教育,以提高公众的认知水平和接受度。
- 公众可能对个人数据被用于商业目的感到不满。

8. 人才短缺

数据分析和管理领域的专业人才短缺可能影响公共数据的有效使用,具体如下。

- 缺乏具备数据分析技能的人员来处理和解读公共数据。
- 数据治理和管理方面的专业知识也可能短缺。
- 培养和吸引专业人才需要投入时间和资源。
- 人才的短缺可能导致数据使用的效率和效果降低。
- 需要建立有效的人才培养和引进机制。

12.2.2 公共数据利用的应对举措

面对这8项挑战,要从组织、流程、能力、体系、技术等多个维度采取综合应对措施，以下是针对每种类型挑战的具体应对举措。

1. 提升数据质量

- 建立质量控制流程：制定严格的数据输入、处理和更新标准，采用自动化工具监控数据质量，及时纠正错误和不一致的数据。
- 数据审计与清洗：定期进行数据审计，以识别和纠正不准确、重复或过时的数据。使用数据清洗技术去除无效或不相关的数据。
- 持续更新和维护：确保数据定期更新，能够反映最新情况，并维护数据的相关性和准确性。

2. 强化数据安全与隐私保护

- 强化数据安全措施：采用数据加密、访问控制和网络安全技术，保护数据在存储和传输过程中的安全。
- 遵守隐私法规：确保数据处理活动符合 GDPR 等隐私法规的要求，定期进行隐私影响评估，设计数据最小化和匿名化处理策略。
- 公众教育与透明度：提高公众对数据保护措施的认知水平，公开数据的用途和保护政策，增强公众信任。

3. 体系化法律法规约束

- 合规性审核：建立合规性检查流程，确保数据收集、存储和使用的过程符合所有相关法律法规。
- 法律顾问团队：配备专业的法律顾问团队，监控法律法规变化，及时调整数据策略以应对新的法律要求。
- 数据使用协议：制定明确的数据使用协议，规定数据的使用范围、目的和条件，确保所有利益相关者的法律权益。

4. 拉通数据整合与共享

- 标准化数据格式：推动实施统一的数据格式和接口标准，简化数据整合流程。
- 建立数据共享平台：开发集中的数据共享平台，支持不同部门和机构之间的数据交换与访问。
- 协调管理机构：设立跨部门的协调机构，负责解决数据共享和整合过程中的管理与技术问题。

5. 精益数据治理

- 打造以场景为抓手的数据治理体系：识别高价值业务场景，用价值作为连接，打通跨行业、跨领域、跨组织、跨层级的数据孤岛，构建价值导向的精益数据治理体系。
- 明确治理架构：建立清晰的数据治理架构，明确数据治理的角色、职责和决策权。
- 跨部门合作：建立部门间的数据治理合作机制，促进信息共享和决策一致。
- 持续监控与评估：实施数据治理的效果监控机制，定期评估数据治理策略的有效性并进行优化。

6. 打造技术和基础设施

- 投资基础设施：加大对数据存储、处理和分析基础设施的投资，确保技术满足数据大规模使用的需求。
- 采用先进技术：引入云计算、大数据分析和人工智能等先进技术，提升数据处理能力和效率。
- 技术培训：为相关人员提供技术培训，提高组织的技术应用能力。

7. 提升公众信任与接受度

- 增加透明度：公开发布数据使用的政策、目的和效果，提高操作的透明度。
- 公众参与：鼓励公众参与数据项目的设计和评估过程，提高公众对项目的接受度和满意度。
- 积极沟通：通过媒体和公共教育活动，解释数据的重要性和数据使用过程，消除公众的误解和疑虑。

8. 培育数字经济人才

- 培训与教育：投资于内部培训和高等教育合作，提升员工的数据分析和管理能力。
- **人才引进与激励**：开展人才引进计划，提供有竞争力的薪酬和职业发展机会，吸引高技能人才。
- **跨界合作**：与其他行业和国际组织合作，共享人才资源和经验，提高本地人才的能力和水平。

通过实施这些综合措施，可以有效应对公共数据利用中的各种挑战，促进公共数据的有效管理和利用，实现数据价值的最大化。

第 13 章 CHAPTER

公共数据要素价值蓝图

公共数据的开放利用是现代社会发展的重要驱动力之一,不仅提升了政府运作的透明度和效率,增强了公民的参与感,还为企业创新和社会经济技术发展提供了便利。通过公共数据的开放共享,政府可以更高效地制定和优化政策,公民能够更好地参与公共事务并改善生活质量,企业能够发现新的商业机会和促进创新,而社会整体的信息流通和资源配置效率也得到了提升。这些多方面的价值正逐渐显现,并成为推动政府、企业及社会整体向前发展的关键因素。本章将探索公共数据要素价值化的路径与典型场景。

13.1 公共数据要素价值化

13.1.1 公共数据利用价值蓝图

公共数据的开放利用具有广泛的价值,不仅能够提升政府运作的效率和透明度,还能增强公民的参与感,促进企业创新,以及推动整个社会的经济和技术发展,其主要体现在对政府、公民、企业、社会的四大价值领域,如图 13-1 所示。

图 13-1　公共数据利用价值蓝图

1. 对政府的价值

- 提升公共服务质量。通过开放交通数据,政府可以实时监控和管理交通状况,提高公共交通效率,减少拥堵,提升市民的出行体验。例如,纽约市通过开放交通数据,实现交通信号优化,减少了车辆行驶时间和尾气排放量。
- 支持数据驱动的决策。利用健康数据,政府可以识别公共卫生趋势和问题,优化公共卫生政策和资源分配。通过分析传染病数据,政府可以提前预警和控制疫情的暴发,保护公众健康。
- 推动创新和经济发展。开放环境监测数据,促进环保科技和创业公司发展。推动绿色经济发展,创造新的就业机会。例如,欧洲环境署通过开放其环境数据,支持多项环保项目和技术创新。
- 增强灾害管理和响应能力。通过开放气象和地理数据,政府可以更好地应对自然灾害;通过开放地震和海啸数据,建立高效的预警系统,显著减少灾害损失。
- 改善城市规划和治理。利用城市人口和土地使用数据进行科学规划,优化资源配置,提升管理水平和宜居性。新加坡的"智慧国"计划通过开放各类城市数据，打造了智能、高效的管理系统。

公共数据开放共享对提升政府运作效率、增强透明度、促进经济发展和改善公共服务具有重要价值。

2. 对公民的价值

- 提升公共事务参与度。公民可以通过访问和使用公共数据，更好地了解政府的决策过程，并参与公共事务讨论和监督。
- 改善生活质量。开放的交通、医疗、教育等公共数据，可以直接应用于日常生活中，帮助公民做出更明智的决策，如选择学校、医院等。

3. 对企业的价值

- 提升商业创新能力。通过利用公共数据，企业可以发现新的商业机会，例如通过分析消费数据设计新产品或优化市场策略。
- 提升技术创新能力。公共数据为企业研发新技术和服务提供了基础，尤其是在金融、健康、交通等领域，开放数据促进了许多创新业务模式的产生。

4. 对社会的价值

- 经济增长。数据开放促进了整个社会的信息流通和资源配置效率，有助于推动经济增长。
- 社会福祉。通过环境数据的开放，公众可以更有效地监测和应对环境问题，改善居住环境，提高生活质量。
- 教育和研究。学术机构和研究人员可以利用公共数据开展科学研究与教学活动，推动知识积累和技术创新。
- 推动技术进步。数据开放促进了大数据、人工智能等技术的应用和发展，为技术创新提供了丰富的原料。

公共数据的开放和高效利用是现代社会发展的重要驱动力之一，其多方面价值正在逐渐显现，并成为推动政府、企业及社会整体向前发展的关键因素。

13.1.2 典型的公共数据要素价值化场景

公共数据的价值不仅体现在经济收益上，也体现在社会效益上。按照不同的收益类型，我们可以勾勒出公共数据的价值场景，见表 13-1。

表 13-1 公共数据的价值场景

公共数据要素类型	典型应用场景	业务价值
工业制造	公共数据要素赋能园区管理	实现了对园区内设备、环境、人员、车辆等多维信息的实时监测和分析，切实提升了园区的综合管理能力
金融服务	智能化医保核保、反欺诈准入	提高金融服务效率，保障民生
现代农业	农文旅供货方评级、普惠金融落地	推动农业金融服务，支持地方经济发展
商贸流通	公共数据+场景应用	推动商业化应用，挖掘数据经济价值
交通运输	高质量交通行业数据要素集	建立交通行业级数据要素集，全面赋能各行业
科技创新	天机·智信平台	支持社会化数据开发和应用，推动科技创新
文化旅游	农文旅供货方评级	促进文化旅游业发展，提升地方经济水平
医疗健康	安诊无忧数智护理平台	提高医疗服务质量，保障民生
应急管理	群租房识别整治	提升应急管理效率，优化城市治理
气象服务	数字防汛	协同打造超大城市数字防汛
城市治理	天机·智信平台	优化城市治理，提升公共服务能力
绿色低碳	绿色应用场景	促进绿色低碳发展，支持可持续发展

1. 经济收益

利用公共数据促进商业创新和增加企业收入，提升政府公共服务的效率，降低运营成本。

- 交通流量数据。企业通过分析政府提供的交通流量数据和公共交通使用数据，开发智能交通系统，优化路线规划和交通管理，为客户提供实时交通信息服务，同时增加新的广告收入渠道。
- 房地产市场数据。房地产开发商利用政府发布的房产交易记录和区域发展计划数据，进行市场分析和预测，以指导房地产投资和开发策略，提高投资回报率。

2. 社会收益

使用公共数据提高社会福利和公民生活质量，改善公共安全和健康。

- 公共健康数据。卫生机构通过分析传染病数据和疫苗接种率等公共卫生信息，及时响应健康危机，优化资源分配，从而有效控制疾病传播，提高公众健康水平。
- 犯罪统计数据。社区组织和非政府机构使用政府提供的犯罪统计数据，开展社区安全提升项目，通过采取环境设计和社区警务等措施，减少犯罪发生，提升居民安全感。

通过不同类型的应用场景，可以观察到公共数据的多维价值。政府和组织通过高效地管理与使用这些数据，不仅能够促进经济增长，还能提升社会福祉和完善政策，最终实现数据价值的最大化。

13.2 公共数据授权运营

1. 公共数据授权运营的背景和定义

公共数据作为数据资源的重要组成部分，其开发利用和价值释放至关重要。然而，随着政府数据开放和数据要素市场化配置的深入推进，数据安全、个人信息保护及数据权属等方面的问题日益凸显，影响了公共数据价值的实现。许多公共数据目前处于低效、低价值场景的使用阶段，甚至因为各种原因尚未被挖掘开发。因此，如何在法律法规准许的情况下，推动公共数据的充分使用和高质量使用，成为公共数据运营和授权运营的关键。

公共数据授权运营是指政府或公共机构将其收集和管理的公共数据，通过授权的方式，允许特定企业或组织进行开发和利用，以实现数据价值的充分释放，推动社会经济发展。

2. 公共数据授权运营的发展阶段

公共数据授权运营不是一蹴而就的，而是根据数据要素市场的发展逐渐演化的，总体可以分为3个阶段，如图13-2所示。

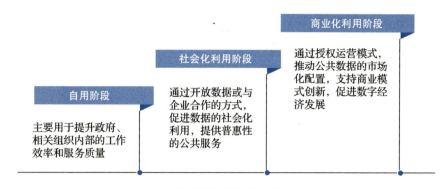

图 13-2　公共数据授权运营的 3 个阶段

(1) 自用阶段

自用阶段指政府和公共机构内部利用公共数据来提升自身的工作效率和决策能力。该阶段的工作内容包括数据收集、整理、标准化和内部共享。其特点是数据利用范围相对有限，主要在政府部门和公共机构内部进行；数据使用方式多为统计分析、政策制定和公共服务优化。其价值在于通过数据驱动的管理和决策，提升政府的治理能力和公共服务水平，提高行政工作的效率和透明度。例如，教育部的学信网通过电子化手段提供学历查询服务。

(2) 社会化利用阶段

社会化利用阶段是指将公共数据开放给社会公众和非营利组织，促进数据的社会化应用和创新。在这一阶段，工作内容包括数据的开放发布、数据接口的开发和维护、数据使用指南和法规的制定，以及对社会化利用的指导和支持。其特点是数据的开放性和透明度大大增加，公众和社会组织可以自由获取并使用这些数据；涌现出大量基于公共数据的创新应用，如数据可视化、公共监督、科学研究等。其价值在于通过数据的开放共享，促进社会创新和公众参与，提高政府的公信力，推动社会治理的现代化进程。

交通运输的出行平台，由交通运输部门整合相关数据，并通过开放授权交通数据提供综合出行信息服务，包括实时导航和路线规划、实时交通信息、共享出行服务、定制化出行建议等，不仅提升了公众的出行效率和体验，还促进了数据的商业价值实现，展现了公共数据在社会化利用中的巨大潜力。

（3）商业化利用阶段

商业化利用阶段是指将公共数据授权给商业企业进行开发和利用，以实现数据的商业价值。在这一阶段，工作内容包括制定数据授权使用协议、建立数据交易和授权机制、保障数据隐私和安全、促进数据的商业化应用和市场化交易。其特点是数据向市场开放，商业企业通过数据分析、产品开发和服务创新，将公共数据转化为商业价值，形成新的商业模式和产业链。其价值在于通过数据的市场化利用，推动经济增长和产业升级，促进数据要素市场的发展，增强企业的竞争力和创新能力，同时也为政府和公共机构带来新的收入来源，支持公共服务和社会治理。

在交通公共数据社会化免费提供服务的基础上开发增值服务，供用户付费使用，并形成商业数据产品，即进入公共数据商业化利用阶段。

3.公共数据授权运营的价值及典型案例参考

公共数据具有公共性、权威性与规模性，蕴含巨大的经济价值与社会价值，是数据资源供给体系的重要组成部分，对数据要素市场的建设和培育非常关键。在顶层政策的推动下，公共数据授权运营掀起发展热潮，全国各地纷纷开展创新性实践探索，地方探索各具特色、齐头并进，并取得了丰富的成果。参考中国通信标准化协会大数据技术标准推进委员会于2023年12月发布的《公共数据授权运营案例集（2023年）》，典型案例如下。

1）济南市：公共数据流通内外双循环，优化公共服务。济南市以政务大数据共享开放和公共数据授权运营为核心，保证公共数据的合规授权与安全可信流通；落地了"反欺诈准入""医保核查场景""群租房识别"等应用，多方位提升公共服务能力。

2）成都市：率先开展授权运营试点，精耕应用场景。成都市公共数据运营服务平台覆盖47个市级部门机构，汇聚了575类公共数据，开发了40余个"公共数据+X"场景应用。成都以需求为导向，推进多源数据深度融合开发，打造典型产品。

3）上海市：打造城市级平台，支撑公共数据价值释放。"天机·智信"平台面向公共数据授权运营的各类参驻体，构建"1 + 2 + 4 + X"整体架构。上海市围绕6类参与角色，完善公共数据开发利用产业链条。

4）湖州市：全面整合公共数据资源，构建多元数商生态。湖州市聚合公共数据和社会数据资源，深耕绿色应用场景，建设多元化数据生态，并以本地特色产业为基础，推进数实融合。

5）珠海市香洲区：以轻量化试点跑通全链路标准模式。珠海市香洲区政府批准成立了数字金融中心，依托珠海产融平台，跑通公共数据经授权运营形成产品交易路径；通过"政所直连"的新范式，探索"数据财政"。

6）青岛市：智能化医保核保，助力民生服务提效。基于大数据平台和公共数据平台，构建可靠的风控数据产品，提升医保核保效率。

7）温州市：精准匹配护理服务，实现就医"安诊无忧"。基于派单推荐算法，为不同用户精准匹配陪诊、陪护和上门护理服务，并提供点对点服务。

8）大理市：农文旅供货方评级，推进普惠金融落地。整合公共数据资源，设计数据分析算法模型，推进普惠金融高效落地。

4. 公共数据要素授权运营最佳实践

1）构建完善的运营平台，如成都市和上海市，搭建公共数据运营服务平台，支撑数据的高效流通和应用。

2）深挖应用场景需求，以需求为导向开发多样化的应用场景，例如成都市的"公共数据+X"场景应用和温州市的"安诊无忧"平台。

3）强化数据安全与合规。通过建立严格的数据合规评估和授权机制，确保数据安全可信，如济南市的合规授权与安全流通体系。

4）推动商业化和市场化。通过商业化利用数据，推动经济增长和产业升级，如湖州市的多元数商生态和大理州的普惠金融落地。

5）多方协同与合作。通过引入各类主体，构建协同合作的生态系统，共同推动数据要素市场的发展，例如上海市的"天机·智信"平台。

13.2.1 公共数据运营建设的几种模式

公共数据的开放和运营是推动政府政务透明、增强公共服务效率和促进社会经济创新的关键。世界各国根据自身的政策、法律环境和技术能力，采取了不同的模式来建设和运营公共数据。以下是几种主要的公共数据建设和运营模式。

1. 政府主导模式

政府主导模式是常见的公共数据开放模式，由政府机构统筹规划和实施数据开放政策。在这种模式中，政府既是规划者，也是执行者和监管者。政府部门负责收集、整理、发布公共数据，并确保数据的安全和质量。例如，美国的 Data.gov 平台就是一个典型的政府主导的数据开放平台，提供广泛的政府数据供公众和企业使用。

2. 公众参与模式

公众参与模式鼓励公民直接参与公共数据的整理、开放和利用过程。该模式通常通过开放政策建议、公众咨询和协作平台等形式实现。公众参与可以提高数据开放的透明度和响应程度，确保数据开放工作更贴近公众的需求。例如，英国通过各种公众咨询活动收集意见，根据反馈改进数据开放服务。

3. 政企合作模式

在政企合作模式中，政府与私营部门共同开发和运营数据服务。政府提供数据资源，私营部门利用其技术和市场优势开发数据产品与服务。这种模式有助于提高公共数据的实用性和商业价值，促进数据的创新应用。例如，新加坡政府与多家科技公司合作，开发基于政府数据的智能交通系统和城市管理解决方案。

4. 第三方运营模式

在第三方运营模式中，政府将数据的管理和服务外包给专业的第三方机构。这些机构负责数据的处理、分析和发布，同时也确保数据的安全和隐私保护。这种模式利用第三方机构的专业能力和技术，提高公共数据服务的质量和效率。例如，一些国家的气象数据由专门的气象服务公司在处理和发布。

5. 混合模式

混合模式结合了多种模式的特点，可以根据不同的数据类型和使用需求采取相应的运营策略。这种模式的灵活性较高，能够适应复杂多变的政策环境和市场需求。例如，一些地方政府在敏感数据领域采用政府主导模式，在公共服务数据领域则采用政企合作或公众参与模式。

这些模式各有优势和局限，模式的选择依赖数据的性质、目标受众、技术基础设施以及政策和法律框架。实际操作中，政府会根据不同情况采用多种模式的组合，以实现公共数据的充分利用和价值的最大化。

13.2.2　公共数据授权运营全景

2024年3月5日第十四届全国人民代表大会第二次会议发布的《政府工作报告》提出深入推进数字经济创新发展，健全数据基础制度，大力推动数据开发开放和流通使用。2022年12月19日发布的《中共中央 国务院关于构建数据基础制度更好发挥数据要素作用的意见》提出推进公共数据的确权授权机制，对各级党政机关、企事业单位依法履职或提供公共服务过程中产生的公共数据，加强汇聚共享和开放开发，强化统筹授权使用和管理，推进互联互通，打破"数据孤岛"。公共数据的开发利用作为探索数据要素市场的先行，对发展数字经济有重要的启示作用。

公共数据授权运营是数据要素市场的重要组成部分，图13-3全面描述了公共数据授权运营的全景。

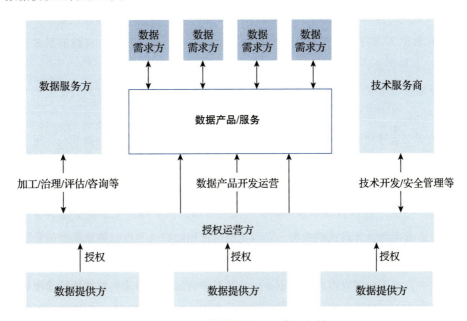

图13-3　公共数据授权运营的全景

公共数据在整个生态系统中的流动过程，即从数据提供方到数据需求方的全流程。这个过程包括数据的授权、处理、开发、运营和最终应用，所有这些都依赖于授权运营方、数据服务方和技术服务商的支持。公共数据的流动过程主要由以下角色承担。

- 数据提供方。数据提供方是公共数据的源头，包括政府机构、企业、个人和其他组织。它们负责收集、存储和管理原始数据。
- 授权运营方。数据提供方将其收集的数据授权给授权运营方。授权运营方负责数据采集、加工、管理和运营，确保数据的合法合规使用。数据授权运营方将处理后的数据开发成各种数据产品和服务，这些产品和服务可以是数据分析报告、可视化工具、API等，提供给数据需求方使用。
- 数据服务方。数据服务方从授权运营方获取数据，并对数据进行加工、治理、评估和咨询等。数据服务方将原始数据转换为有价值的数据产品和服务。
- 技术服务商。技术服务商为数据服务方和授权运营方提供技术支持，确保数据处理和开发的技术基础设施的稳定和安全。
- 数据需求方。数据需求方是数据产品和服务的最终用户，它们根据自身的业务需求，获取和使用这些数据产品与服务。

下面以城市交通管理为例，清晰地说明公共数据从数据提供方到数据需求方的全过程。

城市交通管理部门在主要道路和交通枢纽安装了大量传感器和摄像头，用于收集实时的交通流量数据、车辆速度数据、交通事故数据以及公共交通运行数据。这些数据每天都会产生数以千计的记录，并存储在交通管理部门的数据库中。

公共数据平台运营商从多个城市的交通管理部门及相关数据提供方获得运营授权，运营商负责管理这些数据，并制定数据使用的规章制度，确保数据的合法合规使用。数据授权包括数据的访问权限、使用范围以及数据安全要求等。在数据分析公司和技术平台供应商的支持下，公共数据平台运营商对这些数据进行清洗和处理，去除噪声和错误数据，然后利用先进的数据分析技术和机器学习算法，对数据进行深入分析，生成交通流量预测模型。数据分析公司还将这些数据可视化，制作成易于理解的图表和报告，并根据分析结果，开发出交通流量监控和预测数据产品，该产品可以实时监控城市各主要道路的交通流量，并预测未来 1 小时内的交通状况。系统还能够生成详细的交通流量报告，包括交通流量变化趋势、交通拥堵热点区域等。同时，系统提供了一个 API，方便其他应用程序调用交通数据和预测结果。相关需求方可以使用这套交通流量监控和预测系统来优化交通信号灯的配时方案，减少交通拥堵，提高城市交通的整体运行效率。例如，当系统预测某条道路在未来 1 小时内会出现严重拥堵时，交通管理部门可以提前调整该道路的信号灯配时方案，疏导交通流量，防止拥堵发生。公共交通公司也可使用这套系统来调整公交线路和发车频率。例如，当系统预测某条公交线路的客流量在未来 1 小时内会大幅增加时，公共交通公司可以增加该线路的发车频率，满足乘客的出行需求，提升公共交通的服务质量。交通流量监控和预测系统的 API 还能被其他智能交通应用程序调用，如导航软件和出行规划工具。这些应用程序利用系统提供的实时交通数据和预测结果，为用户提供最优的出行路线和时间建议，提升用户的出行体验。

通过公共数据的授权运营，可以融合多类公共数据，实现场景化的数据使用和数据价值的最大化。

13.2.3　公共数据资产运营探索——数科公司

在 2024 年公共数据授权运营的案例中，很多运营主体是由政府或城市建设投资企业成立的数据科技公司，即作为专业的公共数据授权运营主体，从事数据资源运营和管理的企业。

1. 数科公司的定位

数科公司在公共数据运营中具备三重定位。

- 专业数据运营主体。数科公司专注于公共数据和企业数据的运营和开发，具有数据采集、处理、分析、利用的全流程服务能力。
- 数据资产管理者。数科公司作为数据资产的管理者和运营者，负责将数据资源转化为数据资产，实现数据资产化。
- 市场化和专业化的桥梁。数科公司连接数据所有者（政府部门和企业）与数据需求方（市场和社会），促进数据资源的高效流通与价值实现。

2. 数科公司的作用

数科公司具有以下关键作用。

- 数据运营服务。数科公司专门从事大数据运营服务，具备管理和开发公共数据资源的能力。业务包括数据收集、处理、分析和利用，为政府和企业提供数据运营服务。
- 专业化经营。数科公司拥有专业的运营团队，能够有效应对数据资产的市场和专业需求。其运营主体的设立便于内部管理、业务剥离、融资和引入投资方。
- 数科公司在具体实施公共数据授权运营机制时，可以灵活选择适合本地区的数据授权运营模式，设计有效的授权、运营、监督、协调和利益补偿机制。
- 数据资源入表和融资。数科公司负责对数据资产进行盘点、清洗、处理和入表，确保数据资产化的合规和高效。同时，数科公司通过运营数据资产，可以增厚城投公司的资产，降低城建类资产占比，并通过数据资产获取信贷融资。

数科公司作为公共数据授权运营的主体，能够推动数据资产化和资本化，助力政府等数据所有方实现市场化转型和融资突破。

3. 数科公司的职责

作为重要的公共数据运营主体，数科公司有多种职责，管理着从数据到价值创造的全过程。

1）数据收集和处理：负责数据的收集、清洗、脱敏、整合等基础处理工作；确保数据的质量和安全，维护数据的完整性和一致性。

2）数据分析和利用：利用大数据分析技术，对数据进行深度挖掘和分析，生成有价值的数据产品和服务；结合市场需求，研发和推广多种数据应用场景，实现数据增值。

3）数据资产化：将处理后的数据资源进行资产化处理，包括数据资产的评估、确权、入表等；负责数据资产的管理、维护和增值。

4）数据运营和服务：提供数据产品和服务，包括数据核验、数据补全、数据融合、分析报告等；对接数据需求方，促成数据交易和合作，拓展数据应用市场。

5）融资与资本化：利用数据资产进行融资，包括银行贷款、数据资产证券化、数据知识产权质押等；为政府、公共事业服务组织、城投公司等主体提供基于数据资产的融资服务，助其实现市场化转型和融资突破。

4. 数科公司与数据所有者的关系

(1) 授权关系

- 政府部门。政府部门将公共数据授权给数科公司运营，数科公司负责开发、管理和利用这些数据。
- 企业。企业将自有的业务数据或通过合作获得的公共数据授权给数科公司进行处理和资产化。

(2) 合作关系

- 数科公司与数据所有者共同制定数据运营和管理标准及流程，确保数据合规和安全。
- 数科公司在数据运营过程中与数据所有者保持密切合作，共同推动数据资源的开发和利用。

(3) 利益共享

- 数据所有者通过授权数科公司运营数据，可以从数据增值和资本化中获得收益分成。
- 数科公司通过数据运营和服务实现盈利，同时为数据所有者提供数据分析和决策支持，提升其治理能力和业务水平。

数科公司作为数据运营和管理的专业主体，承担着数据收集、处理、分析、资产化、运营和融资等职责。它与数据所有者之间的授权、合作和利益共享关系，是推动数据资产化和资本化，实现数字经济高质量发展的关键。数科公司通过专业化和市场化的运营，促进数据资源的高效流通和价值实现，为政府和企业提供决策支持和服务保障。

| 第四篇 |

产业数据要素价值化

产业数据是指与特定行业或产业相关的数据,涵盖了在产业链中生成、收集和处理的信息,是所有数据要素类型中与社会化大生产息息相关的核心资产,其价值无法估量。产业数据不仅是各产业运营的基石,也是推动创新、优化决策和提升竞争力的关键要素。随着技术的进步和数据分析能力的提升,从传统制造业到高科技产业,各行各业都在积极探索如何更有效地利用这些数据资源,以实现转型升级和可持续发展,这也是数字化转型和信息化建设的最大区别。

本篇将深入探讨产业数据要素,第 14 章将全面解析产业数据的类型、来源及其在现代产业中的功能;第 15 章将分析产业数据的发展前景和价值实现路径,展示如何通过战略性地分析和应用产业数据,帮助企业和产业链实现价值最大化。

通过这些深入的讨论和分析,旨在为企业领导者、政策制定者和数据科学家提供洞察和指导,共同探索产业数据的无限潜力。

第 14 章 CHAPTER

产业数据要素概述

产业数据要素正成为推动经济发展和创新的关键驱动力。

产业数据要素是指在产业活动中产生的各种数据，产业数据要素的作用不仅在于提供信息，还在于驱动决策、促进创新和提升效率。通过数据的收集、分析和利用，企业和组织能够更好地了解市场趋势、客户需求，优化运营流程，开发新产品和服务，实现精准营销，提高客户满意度和竞争力。同时，数据要素的流通和共享也能促进产业协同发展，创造更多的商业机会和经济效益。

要实现产业数据要素的价值，需要建立健全数据管理体系，确保数据的质量、安全和合规性，并培养数据驱动的文化，鼓励各方积极利用数据进行创新和决策。

14.1 产业数据要素的基本内容

14.1.1 产业数据要素的定义和分类

1. 产业数据要素的定义

产业数据要素是指在特定产业活动中生成、收集、存储和处理的数据，这些数据对产业的运营、发展和创新具有重要意义。例如，制造业中的生产数据、物流数据，金融行业中的交易数据、风险管理数据等都属于产业数据要素。

这些数据对于企业制定策略、优化运营、提升服务质量和创新至关重要。

2. 产业数据要素的分类

产业数据要素与各产业链息息相关，包括但不限于图14-1所示的5种主要类型。

图14-1 产业数据要素的主要类型

1）生产数据：这些数据来源于生产过程，如制造数据、工艺参数、设备状态等，对优化生产流程、提高效率、降低成本具有重要作用。

2）消费数据：包括消费者行为数据、购买习惯、用户反馈等，能为市场分析、消费者研究、产品和服务个性化提供关键洞察。

3）运营管理数据：与企业内部运营相关的数据，如财务数据、人力资源数据、供应链数据等，是企业管理决策的重要支持。

4）交易数据：指各种商业交易中产生的数据，如销售数据、支付数据、物流数据等，对于分析市场趋势、优化交易流程至关重要。

5）环境数据：涉及企业外部环境的数据，如市场环境、政策法规、经济条件等，对企业的战略规划和风险管理非常重要。

这些数据要素不仅能帮助企业优化内部决策和操作，还对推动产业链的整体协作和创新具有重要价值。在智慧城市、智能制造、数字化服务等领域，合理管理和利用数据要素是提升效率、创造新业务模式的关键。

14.1.2 产业数据要素的特点

1. 产业数据要素的五大特点

产业数据要素是产业链全过程的业务活动、规则制度、流程体系在数字世界里的建模呈现，全面反映了产业的整体情况。产业数据有五大特点，如图 14-2 所示。

图 14-2　产业数据要素的五大特点

- 价值高。通过对产业数据的分析和挖掘，可以洞察消费者行为、预测市场趋势、提升决策质量，从而为企业带来竞争优势。
- 多样性高。产业数据包括结构化数据（如数据库中的表格数据）和非结构化数据（如文本、图像和视频）。
- 体量大。随着信息技术的发展和应用范围的扩大，数据量日益增长，形成了"大数据"现象。
- 实时性强。数据的实时收集和处理能力对于企业响应市场变化、优化用户体验等方面至关重要。
- 隐私和安全性高。产业数据要素包括很多企业的核心生产机密、商业机密，有很强的隐私和安全性需求，往往需要分类分级进行授权管理。

2. 产业数据要素和公共数据要素的区别与联系

产业数据要素源自产业生产全过程，最终需要投入产业生产中才能真正发挥价值。与公共数据相比，产业数据有以下典型特点。

1）来源的差异。产业数据主要来源于企业及其业务活动，如生产、销售、客户互动等；公共数据则来源于政府机构或公共组织，涵盖人口统计、环境、公共健康等。

2）性质和用途的差异。产业数据通常具有商业价值，用于支持企业的商业决策和操作优化；公共数据则用于政策制定、社会服务和公共管理。

3）开放性的差异。产业数据通常涉及商业机密和个人隐私，一般不公开或仅在合作伙伴间共享；公共数据则倾向于开放，用于增强政务透明度和促进社会公共利益。

4）数据管理和治理方面的差异。产业数据的管理强调效率和保密，注重数据安全和合规性；公共数据的管理则注重公平性、普遍性和数据的公共利用价值。

5）数据质量的要求差异。公共数据的质量可能受到多种因素影响，导致质量参差不齐。而产业数据是在特定的环境和领域中，在生产交易过程中产生的，受到的约束较多，所以产业数据通常有较高的数据质量要求。

14.2 产业数据要素流通交易的挑战和应对

1. 产业数据要素流通交易的挑战

现代经济中，产业数据的流通和交易是一个重要环节，但也面临许多挑战。以下是一些主要挑战和具体案例。

（1）价值场景挖掘

在产业数据流通交易中，准确识别数据价值场景是最重要，也是最大的挑战，这决定了数据的实际应用价值。若不能准确识别这些场景，数据可能会被错误地应用或完全被忽视，导致资源浪费和机会成本增加。数据的商业价值在很大程度上取决于其在特定场景下的应用效果。正确识别数据的使用场景有助于设定更合理的数据定价，并吸引那些最有可能从中获益的买家，从而最大化数据的经济效益。不同的数据场景对应的数据治理、合规性和技术解决方案选择都不一样。因此，准确识别出数据可以发挥作用的具体业务场景，是确保数据流通和交易成功的基础，也是提升数据价值的关键步骤。

（2）数据隐私和安全的挑战

在数据流通和交易过程中，需要保证个人和企业的数据隐私不被侵犯，同时确保数据的安全，防止数据泄露或被滥用。例如，某企业在与其他企业共享其客户数据库以进行市场分析时，未能妥善加密数据，导致数据泄露，侵犯了客户的隐私权，并引发法律诉讼。

(3) 数据质量和一致性

错误或不一致的数据可能导致错误的决策和业务损失。例如，一个供应链数据平台在整合来自不同供应商的库存数据时，由于数据格式不一致而使数据合并错误，从而影响了订单处理效率和客户满意度。

(4) 法律和监管遵从性

在数据流通和交易中必须遵守相关的法律法规，不同国家和地区的数据保护法律差异可能限制数据的跨境流动。例如，欧洲的《通用数据保护条例》（GDPR）对数据的处理和流通提出了严格的要求，一家美国公司在欧洲进行数据交易时必须确保其操作符合 GDPR，否则可能面临重罚。

(5) 数据所有权和使用权

在数据交易中需要明确数据的所有权和使用权，防止出现权利冲突和法律纠纷。例如，一家公司出售其收集的消费者行为数据给市场研究公司，但未能明确约定数据的使用范围和期限，导致数据被多次买卖和滥用，最终引起原数据提供者的投诉。

(6) 技术和基础设施的挑战

建立支持大规模数据交易的技术和基础设施，包括数据存储、处理、传输等。例如，初创公司尝试建立一个大数据交易平台，但由于缺乏稳定且高效的数据处理技术，平台经常出现故障，影响用户体验和平台信誉。

解决这些挑战通常需要综合法律、技术、管理等多方面的努力，以确保数据的流通和交易既有效又安全。

2. 应对挑战的典型策略和手段

针对上述提到的六大挑战，以下是相应的六大措施，旨在有效应对挑战，确保数据的流通和交易既安全又高效。

(1) 重视价值场景挖掘

通过开展数据创新大赛，利用精益数据场景画布，建立多部门协作的数据分析团队，专门负责数据价值的挖掘和场景分析，并使用先进的数据分析与机器学习工具来识别和验证数据应用场景。同时，企业应定期举办精益数据工作坊或培训，提升员工对数据价值的识别能力。

（2）关注数据隐私和安全

加强数据加密技术的应用，确保数据在存储和传输过程中的安全。企业应实施严格的数据访问控制机制，确保只有授权人员才能访问敏感数据。此外，企业还需要定期进行数据安全审计和漏洞扫描，并建立数据泄露应急响应计划。

（3）保证数据质量和一致性

建立数据质量管理体系，推动数据治理全面、深入开展，制定明确的数据标准和质量控制流程。使用自动化工具检查数据的一致性和完整性，对来源不同的数据进行标准化处理。在数据集成前进行彻底的数据清洗和验证，以确保数据的准确性和可靠性。

（4）强化法律和监管遵从性

建立专门的法律与合规部门，跟踪国内外数据保护法规的变化，确保企业的数据处理活动符合相关法律要求，并定期对员工进行法律与合规培训，增强法律意识。同时，与法律顾问合作，审查企业的数据交易和流通活动，确保合法合规。

（5）明确数据所有权和使用权

在数据交易初期，明确并记录数据的所有权和使用权。制定详细的数据使用协议，明确数据使用的范围、期限和条件。对数据使用者的行为进行监控，确保他们按照协议使用数据，并采取措施防止数据的非法复制和传播。

（6）技术和基础设施的挑战

建立数据基础设施蓝图，投资高性能数据处理和存储技术，提高数据平台的稳定性和处理能力。采用云计算和大数据技术，提高数据处理的灵活性和扩展性。定期升级和维护技术设施，确保其支持日益增长的数据量和复杂的数据处理需求。

通过这些措施的实施，可以有效应对产业数据流通和交易中面临的挑战，推动数据资产的合理利用和产业的持续发展。

14.3 产业数据要素流通交易的 4 种典型模式

产业数据要素流通交易可以以 4 种形式产生价值。

1. 利用产业数据赋能企业自身业务

在这种模式下,企业通过分析并利用自己收集的数据来优化内部流程、提高效率或增加收益。

1)提高决策效率和精度,如金融机构使用客户交易数据分析市场趋势和客户行为,从而更精准地调整贷款利率和投资策略。这种数据驱动的决策方式可以帮助金融机构在快速变化的市场中迅速做出反应,减少风险。

2)优化运营效率,如一家制造企业通过分析生产线上的传感器数据,实时监控设备状态和生产效率,及时发现并解决生产瓶颈。数据分析不仅能减少停机时间,也能提高整体生产效率和优化质量控制。

3)增强客户体验,如零售商通过分析顾客的购买历史和在线行为数据,进行个性化商品推荐和举办促销活动。这种定制的购物体验能够提高顾客的满意度和忠诚度,增加重复购买率和顾客生命周期价值。

4)发展新产品和服务,如互联网公司通过分析用户使用其服务的方式和反馈,识别出用户需求中的新趋势,开发出新的产品功能或全新的服务,以满足市场需求。

5)优化供应链管理,如大型零售连锁企业通过分析各地门店的销售数据和库存情况,动态调整物流和库存分配,确保热门商品的供应,同时降低库存过剩带来的成本。

这些例子展示了企业利用自身数据赋能业务的多种方式,从提高内部运作效率到提升外部客户服务质量,都能够通过数据驱动的方法实现优化和创新。

2. 产业链上游数据赋能下游

在这种模式中,产业链上游企业通过提供数据帮助下游企业优化业务,主要价值包括以下几点。

1)提高产品质量和一致性。例如,化工原料供应商提供关于原料成分和品质的详细数据给制药公司,使得制药公司能够根据这些数据调整其生产过程,确保药品的效果和安全性符合行业标准。

2)降低生产成本和时间。例如,钢铁生产商向汽车制造商提供详细的材料性能数据（如抗压强度、耐腐蚀性等），汽车制造商利用这些数据优化设计和生产流程，减少材料浪费和加工时间，提高整体制造效率。

3）加强风险管理和合规性。例如，电子组件供应商提供的测试数据和质量控制记录可以帮助下游的电子消费产品制造商确保其产品符合国际安全标准和法规要求，降低因产品召回或法律诉讼带来的风险。

4）促进创新和产品开发。例如，特种化学材料供应商提供新材料的详细应用数据和性能数据，激发下游企业（如电子或汽车行业）的研发部门开发更轻、更耐用的电池或更高效的电动车电机。

5）优化库存管理和物流。例如，农产品供应商提供的作物生长和预计收成时间数据，可以帮助食品加工厂更精确地规划原料采购和库存，减少原料不足或过剩导致的成本损失。

当产业链上游企业向下游企业提供详细且实用的数据时，可以显著提升下游企业的运营效率、产品质量和市场竞争力，同时帮助它们更好地应对市场变化和监管要求。这种数据共享和透明是现代供应链管理中不可或缺的一部分。

3. 产业链下游数据赋能上游

这种模式是下游企业将其收集的数据反馈给上游企业，帮助上游企业改进产品或服务，可以产生如下价值。

1）改进产品设计和开发。例如，家电制造商收集和分析消费者对产品的使用反馈，并将这些数据反馈给零部件供应商。供应商根据这些信息调整部件设计，提高性能和耐用性，最终帮助制造商提高产品质量和市场竞争力。

2）优化生产过程。例如，汽车制造商通过向钢材供应商提供钢材实际应用效果的数据，使供应商改进热处理和加工工艺，提高材料的整体性能，满足更严格的应用需求。

3）提高原材料的符合性和适用性。例如，化妆品公司将消费者对特定产品的皮肤反应数据提供给原料供应商，供应商据此优化产品配方，确保原料更适合敏感肌肤，增强最终产品的市场吸引力。

4）加强市场定位和战略规划。例如，食品零售商将销售数据分享给农产品供应商，帮助供应商理解市场趋势，预测未来需求，从而调整种植计划或推广策略，更好地满足市场需求。

5）促进环境可持续性和资源优化。例如，建筑公司将施工后的能效使用数据反馈给材料供应商，供应商根据这些数据开发更环保且能效更高的建筑材料，从而推动整个行业的可持续发展。

这些例子展示了产业链下游数据如何赋能上游企业。下游企业通过提供实时和准确的市场反馈，帮助上游企业改进产品和服务，优化生产流程，提高资源使用效率，更好地适应市场需求和环境变化。这种跨企业的数据共享和合作对于推动整个供应链的创新和效率提升至关重要。

4. 跨产业的数据赋能产生价值

1）增强跨行业创新，如医疗保健和 AI 技术的结合。医疗机构分享病例数据给 AI 技术公司，AI 技术公司根据数据开发出能预测疾病发展和推荐治疗方案的算法。这种合作不仅提升了医疗服务的质量和效率，也推动了 AI 技术在实际应用中的创新。

2）优化资源配置，如交通数据与城市规划的结合。交通运输公司将车辆运行和乘客流量数据提供给城市规划部门，帮助其规划更加有效的公共交通系统，减少交通拥堵，提高市民的生活质量。

3）提升运营效率，如零售业与天气预报服务的数据整合。零售商根据天气预报服务提供的数据调整库存和营销策略（如在炎热天气推广冷饮和空调），以满足消费者的即时需求，提升销售额。

4）改善风险管理，如金融服务与社交媒体数据的结合。银行利用社交媒体平台上的用户行为数据来评估信贷风险，通过深入理解消费者行为，更准确地预测其贷款违约概率。

5）促进可持续发展和环保，如能源行业与大数据分析的结合。能源公司使用从多个渠道收集的大数据来优化能源分配和消费，例如根据工业区和居民区的实时数据调整电力供应，减少浪费，提高能效。

6）加强消费者洞察和市场研究，如整合娱乐行业与电信数据。电影制片公司通过分析电信公司提供的用户观看习惯数据，确定更受欢迎的影视作品类型，指导新影视项目的制作和营销策略。

不同产业间的数据共享和赋能将产生多方面的业务价值,包括加速创新、提升运营效率、改善风险管理以及优化消费者服务,彰显了数据在新质生产力中的核心作用。

这 4 种模式都体现了数据在产业中的重要性。通过合理利用数据,各企业可以更好地理解市场需求、优化生产过程和提高服务质量,从而在竞争中获得优势。

14.4 产业数据要素流通交易的趋势展望

数据作为一种新的生产要素,其巨大价值被广泛认可,产业数据的流通和交易正在迅速发展,并呈现出以下几个主要趋势。

1. 法规和隐私保护的加强

随着数据隐私和安全问题的重要性日益增加,各国政府和国际组织正在制定更严格的数据保护法规,如欧盟的《通用数据保护条例》(GDPR)和美国的《加利福尼亚州消费者隐私法案》(CCPA)。这些法律不仅规范了数据的收集、存储和使用,也影响了数据的跨境流通。未来,我们可以预见更多关于数据交易和使用的法规出台,以保障个人隐私和数据安全。

2. 数据市场和交易平台的兴起

为了促进数据的流通和交易,多个数据市场和交易平台正在兴起。这些平台提供数据的买卖服务,使数据拥有者可以将自己的数据产品化并出售给需要的企业。国内的众多数据交易所如雨后春笋般崛起,这些平台还提供数据质量管理、数据安全保护和合规性审核等服务。

3. 去中心化和区块链技术的应用

区块链技术因其透明性、安全性和不可篡改性,在数据交易中展现出巨大的潜力。使用区块链可以创建去中心化的数据交易平台,确保数据交易的透明公正,并有效追踪数据的来源和使用情况,保护数据的原创性和隐私。

4. 人工智能和大模型技术的驱动

随着人工智能和大模型技术的发展,对高质量数据的需求日益增加。这些技术需要大量的训练数据来提高算法的准确率和效率。因此，产业数据的价值被重新定义，数据本身成为创新的催化剂。企业更愿意投资高质量数据集，以支持其人工智能研发和商业应用。

5. 跨行业协作和数据联盟的形成

为克服"数据孤岛"并提高数据利用效率，越来越多的企业倾向通过建立数据联盟进行合作。这些联盟或合作网络使不同行业的企业可以共享数据资源，共同开发新产品和服务，增强竞争力。

通过这些趋势可以看到，产业数据的流通和交易正成为推动经济发展和技术创新的关键因素。随着技术进步和法规完善，数据交易市场预计将进一步扩大，并形成更加成熟和安全的交易环境。

第 15 章 CHAPTER

产业数据要素价值蓝图

产业数据不仅仅是一种信息记录，更是创造价值、推动企业创新和保持竞争优势的关键资源。本章旨在深入探讨如何利用精益数据方法论识别有价值的应用场景，将产业数据转化为实际的商业价值，实现产业升级和经济效益增长。

本章首先介绍场景驱动的产业数据要素价值化，阐述如何依托特定业务场景识别和利用产业数据的关键价值点，然后详细展开介绍产业数据要素价值化场景蓝图，每个场景都是不同产业有效利用数据资产的具体案例研究，以揭示数据在实际业务中的应用和转化路径。

15.1 场景驱动的产业数据要素价值化

2021 年 10 月 18 日，第十九届中央政治局就推动我国数字经济健康发展进行了第三十四次集体学习，习近平总书记在主持学习时专门强调，"要充分发挥海量数据和丰富应用场景优势，促进数字技术和实体经济深度融合，赋能传统产业转型升级，催生新产业新业态新模式，不断做强做优做大我国数字经济"。○我国有着全世界最全的工业生产目录，最大的统一市场，丰富的应用场景，这也就是我们国家产业数据要素市场建设发展的底层逻辑——场景驱动的数据要素价值化。

15.1.1 产业数据要素的典型价值场景

1. 产业数据要素的六大价值

- 决策支持：产业数据提供了关于市场趋势、消费者行为、生产效率等方面的详细信息，帮助企业做出更精准的商业决策。
- 效率提升：通过分析和应用产业数据，企业可以优化生产流程，提高资源利用效率，减少浪费。
- 风险管理：产业数据分析可以帮助企业预测和评估潜在风险，从而采取措施防范风险或最小化风险的影响。
- 创新和产品开发：产业数据分析可以洞察消费者需求和市场空白，推动企业开发新产品或服务，创造新的商业模式。
- 客户关系管理：通过分析产业数据，企业可以更好地理解客户需求，提供更加个性化的服务，增强客户满意度和忠诚度。
- 优化供应链：产业数据分析可以帮助企业更有效地管理供应链（从供应商选择到库存管理），确保供应链的高效运作。

2. 16 个典型产业数据场景蓝图

产业数据涉及大量的业务场景，业务和管理人员要掌握常用的数据智能技术的概念和业务用例，从而更好地理解和利用数据。精益数据方法提出了数据场景化的赋能体系，业务人员只需要知道数字技术能解决哪些问题，以及它在哪些典型的业务场景中可以发挥价值，而不需要掌握具体的技术选型和实现方法，更多的技术问题由数字技术人员解决。

○ 参见由国际科技创新中心于 2022 年 3 月 21 日发布的《"东数西算"工程系列解读之五：加快推动"东数西算"工程建设落地 筑牢数字经济健康发展底座》。

精益数据方法识别了 16 种成熟的、常用的数据智能技术场景，见表 15-1。

表 15-1 数据智能技术典型场景

编号	技术名称	定义	典型场景
1	异常检测	通过数据分析来发现业务中的异常点，通常用于风险识别、欺诈检测、网络入侵检测等	广泛应用于各个行业，包括金融、通信、医疗、制造等。典型的业务场景包括诈骗检测、网络入侵检测、医学异常检测、传感器网络异常检测、视频监督、物联网大数据异常检测、日志异常检测、工业危害检测、设备异常检测等 Netflix 使用基于密度的带噪声的应用空间聚类（DBSCAN）算法进行异常检测，在数万台服务器中找出不健康的服务器
2	模式识别	对表征事物或现象的各种形式的信息进行处理和分析，从而对这个事物或现象进行描述、辨认、分类和解释	常见的模式识别主要包括对文字、声音、图像、视频等事物的处理和分析 典型的应用场景包括文字识别，例如常用的 OCR 技术可以将印刷的文字准确地识别并显示出来；图像识别，例如给出一张照片，识别这张照片里物体的类型 语音识别、指纹识别、医学识别等也是典型的应用场景。遥感图像识别现在也广泛应用于农作物估产、资源勘查和气象预报等领域 某发动机制造厂利用时间序列模式识别算法来发现涡轮发动机的故障
3	预测建模	预测建模是一个过程，通过这个过程可以根据过去和当前的数据来预测未来的结果与行为	预测建模是一种统计分析技术，可以评估和计算一些相关结果的概率。它的主要的业务场景包括价格预测、销量预测、满意度预测等 日本最大的社区型购物网站 Mercari 利用价格预测建模自动给卖家建议正确的价格。而 Netflix 则充分使用预测建模来预测新节目的收视率，从而挑选出可能成为爆款的节目
4	个性化/推荐	个性化/推荐是指为客户提供量身定制的服务或者体验，从而获得更好的满意度	推荐引擎是典型的个性化业务场景。当用户打开一个网站或页面的时候，系统会根据他的个性化画像重新定制网站或页面的内容，从而推荐更好的服务和产品 Netflix 根据观众观看的时间、使用的设备等信息，结合用户画像给会员推送不同的节目单

(续)

编号	技术名称	定义	典型场景
5	分类	通过算法将一个事物放到它应该归属的类别中	分类算法的应用非常广泛,最典型的就是用户分类,比如通过用户提供的基本信息将用户分成不同的类别,从而提供个性化的服务 比如,通过逻辑回归、线性判别分析和Boosting分类器对金融用户进行分类
6	情感分析	情感分析又称Emotion AI(情感人工智能),是利用自然语言处理、文本分析、计算机视觉等技术来系统性地识别、提取、量化、分析目标的情感状态和主观信息的技术	情感分析最典型的应用场景是通过用户在社交媒体上发表的内容来分析用户的观点、情绪和倾向。比如在舆情系统中,通过分析大量的用户留言来分析品牌的受欢迎程度 典型的情感分析的商业案例有Twitter做了一个程序,让用户可以很容易地基于该程序来对自己发表的内容做情感分析
7	对话系统	对话系统是指能够理解语言并且可以和客户进行书面或口头交互的智能系统	以客服机器人为典型代表的对话系统目前已经在生活中随处所见。从自动推销的呼出电话机器人到自动应答的售后客服机器人,对话系统帮助企业节省了大量的人力、物力。基本上大型企业都有自己的智能客服机器人
8	自适应系统	自适应系统是指能够脱离人类的控制,自主执行行为判断的系统	自适应系统的典型应用场景包括自动驾驶,即车辆能够在无人的情况下感知环境,做出正确的、最优的驾驶动作。智能医疗、智能制造等都是自适应系统的典型应用
9	机器人流程自动化(RPA)	RPA是一种软件技术,可以通过学习、模仿来执行基于规则的业务流程	RPA最适合应用于那些重复性高、工作量大的业务场景,比如在收款和记账环节,该环节包含"收款""清点""录入记账"等一系列动作,其中的操作规则清晰,不需要太多决策。对于这样的业务需求,人工效率并不高,而且由于工作量大,仍然存在约2‰的错误率。而RPA可以模拟员工的操作行为,实现记账和分摊报批。据商业银行引用案例佐证,RPA的记账数量日均800笔,极端情况下可达3000笔,是人工效率的3倍以上,并且错误率为0
10	自然语言处理	自然语言处理是利用机器学习等人工智能技术来处理自然语言(即人们日常使用的语言),从而实现人与计算机之间用自然语言进行有效通信的各种理论和方法	自然语言处理主要应用于机器翻译、舆情监控、自动摘要、观点提取、文本分类问答、文本语义对比、语音识别等方面。典型的应用场景有信息提取,即从指定的文本范围内提取出重要信息,包括时间、地点、人物、事件等,可以帮助人们节约大量时间,比如批量快速提取出多篇论文的核心观点和成果,从而完整、准确地反映出论文的中心内容

第15章　产业数据要素价值蓝图

(续)

编号	技术名称	定义	典型场景
11	计算机视觉	计算机视觉是指让计算机和系统能够从图像、视频和其他视觉输入中获取有意义的信息，并根据该信息采取行动或提供建议，通俗地讲就是让计算机能够看懂图片的内容	计算机视觉有非常多的应用场景，如图像分类、目标检测、语义分割、实例分割、视频分类、人体关键点检测、文字识别、目标跟踪等。每一类应用都能够解决一系列典型问题，如图像分类可以用于人脸识别、图片鉴黄；语义分割可以自动识别图片里的物体；人体关键点检测可以用于识别和追踪人的运动和行为，比如，在工厂里用来识别工人的动作是否合规
12	区块链	区块链技术是一种高级数据库机制，允许在企业网络中透明地共享信息。区块链数据库将数据存储在区块中，而数据库则被一起连接到一个链条中。数据在时间上是一致的，因为在没有网络共识的情况下，用户不能删除或修改链条	企业可以利用区块链技术的透明存储共享和在未经网络共识的情况下不可单方面修改、删除的机制来记录、存储、跟踪、利用、分发各种关键数据和信息的特点。区块链的典型应用场景有数字货币、金融资产交易、数字政务、存证防伪、产品溯源、数字化资产交易等
13	敏感性分析	敏感性分析是指从众多不确定性因素中找出对指标有重要影响的敏感性因素，并分析、测算其对项目指标的影响程度和敏感程度	某家制造企业想知道在原料价格波动的情况下，如何预购各种原料能使总体成本最低。企业通过根因分析可以得知影响原材料价格变动的敏感性因素，并以此来优化采购方案，降低原材料的采购成本
14	数据可视化	数据可视化是通过一些可视化元素，例如表格、条形图、地图等，对数据信息进行图表化展示	制造业公司通过直方图、折线图等可视化方法将各类基于业务的统计数据统一展示在仪表盘或大屏幕上
15	规划	规划是企业运营过程中非常重要的环节，它关系到企业未来和现在的部署与发展。大到战略，小到组织生产，企业都离不开规划	物流公司利用整数规划、非线性规划等手段对货物运输的多个停车点进行智能规划，以达到降低物流成本、提升运输效率的目的
16	优化	基于运筹学等手段来对企业的生产组织管理制定最优化策略，以达到降低成本、提升效率的目标	制造业公司利用排队论、机器学习等方法对生产线流程进行优化，提高生产效率

今天，众多过去只能由人来处理的问题，已经可以使用自动化、基于数据的技术来解决，比如人工智能技术在很多领域的应用已经相当成熟。然而，许多业务人员基于10年前的技术认知来处理当前的问题。因此，让业务人员理解新的数字化技术能够带来什么效果、解决什么类型的问题，是企业数字化转型的基础。业务人员只有掌握了更多数字化技术的典型业务用例和应用场景，才能在实际工作中找到更多解决问题的手段。

精益数据方法总结了常用的16种开发生产数据要素的技术，仔细甄选了匹配的典型价值场景，并将其制作成精益数据共创卡牌。企业可以利用这套卡牌在桌游式的数字化情景中学习数据智能技术。

15.1.2 场景对于数据要素价值化的重要性

1. 业务场景的定义

开放组织（The Open Group）认为，业务场景是对业务问题的完整描述，包括业务的需求和体系架构。一个业务场景要尽可能全面地涵盖用户关心的需求，并给出对应的体系架构。上述解释描述了场景的3个核心点：完整性、全面性、关联性。第一，业务场景必须是一个业务问题的完整描述。这里的完整可以理解为闭环，也就是说，业务场景一定是对一个业务问题的端到端描述，不能有遗漏或缺失。第二，一个完整的业务场景应该包括业务和体系结构（技术架构）两部分，从而能够呈现业务层面和系统层面的全貌。第三，业务场景如果包括多个业务需求，那这些业务需求要能够完整地描述业务问题，它们之间是相互关联的。

2. 业务场景的价值

业务场景由一类信息组合而成，能够直接描述需要解决的业务问题、服务对象、所需工具和原材料。它能够分别对企业内部和市场客户提供突出价值，如图15-1所示。

通过解决一个具体问题，让用户能直观、强烈、快速地感知到产品价值。只有让用户有获得感，才能争取用户的全力支持和参与。识别出一个"杀手级"用户场景是企业数字化转型的核心关键。举一个例子，美国提供医疗服务的组织包括药店、诊所和保险公司。过去这 3 类组织的数据很难拉通，它们出于保护利益的考虑并不愿意共享数据，多年来都是如此。但是新冠疫情期间需要各方及时得出检测结果，这是一个非常迫切且符合各方利益的需求，在这个应用场景下，三方很快联通了数据。这个多年通过各种标准制定、协调沟通都未能彻底解决的问题，一下子就解决了。合适的业务场景能够统一多个利益相关方的思想，实现共赢，还能更高效地整合资源，让过程中的目标、方法、实践能够规范化和体系化，并具有统一标准，从而提升协作效率。在解决问题的时候，我们往往花费很多时间直接研究解决问题的方案或方法，但是这些方案或方法在大部分情况下无法解决根本问题或者无法得到有效执行，关键可能不在于该方案或方法本身，而是问题没有被正确识别，团队间没有对齐目标。识别出正确的问题，统一业务场景，数字化转型就成功了一半。

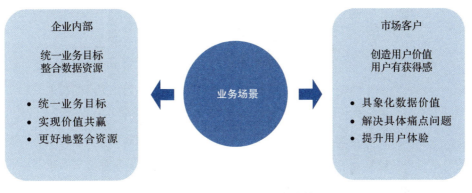

图 15-1　业务场景的两类价值

精益数据方法提出，识别正确的价值场景是开发数据产品的首要任务，只有这样才能打造用户需要的数据产品。

15.2　产业数据要素价值化场景蓝图

《"数据要素 ×"三年行动计划（2024—2026 年）》对 12 个产业数据要素最能产生价值的行业进行了细分，用以指导数据要素赋能实体经济，如图 15-2 所示。本节针对其中 10 个产业数据要素价值化场景进行详细讲解。

工业制造
- 创新研发模式
- 推动协同制造
- 提升服务能力
- 强化区域联动
- 开发使能技术

现代农业
- 提升农业生产数智化水平
- 提高农产品溯源管理能力
- 推进产业链数据融通创新
- 培育以需定产新模式
- 提升农业生产抗风险能力

商贸流通
- 拓展新消费
- 培育新业态
- 打造新品牌
- 推进国际化

交通运输
- 提升多式联运效能
- 推进航运贸易便利化
- 提升航运服务能力
- 挖掘运输数据复用价值
- 推进智能网联汽车创新发展

金融服务
- 提升金融服务水平
- 提高金融抗风险能力

科技创新
- 推动科学数据有序开放共享
- 以科学数据助力前沿研究
- 以科学数据支持大模型开发
- 支撑技术创新
- 探索科研新范式

文化旅游
- 培育文化创意新产品
- 挖掘文化数据价值
- 提升文物保护利用水平
- 提升旅游服务水平
- 提升旅游治理能力

医疗健康
- 提升群众就医便捷度
- 便捷医疗理赔结算
- 有序释放健康医疗数据价值
- 加强医疗数据融合创新
- 提升中医药发展水平

应急管理
- 提升安全生产监管能力
- 提升自然灾害监测评估能力
- 提升应急协调共享能力

气象服务
- 降低极端天气气候事件影响
- 创新气象数据产品服务
- 支持新能源企业降本增效

城市治理
- 优化城市管理方式
- 支撑城市发展科学决策
- 推进公共服务普惠化
- 加强区域协同治理

绿色低碳
- 提升生态环境治理精细化水平
- 加强生态环境数据融合创新
- 提升能源利用效率
- 提升废弃资源利用效率
- 提升碳排放管理水平

图 15-2 产业数据要素 × 12 个行动计划

15.2.1 数据要素 × 工业制造

数据要素赋能工业制造主要体现在以下 5 个方面，如图 15-3 所示。

1.创新研发模式	2.推动协同制造	3.提升服务能力
支持工业制造类企业融合设计、仿真、实验验证数据，培育数据驱动型产品研发新模式，提升企业创新能力	推进产品主数据标准生态系统建设，支持链主企业打通供应链上下游设计、计划、质量、物流等数据，实现敏捷柔性协同制造	支持企业整合设计、生产、运行数据，提升预测性维护和增值服务等能力，实现价值链延伸

4.强化区域联动	5.开发使能技术
支持产能、采购、库存、物流数据流通，加强区域间制造资源协同，促进区域产业优势互补，提升产业链供应链监测预警能力	推动制造业数据多场景复用，支持制造业企业联合软件企业，基于设计、仿真、实验、生产、运行等数据积极探索多维度的创新应用，开发创成式设计、虚实融合试验、智能无人装备等方面的新型工业软件和装备

图 15-3 数据要素赋能工业制造

数据要素在工业制造中的运用极大地推动了生产效率的提升、创新能力的增强以及生产模式的转变。以下是数据要素在 5 个指定领域的典型场景及具体应用。

1. 创新研发模式

通过整合和分析多源数据，制造企业缩短了产品研发周期，提高了创新能力和精确性。

虚拟仿真与数字孪生：使用实际操作的传感器数据，企业可创建设备或生产线的数字孪生模型。例如，通用电气利用数字孪生技术模拟飞机引擎性能，以预测故障和测试新设计，减少实际测试需求，降低研发成本。

2. 推动协同制造

数据共享和实时数据流通可以使多个生产单元协同工作，优化供应链管理和生产调度。

在汽车制造中，多个供应商通过共享实时库存和生产需求数据，能够实现零件供应与生产需求的精准对接。宝马公司与其供应商实施了实时数据共享，以保持生产线的流畅运作和减少库存积压。

3. 提升服务能力

制造商通过分析客户使用产品的数据来提供更加个性化和高效的售后服务。

预测性维护：制造商通过预测性维护模型，分析可能出现的故障和维护事件。例如，西门子在其工业涡轮机中部署传感器，实时监控设备状态并预测故障，从而在问题发生前进行维护。

4. 强化区域联动

通过区域间的数据共享和分析，加强区域内制造业的整体竞争力，促进地区经济发展。

智慧工业园区：在智慧工业园区内，不同企业之间的生产数据和资源使用信息可以共享，以实现资源配置优化。例如，我国的苏州工业园区内，企业通过共享生产和能源数据，协同进行能效管理和生产调度，从而提高整体能效和生产力。

5. 开发使能技术

利用数据分析和人工智能技术开发新的使能技术，如自动化、机器学习和物联网（IoT），以提高制造效率和产品质量。

机器学习在质量控制中的应用：一家电子产品制造商利用机器视觉和机器学习技术进行组件装配质量检测。系统通过分析大量组装图像，自动识别组装缺陷，显著提高了检测的准确率和效率。

数据要素在推动工业制造领域的创新与效率提升中起着至关重要的作用。这些具体应用不仅优化了生产过程，还通过技术创新提升了行业的服务水平和竞争力。

15.2.2 数据要素 × 现代农业

数据要素在现代农业中的应用正变得日益重要，尤其是在提升农业生产的数智化水平、改进农产品追溯系统、促进产业链数据融通、培育新的生产模式以及提升农业生产的抗风险能力等方面，如图 15-4 所示。

1.提升农业生产数智化水平	2.提高农产品追溯管理能力	3.推进产业链数据融通创新
支持农业生产经营主体和相关服务企业融合利用遥感、气象、土壤、农事作业、灾害、农作物病虫害、动物疫病、市场等数据，加快打造以数据和模型为支撑的农业生产数智化场景，实现精准种植、精准养殖、精准捕捞等智慧农业作业方式，支撑提高粮食重要农产品生产效率	支持第三方主体汇聚利用农产品的产地、生产、加工、质检等数据，支撑农产品追溯管理、精准营销等，增强消费者信任	支持第三方主体面向农业生产经营主体提供智慧种养、智慧捕捞、产销对接、疫病防治、行情信息、跨区作业等服务，打通生产、销售、加工等数据，提供一站式采购、供应链金融等服务
4.培育以需定产新模式	5.提升农业生产抗风险能力	
支持农业与商贸流通数据融合分析应用，鼓励电商平台、农产品批发市场、商超、物流企业等基于销售数据分析，向农产品生产端、加工端、消费端反馈农产品信息，提升农产品供需匹配能力	支持在粮食、生猪、果蔬等领域，强化产能、运输、加工、贸易、消费等数据融合、分析、发布、应用，加强农业监测预警，为应对自然灾害、疫病传播、价格波动等影响提供支撑	

图 15-4 数据要素赋能现代农业

1. 提升农业生产数智化水平

利用智能传感器和数据分析技术，实现农场的精细管理。

加利福尼亚农场运用土壤湿度传感器和气象数据来自动调节灌溉系统，根据作物需水量和天气变化精确控制水分供给，既满足了作物生长的水分需求，又显著减少了水资源的浪费。

2. 提高农产品追溯管理能力

通过数据记录和共享技术，实现从田间到餐桌的全程追溯。

区块链技术在追溯系统中的应用：沃尔玛与 IBM 合作，使用区块链技术记录农产品从种植、收获、加工到销售的每一个环节。消费者可通过扫描产品上的二维码获取详细的来源信息和流通历程，从而增强用户信任度。

3. 推进产业链数据融通创新

整合不同环节的数据，打通数据孤岛，实现产业链上下游数据的互联互通。

荷兰有一个名为 Farm Digital 的平台使农民、供应商、加工商和零售商之间的数据流通更加顺畅。该平台通过整合供应链各环节的数据，帮助农民更好地预测市场需求，优化生产计划。

4. 培育以需定产新模式

根据市场需求和消费者偏好调整农业生产策略，典型的应用是精准种植。农场运用大数据分析消费者的购买习惯与偏好，并据此调整作物的种植结构，如在特定区域增加有机蔬菜的种植量，以适应市场对高端消费品的需求。

5. 提升农业生产抗风险能力

利用数据分析并预测自然灾害、病虫害等风险，及时调整管理措施。

例如，国内某农业科技公司开发了一种基于气象数据和历史病虫害发生数据的预测模型，该模型可以提前预警可能的病虫害风险，农民可以提前采取防治措施，减少农作物的损失。

通过有效利用数据要素，现代农业能够在多个层面实现优化和创新，从而提升行业的可持续发展能力和市场竞争力。

15.2.3 数据要素 × 商贸流通

数据要素在商贸流通中的应用日益广泛，对于拓展新消费、培育新业态、打造新品牌以及推进国际化等方面都起到了关键作用（如图 15-5 所示）。

1. 拓展新消费

利用数据了解、分析消费者的行为和偏好，开发符合市场趋势的新产品或服务。

个性化推荐系统：亚马逊和 Netflix 等公司利用机器学习模型对用户的购买和观看历史进行分析，提供个性化的购物和观看推荐。这种数据驱动的个性化服务不仅提升了用户体验，还极大地推动了新产品和服务的消费。

2. 培育新业态

通过加强数据融合，整合多端价值链，创造新的产业协同创新生态。例如，通过电商平台，农业电子商务示范区整合了产地农产品的供给数据和市场需求信息，打破了传统农产品流通环节的信息壁垒。通过与物流企业和农业合作社的数据共享，拼多多能够快速协调农产品的供应链，减少中间环节，直接将农产品送达消费者手中。这一模式不仅提升了农产品的流通效率，还帮助农户提高了收入，形成了"互联网＋农业"的新型业态。

1.拓展新消费	2.培育新业态
鼓励电商平台与各类商贸经营主体、相关服务企业深度融合，依托客流、消费行为、交通状况、人文特征等市场环境数据，打造集数据收集、分析、决策、精准推送和动态反馈的闭环消费生态，推进直播电商、即时电商等业态创新发展，支持各类商圈创新应用场景，培育数字生活消费方式	支持电子商务企业、国家电子商务示范基地、传统商贸流通企业加强数据融合，整合订单需求、物流、产能、供应链等数据，优化配置产业链资源，打造快速响应市场的产业协同创新生态
3.打造新品牌	4.推进国际化
支持电子商务企业、商贸企业依托订单数量、订单类型、人口分布等数据，主动对接生产企业、产业集群，加强产销对接、精准推送，助力打造特色品牌	在安全合规前提下，鼓励电子商务企业、现代流通企业、数字贸易龙头企业融合交易、物流、支付数据，支撑提升供应链综合服务、跨境身份认证、全球供应链融资等能力

图 15-5 数据要素赋能商贸流通

3. 打造新品牌

分析市场趋势和消费者反馈数据，建立符合市场需求的新品牌。

基于消费者反馈的产品开发：小米科技通过社交媒体和在线论坛收集消费者的反馈和建议，并利用这些数据来指导新产品的开发。例如，小米的手机和智能家居产品就是在广泛收集用户意见后，不断改进、迭代而成，迅速建立了品牌影响力。

4. 推进国际化

利用全球市场和消费者数据，优化国际市场进入策略和本地化产品调整。

国际市场分析：Spotify 在进入新市场前，会详细分析潜在用户的音乐偏好、文化背景和听音乐的习惯，然后根据这些数据调整其音乐推荐算法和播放列表内容，以适应不同地区的文化和市场需求。

通过这些典型场景和具体应用可以看出，数据在商贸流通领域的应用极大地推动了新消费模式的开发、新业态的创造、品牌的打造以及全球市场的拓展。企业通过精确分析和应用数据，能更有效地响应市场变化，抓住商机，并在竞争中占据优势。

15.2.4　数据要素 × 交通运输

数据要素在交通运输行业的应用极为广泛，不仅优化了运输效率，还推动了服务的创新和安全的提升（如图 15-6 所示）。

1.提升多式联运效能	2.推进航运贸易便利化	5.推进智能网联汽车创新发展
推进货运寄递数据、运单数据、结算数据、保险数据、货运跟踪数据等共享互认，实现托运人一次委托、费用一次结算、货物一次保险、多式联运经营人全程负责	推动航运贸易数据与电子发票核验、经营主体身份核验、报关报检状态数据等的可信融合应用，加快推广电子提单、信用证、电子放货等业务应用	支持自动驾驶汽车在特定区域、特定时段进行商业化试运营试点，打通车企、第三方平台、运输企业等主体间的数据壁垒，促进道路基础设施数据、交通流量数据、驾驶行为数据等多源数据融合应用，提高智能汽车创新服务、主动安全防控等水平
3.提升航运服务能力	**4.挖掘数据复用价值**	
支持海洋地理空间、卫星遥感、定位导航、气象等数据与船舶航行位置、水域、航速、装卸作业数据融合，创新商渔船防碰撞、航运路线规划、港口智慧安检等应用	融合"两客一危"、网络货运等重点车辆数据，构建覆盖车辆营运行为、事故统计等高质量动态数据集，为差异化信贷、保险服务、二手车消费等提供数据支撑。支持交通运输龙头企业推进高质量数据集建设和复用，加强人工智能工具应用，助力企业提升运输效率	

图 15-6　数据要素赋能交通运输

1. 提升多式联运效能

通过集成不同运输方式的数据，优化物流和货物运输的效率。

德国的 DB Schenker 通过先进的 IT 系统集成了铁路、公路、海运和空运的数据，优化运输路线和调度，减少换乘时间和成本，实现货物的快速、准时交付。

2. 推进航运贸易便利化

利用数据分析简化海关流程，减少航运贸易中的烦琐手续。

智能海关系统：智能通报关系统集成所有与进出口相关的政府部门数据，提供一站式服务，大大简化贸易申报流程，减少货物在港等待时间。

3. 提升航运服务能力

通过收集和分析航运数据，改善航班调度、客户服务和运营管理。

实时航班监控：航空公司使用全球航班跟踪系统（如 Flightradar24），实时监控飞机位置，优化航线和调整飞行计划，以应对恶劣天气和空域拥堵，同时提高客户满意度。

4. 挖掘数据复用价值

利用收集的大量运输数据分析消费者行为，开发新的商业模式和服务。

Uber 通过分析用户的出行数据，优化了调度算法，识别出潜在的需求高峰区域，并引入动态定价机制来增加收益。

5. 推进智能网联汽车创新发展

运用数据分析和机器学习技术，发展自动驾驶汽车和车联网服务。

智能汽车生产商收集数百万英里的驾驶数据，用于训练其自动驾驶系统。这些数据帮助系统学习如何在各种交通情况下安全驾驶，并不断更新和优化算法，以提高自动驾驶技术的安全性和可靠性。

数据要素在提升交通运输行业的效率、便利性、服务能力及推动技术创新等方面发挥了关键作用。这些应用不仅提高了运输系统的整体性能，还开创了新的商业机会和增长点。

15.2.5　数据要素 × 金融服务

数据要素在金融服务领域的应用极为广泛，不仅能够显著提升服务水平，还能增强金融机构的风险管理能力，如图 15-7 所示。

数据要素在这些领域的一些典型场景和具体应用如下。

1.提升金融服务水平	2.提高金融抗风险能力
支持金融机构融合利用科技、环保、工商、税务、气象、消费、医疗、社保、农业农村、水电气等数据，加强主体识别，依法合规优化信贷业务管理和保险产品设计及承保理赔服务，提升实体经济金融服务水平	推进数字金融发展，在依法安全合规前提下，推动金融信用数据和公共信用数据、商业信用数据共享共用和高效流通，支持金融机构间共享风控类数据，融合分析金融市场、信贷资产、风险核查等多维数据，发挥金融科技和数据要素的驱动作用，支撑提升金融机构反欺诈、反洗钱能力，提高风险预警和防范水平

图 15-7 数据要素赋能金融服务

1. 提升金融服务水平

通过使用数据分析和人工智能技术，金融机构能提供更加个性化、高效和方便的服务。

个性化金融产品推荐：美国的摩根大通使用大数据分析来理解客户的消费行为、投资偏好和信用历史，从而提供个性化的金融产品和服务。例如，基于客户的历史交易数据和外部市场趋势，该银行能够为客户推荐最适合其风险偏好的投资产品。

移动银行应用：许多银行，如美国银行和花旗银行，通过其移动应用收集用户交互数据，不断优化用户界面并增加实用功能，如远程存款、账户管理和实时通知，极大提高了客户体验和满意度。

2. 提高金融抗风险能力

金融机构利用先进的数据分析技术识别、评估和管理潜在风险，确保金融系统的稳健性。

信用风险评估：使用机器学习模型分析客户的交易记录、贷款历史和社会经济地位等数据，金融机构能更准确地预测客户的信用风险。例如，德意志银行利用这些技术调整贷款审批标准和利率，以减少违约率和提高资本效率。

MasterCard 和 Visa 使用大数据分析来实时监测交易异常行为，识别并防止信用卡欺诈活动。系统会分析每笔交易的地点、金额和频率，并与客户的购买历史对比，如果发现异常则立即采取防范措施。

高频交易公司和大型投资银行通过实时数据分析和复杂的算法模型来监控、管理市场波动和流动性风险。例如，高盛使用自研的高频数据处理工具监控全球市场的细微变化，以实时调整其投资组合和风险暴露。

通过这些具体应用，金融服务行业不仅能够提供更加高效和定制化的服务，还能显著提升其风险管理能力，确保金融系统的稳定和安全。这些进步都归功于对数据要素的有效应用和管理。

15.2.6 数据要素 × 医疗健康

在医疗健康领域中，数据要素的应用正在变革传统的医疗服务和运营模式，如图 15-8 所示。

1.提升群众就医便捷度	2.便捷医疗理赔结算	3.有序释放健康医疗数据价值
探索推进电子病历数据共享。在医疗机构间推广检查检验结果数据标准统一和共享互认	支持医疗机构基于信用数据开展先诊疗后付费就医。推动医保便民服务。依法依规探索推进医保与商业健康保险数据融合应用，提升保险服务水平，促进基本医保与商业健康保险协同发展	完善个人健康数据档案，融合体检、就诊、疾控等数据，创新基于数据驱动的职业病监测、公共卫生事件预警等公共服务模式

4.加强医疗数据融合创新	5.提升中医药发展水平
支持公立医疗机构在合法合规前提下向金融、养老等经营主体共享数据，支撑商业保险产品、疗养休养等服务产品精准设计，拓展智慧医疗、智能健康管理等数据应用新模式新业态	加强中医药预防、治疗、康复等健康服务全流程的多源数据融合，支撑开展中医药疗效、药物相互作用、适应症、安全性等系统分析，推进中医药高质量发展

图 15-8 数据要素赋能医疗健康

以下是数据要素在医疗健康领域的几个典型场景和具体应用。

1. 提升群众就医便捷度

使用数据集成和分析来提高预约服务、治疗和诊断的效率与便捷性，许多医院利用在线预约系统减少患者等待时间。例如协和等线上诊疗系统允许患者实时查看不同专家的可用时间并支持直接预约，同时系统会根据患者的病历推荐合适的专家。

2. 便捷医疗理赔结算

通过自动化处理和数据对接，简化保险理赔和医疗费用结算流程，例如平安保险利用区块链和大数据技术，实现了医疗保险自动理赔。系统通过分析用户提交的医疗凭证和历史数据，自动审核理赔申请，大幅缩短理赔时间，提升客户满意度。

3. 有序释放健康医疗数据价值

合法合规地利用医疗数据进行科研或改善医疗服务，医疗研究机构收集并分析来自志愿者的健康数据，以支持各种疾病的研究和个性化医疗方案的开发。

4. 加强医疗数据融合创新

整合多源医疗数据，推动跨学科创新和服务改进。例如，跨学科诊疗平台和医疗健康平台通过整合患者的基因数据、临床记录和最新医学研究，为医生提供基于证据的治疗建议，促进精准医疗发展。

5. 提升中医药发展水平

利用现代数据分析技术研究和验证中医药的效果，提升其科学性和国际认可度。例如，中医科学院利用大数据分析中医药研究数据库中的病例报告，分析中药配伍规律和药效机制，提升中医药的研发和应用水平。

数据要素的应用极大地提升了医疗健康服务的质量和效率，并推动了医疗领域的创新发展。这些应用不仅改善了患者的医疗体验，还为医疗服务提供了更加科学和精准的支持。

15.2.7 数据要素 × 应急管理

数据要素在应急管理领域的应用对安全生产监管、自然灾害监测评估和应急协调共享等方面都有重要意义，如图 15-9 所示。

以下是数据要素在应急管理领域的典型场景及具体应用。

1.提升安全生产监管能力	2.提升自然灾害监测评估能力	3.提升应急协调共享能力
探索利用电力、通信、遥感、消防等数据，实现对高危行业企业私挖盗采、明停暗开行为的精准监管和城市火灾的智能监测。鼓励社会保险企业围绕矿山、危险化学品等高危行业，研究建立安全生产责任保险评估模型，开发新险种，提高风险评估的精准性和科学性	利用铁塔、电力、气象等公共数据，研发自然灾害灾情监测评估模型，强化灾害风险精准预警研判能力。强化地震活动、地壳形变、地下流体等监测数据的融合分析，提升地震预测预警水平	推动灾害事故、物资装备、特种作业人员、安全生产经营许可等数据跨区域共享共用，提高监管执法和救援处置协同联动效率

图 15-9　数据要素赋能应急管理

1. 提升安全生产监管能力

利用实时数据监控和分析来提前识别潜在的安全隐患，减少事故发生。

智能监控系统：在石油化工行业，中国石化通过安装传感器收集设备运行数据，并利用实时数据分析技术监控设备状态，提前发现异常，预防设备故障和潜在安全事故。系统能够自动触发警报，并通知管理人员采取必要的维护措施。

2. 提升自然灾害监测评估能力

通过集成地理信息系统（GIS）、气象资料及历史灾情数据，提升自然灾害预测与评价的准确性。

地震预警系统：日本的地震预警系统依靠密集的地震计网络实时监测地震活动，快速分析震波强度与潜在影响区域，并向民众发布预警信息。此系统可在地震波抵达人口密集地区前数秒至数十秒发出警示，给予公众紧急避险的时间。

3. 提升应急协调共享能力

在应急响应中实现各部门和机构之间的数据共享与协调，优化资源配置，提高响应速度。

洪水应急响应平台：中国的应急管理部门利用一个集成的应急管理平台，整合地理信息、气象数据和水文数据，实现跨部门的数据共享。洪水发生时，该系统实时展示受影响地区的水位、降雨量和救援资源分布，帮助决策者快速调度并指导救援团队高效行动。

这些具体应用表明，数据要素在应急管理中发挥着重要作用，不仅提升了对突发事件的监测和响应能力，还增强了跨部门协作和资源整合的能力，显著提高了应急管理的效率和效果。

15.2.8 数据要素 × 气象服务

数据要素在气象服务领域的应用主要集中在降低极端天气和气候事件的影响、创新气象数据产品服务以及支持新能源企业降本增效等方面，并且作用显著，如图 15-10 所示。

1.降低极端天气气候事件影响	2.创新气象数据产品和服务	3.支持新能源企业降本增效
支持经济社会、生态环境、自然资源、农业农村等数据与气象数据融合应用，实现集气候变化风险识别、风险评估、风险预警、风险转移的智能决策新模式，防范化解重点行业和产业气候风险。支持气象数据与城市规划、重大工程等建设数据深度融合，从源头防范和减轻极端天气和不利气象条件对规划和工程的影响	支持金融企业融合应用气象数据发展天气指数保险、天气衍生品和气候投融资新产品，为保险、期货等提供支撑	支持风能、太阳能企业融合应用气象数据，优化选址布局、设备运维、能源调度等

图 15-10 数据要素赋能气象服务

以下是数据要素在气象服务领域的典型场景及具体应用。

1. 降低极端天气气候事件影响

利用高精度气象数据和先进预测技术，提前预测并向公众和政府警告有关极端天气的事件。

台风路径预测：气象部门利用卫星数据、海洋浮标观测数据和高级气象模型来预测台风的路径和强度。通过及时准确的预报和广泛的公众教育，有效降低了台风对生命和财产的损害。

2. 创新气象数据产品和服务

开发基于气象数据的新产品和服务,提供更加精细化、个性化的天气信息。

个性化天气服务:天气 App 通过分析地理位置数据、用户偏好和历史天气数据,提供定制的天气信息和生活建议。例如,为花粉过敏者提供花粉风险预报,为户外活动爱好者提供最佳活动天气时段建议。

3. 支持新能源企业降本增效

使用精确的气象数据来优化新能源(如风能和太阳能)的生产效率和能源管理。

风力发电预测:风力发电厂利用实时和预测的风速、风向数据优化风力发电机的调整策略,最大化能量产出。这些数据还能帮助发电厂更准确地预测电力供应,并与电网运营商协同调度,以减少能源浪费。

太阳能发电效率优化:太阳能发电企业使用气象卫星数据预测日照强度和持续时间,调整太阳能板角度,以优化光伏板的能源吸收和转换效率。此外,这些数据还可用于电力负荷管理,以确保电力系统稳定运行。

通过这些具体应用可以看出,气象数据的深度利用不仅有助于提高公共安全水平,减少自然灾害的负面影响,还推动了气象服务产品的创新和新能源领域成本效率的提升。

15.2.9 数据要素 × 城市治理

数据要素在城市治理领域的应用显著提高了城市治理的效率、透明度和普惠性,同时促进了科学决策和区域协同治理,如图 15-11 所示。

以下是数据要素在城市治理领域的典型场景及具体应用。

1. 优化城市管理方式

通过集成和分析城市运行数据,实现城市管理的智能化和自动化。

智慧交通系统:智慧交通平台使用实时交通数据和视频分析优化交通信号灯调度,减少交通拥堵和事故。系统能够实时调整交通信号灯的周期,以适应不同时间段和路段的交通流量变化。

1. 优化城市管理方式	2. 支撑城市发展科学决策
推动城市人、地、事、物、情、组织等多维度数据融通，支撑公共卫生、交通管理、公共安全、生态环境、基层治理、体育赛事等各领域场景应用，实现态势实时感知、风险智能研判、及时协同处置	支持利用城市时空基础、资源调查、规划管控、工程建设项目、物联网感知等数据，助力城市规划、建设、管理、服务等策略精细化、智能化
3. 推进公共服务普惠化	4. 加强区域协同治理
深化公共数据的共享应用，深入推动就业、社保、健康、卫生、医疗、救助、养老、助残、托育等服务"指尖办""网上办""就近办"	推动城市群数据打通和业务协同，实现经营主体注册登记、异地就医结算、养老保险互转等服务事项跨城通办

图 15-11　数据要素赋能城市治理

2. 支撑城市发展科学决策

利用数据分析和模型预测来规划城市发展和资源配置。

城市规划模拟：智慧城市建设运营方利用人口统计数据、经济数据和土地使用数据，结合地理信息系统（GIS），模拟城市扩展和基础设施建设。这可以帮助城市规划者评估不同规划方案的潜在影响，从而制定出更科学的城市发展策略。

3. 推进公共服务普惠化

确保各个社会群体都能平等地获取公共服务和资源。

普惠医疗服务：巴西利亚在农村和偏远地区部署移动健康诊所，收集居民的健康数据并上传至中央医疗数据库。这些数据用于监测和提前预防地区性健康问题，同时通过远程医疗服务为偏远地区的居民提供专业医疗咨询。

4. 加强区域协同治理

多个城市或区域之间共享数据，共同应对跨区域问题。

跨城市环境监测网络：旧金山湾区城市群建立了联合空气质量监测网络，共享空气质量数据和污染源信息。这些数据用于协调区域内的空气质量管理措施和公共健康预警，有效缓解了整个区域的空气污染问题。

这些具体应用展示了数据要素如何使城市管理变得更加智能化、高效和公平，同时强化了区域内的协作与治理，推动了城市的可持续发展和居民生活质量的提升。

15.2.10　数据要素 × 绿色低碳

数据要素在绿色低碳领域的应用越来越受到重视，特别是在提升生态环境治理的精细化水平、加强生态环境数据的融合创新、提高能源和资源利用效率以及管理碳排放等方面，如图 15-12 所示。

1.提升生态环境治理精细化水平	2.加强生态环境公共数据融合创新	3.提升能源利用效率
推进气象、水利、交通、电力等数据融合应用，支撑气象和水文耦合预报、受灾分析、河湖岸线监测、突发水事件应急处置、重污染天气应对、城市水环境精细化管理等	支持企业融合应用自有数据、生态环境公共数据等，优化环境风险评估，支撑环境污染责任保险设计和绿色信贷服务	促进制造与能源数据融合创新，推动能源企业与高耗能企业打通订单、排产、用电等数据，支持能耗预测、多能互补、梯度定价等应用

4.提升废弃资源利用效率	5.提升碳排放管理水平
汇聚固体废物收集、转移、利用、处置等各环节数据，促进产废、运输、资源化利用高效衔接，推动固废、危废资源化利用	支持打通关键产品全生产周期的物料、辅料、能源等碳排放数据以及行业碳足迹数据，开展产品碳足迹测算与评价，引导企业节能降碳

图 15-12　数据要素赋能绿色低碳

以下是数据要素在绿色低碳领域的典型场景及具体应用。

1. 提升生态环境治理精细化水平

通过实时监测和数据分析，实现对环境状况的精确监控和及时响应。

智能水质监测系统：某些城市部署了智能水质监测传感器网络，实时收集河流、湖泊的水质数据（如 pH 值、溶解氧、有害物质含量等），通过中央系统分析数据，快速响应污染事件，有效指导水质治理和保护。

2. 加强生态环境公共数据融合创新

整合不同来源的环境数据，推动跨领域的数据共享与创新。

跨部门环境数据平台：欧盟的 Copernicus 计划（地球观测计划）整合了卫星遥感数据、气象数据和地面监测站数据，为政策制定者、研究人员和公众提供关于气候变化、土地覆盖和大气状况的综合信息，并支持环境保护和气候行动政策的制定。

3. 提升能源利用效率

利用数据分析优化能源生产、分配和消费，提高能源效率。

智能电网管理：美国加利福尼亚州的智能电网利用用户的用电数据和天气预报数据优化电力分配及需求响应策略，减少能源浪费，提高能源利用效率。

4. 提升废弃资源利用效率

通过数据驱动的管理系统，优化废物回收和资源循环利用流程。

废物管理系统：瑞典的废物管理公司利用数据分析确定最佳收集路线和回收策略，通过优化回收过程中的物流和处理工序，提高废弃资源的回收率和资源的再利用效率。

5. 提升碳排放管理水平

运用数据监控和分析工具来管理和降低碳排放。

企业碳足迹管理工具：德国 SAP 公司开发了一套碳信息和报告系统，能够帮助企业实时监测和管理其运营活动中的碳排放，制定有效的减排策略，并与全球减排目标保持一致。

通过这些具体应用可以看出，数据在绿色低碳领域的应用对于提高环境治理的精细化水平、促进能源和资源的高效利用以及加强碳排放管理等方面至关重要。这些数据驱动的解决方案不仅有助于保护环境，还能支持可持续发展。

第五篇
个人数据要素价值化

在数字化社会中,个人数据已成为数字经济的重要资源,驱动着各行各业的创新与发展。从金融到医疗、从零售到公共服务,个人数据的应用场景广泛且多样,各个行业都在利用个人数据提高服务效率、增强决策能力,并提供更为定制化的用户体验。美国在个人数据利用方面展现出强大的商业动力和创新活力,通过广告定向、数据经纪等方式推动商业发展。欧盟通过《通用数据保护条例》(GDPR)设立了全球领先的数据保护标准框架,我国也制定了《中华人民共和国个人信息保护法》等法规,强调透明度与用户自主权,确保数据在合法、安全的前提下实现其最大价值。无论是精准医疗、智能交通还是个性化金融产品等领域,个人数据的价值正在被不断挖掘和放大。与此同时,数据的广泛应用也带来了隐私保护和数据安全的挑战。如何在利用个人数据实现商业价值的同时确保数据隐私和安全,已成为全球关注的焦点。随着技术创新、法律法规和政策制度的不断完善,个人数据要素的价值将得到更全面的实现,推动社会进步与共同富裕。

第 16 章 | CHAPTER

个人数据要素概述

个人数据在数字化时代成为宝贵的财富,众多商业模式围绕个人数据展开。要想充分利用个人数据,必须深刻理解其本质和特点。本章介绍了个人对数据看法的转变,个人数据的定义、特点、生产加工利用原则、分类和生产过程等内容,帮助读者更系统地理解个人数据要素。

16.1 个人数据的基本内容

16.1.1 个人对数据看法的转变

在数字化时代,个人对数据的看法发生了显著变化,这些变化体现在对数据的感知、应用和对数据隐私的关注 3 个方面。

1. 数据的感知

过去,大多数人可能没有意识到自己在日常活动中产生了大量数据。然而,随着智能设备和社交媒体的普及,个人开始意识到几乎每个在线行为都会产生数据。

从搜索引擎查询、在线购物到社交媒体上的互动，个人数据被视为了解和预测行为的关键。因此，数据不仅是技术产物，更是一种可以量化和分析的资产。

2. 数据的应用

在数字化时代，个人对数据的理解更加深入，数据的应用范围也更加广泛。数据不仅能用于简单的事务处理，还被用来提升生活质量和工作效率。例如，通过数据分析，消费者可以获得更符合个人喜好的商品推荐；通过健康追踪器收集的数据，人们可以更好地管理健康状况。个人也开始利用数据进行职业发展规划，例如通过分析职场趋势和技能需求来选择培训课程。

3. 数据隐私的关注

与过去相比，现在人们对数据隐私的关注达到了前所未有的高度。数据泄露和滥用事件频发，使得个人对自己数据的安全和隐私保护有了更高的要求。消费者不仅更加小心地管理个人信息，还要求企业和政府在收集、存储和处理个人数据时采取更为严格的安全措施。此外，越来越多的人开始支持透明的数据处理政策，并要求更有力的数据权利保护法律。

总的来说，数字化时代个人对数据的看法从被动接受转变为主动应用和保护。数据已经成为个人生活的一部分，对个人决策、行为习惯以及对社会的期望产生深远影响。在享受数据带来便利和效率的同时，个人也越来越意识到数据安全和隐私保护的重要性。

16.1.2 个人数据的定义

个人数据的定义是至关重要的，因为它决定了处理数据的实体是否需要遵守法规对数据控制者规定的各种义务。各个国家对个人数据的定义不同，什么是个人数据仍然是当前数据保护制度中争议的主要焦点之一。

欧盟 GDPR 于 2018 年 5 月 25 日正式施行。该条例旨在为自然人在个人数据处理以及自由流动问题上提供法律保障。它面向所有收集、处理、存储、管理欧盟公民个人数据的企业，限制这些企业收集与处理用户个人信息的权限，旨在将个人信息的最终控制权交还给用户本人。GDPR 以最大限度保护了欧盟公民的个人信息安全，是目前全球规定最为严格、处罚最为严厉的法规之一。

个人数据是欧盟 GDPR 的核心概念，个人数据范围的圈定决定了 GDPR 的适用范围。

个人数据是指与已识别或可识别的自然人（"数据主体"）有关的信息。可识别的自然人是指能被直接或间接识别的自然人，特别是能通过姓名、身份证号码、定位数据、在线身份标识符等识别符，或通过该自然人的物理、生理、遗传、心理、经济、文化或社会身份等一项或多项因素予以识别。

根据《中华人民共和国数据安全法》第三条和《中华人民共和国个人信息保护法》第四条规定，数据是指任何以电子或者其他方式对信息的记录；个人信息是以电子或者其他方式记录的与已识别或者可识别的自然人有关的各种信息，不包括匿名化处理后的信息。因此，个人数据是个人信息的电子化或其他方式的记录。

16.1.3　个人数据的特点和生产加工利用的原则

1. 个人数据的特点

与产业数据和公共数据相比，个人数据具有一些独特的特点，在生产、加工和利用过程中需要特别注意。

1）隐私性。个人数据涉及隐私，包括但不限于姓名、地址、电话号码、电子邮件、健康信息等。这些数据与个人直接相关，无论是单个数据点还是数据集合，都可能暴露个人隐私。

2）敏感性。某些类型的个人数据特别敏感，例如健康信息、金融信息、性取向等，一旦泄露可能给个人带来严重后果。

3）法律与道德约束。许多国家和地区对个人数据的处理制定了严格的法律要求，例如我国发布了《中华人民共和国个人信息保护法》，欧盟有 GDPR（《欧盟通用数据保护条例》），美国有 CCPA（《加利福尼亚州消费者隐私法案》）。违反这些法律可能会面临高额罚款和法律责任追究。

2. 个人数据生产加工利用的原则

由于个人数据具备这些差异化特点，相关方在生产、加工、利用和交易流通个人数据时应注意以下重要原则。

1）合法性原则。确保数据的收集、使用和处理活动合法，例如获得数据主体的明确同意、履行合同义务或符合法定要求。

2）目的限制原则。数据收集应有明确且合法的目的，并且仅在达成这些目的所必需的范围内处理数据。

3）数据最小化原则。只收集完成特定目的所必需的数据，避免过度收集。

4）透明度原则。向数据主体清楚说明收集其数据的目的、范围、使用方式，确保数据处理活动的透明。

5）安全性原则。实施适当的安全措施，保护个人数据免遭未授权访问、丢失或破坏，这可能包括数据加密、安全访问控制和定期安全审计等措施。

6）责任和可问责性原则。数据处理者应对个人数据的安全和合规性负责，并能证明其处理活动符合法律要求。

7）数据主体权利保护原则。确保数据主体可以行使其权利，包括访问权、更正权、删除权、数据携带权和反对权等。

8）跨境数据传输原则。数据如果需要跨境处理，须确保接收国或地区具有足够的数据保护水平，或通过法律协议和技术措施保证数据安全。

16.2 个人数据的分类和生产过程

16.2.1 个人数据的典型类型

个人数据可根据其性质和对个人隐私的影响程度分类。不同类型的个人数据涉及不同级别的隐私保护和法律约束。以下是一些常见的个人数据分类及案例。

1）标识信息。这类数据可以用于直接识别个人身份，比如姓名、住址、电子邮件地址、身份证号码、护照号码。

2）联系信息。这类信息虽然常与标识信息重叠，但主要用于联系个人，包括电话号码、住宅地址、电子邮件地址、社交媒体账号。

3）敏感数据。这类数据涉及更高级别的隐私和安全风险，通常需要更严格的保护措施，包括健康信息（如医疗记录、疾病历史）、金融信息（如银行账号、信用卡号、薪资）、种族或民族归属、政治观点、宗教信仰或哲学信念、性取向等。

4）生物识别数据。这类数据用于唯一识别个人的物理、生理或行为特征，包括指纹、虹膜或视网膜扫描、面部识别特征、DNA 信息、手写和声音模式等。

5）网络识别数据。这类数据用于跟踪互联网上的用户行为或设备，包括 IP 地址、cookie 标识符、MAC 地址、设备 ID 和广告标识符等。

6）地理位置数据。这类数据用于识别个人的具体地理位置，包括 GPS 数据、移动设备通过蜂窝网络、Wi-Fi 或蓝牙提供的位置信息、地址历史记录等。

通过对个人数据进行分类，组织可以更有效地识别数据的敏感性级别，并制定相应的保护措施，确保遵守相关的数据保护法规和标准。这不仅有助于保护个人隐私，也有助于建立公众对组织的信任。

16.2.2　不同类型个人数据的生产过程

个人数据可以根据其生产方式和手段进行详细划分，这有助于理解数据是如何生成、收集和处理的，从而更有效地实施数据管理和保护策略。下面介绍几种根据生产方式划分的常见的个人数据。

1. 主动提供的数据

1）生产方式：用户主动在各种表单、应用程序或服务中输入数据，包括注册账户时提供的姓名、地址、电子邮箱，或在购物网站上填写的支付信息。

2）特点：用户有意识地提供数据，通常对数据提供的目的和用途有一定了解，管理难度相对较低，但需确保用户同意数据的使用方式和范围。

2. 观察采集的数据

1）生产方式：通过用户的行为或活动间接收集的数据，包括通过跟踪工具记录的网页浏览行为、购买历史、位置信息或智能设备的使用数据。

2）特点：用户不一定意识到数据的收集、处理和使用需要严格遵守隐私保护法规，常常涉及隐私问题和用户同意。

3. 推断出的数据

1）生产方式：基于已收集的数据，通过分析和算法推断得到的新数据，包括基于购买行为推断的用户偏好、信用评分或基于历史活动数据的健康风险评估。

2）特点：用户属性或行为的预测可能准确度各异，因此对数据的解释和使用需要小心，以免误导或产生不公平的结果。

4. 派生或生成的数据

1）生产方式：从其他数据源处理或计算得来，而非直接从用户那里收集，包括通过数据分析生成的用户细分信息或通过多个数据源综合得到的用户画像。

2）特点：可以提供深入的洞察，但处理过程需要确保数据来源准确可靠。数据的透明和来源非常重要，以确保数据使用符合法律和道德要求。

每种生产方式和手段对数据的管理与保护都有特定的需求和挑战。在处理这些不同类型的数据时，组织需要实施适当的数据治理策略，确保合理使用数据，并保护用户的隐私权。

第 17 章 | CHAPTER

个人数据要素价值蓝图

随着技术的不断进步,个人数据的利用面临着法规更新和市场改革的挑战。未来,各国将持续完善个人数据保护法律,并推动隐私保护技术的发展,促进个人数据的可信流动,实现数据的价值最大化和用户隐私保障。

本章内容主要包括两部分:各国个人数据利用现状、个人数据的业务场景蓝图。

17.1 世界各国个人数据利用的现状分析

17.1.1 美国个人数据利用的现状分析

1. 法律监管框架

- 《健康保险流通与责任法案》(HIPAA):该法案于 1996 年实施,旨在保护患者的医疗信息隐私和安全。根据 HIPAA 的规定,医疗服务提供者、健康计划和医疗交易伙伴必须采取措施保护个人健康信息的隐私与安全。
- 《儿童在线隐私保护法》(COPPA):该法案自 2000 年起实施,要求网站和在线服务在收集 13 岁以下儿童的个人信息前，需获得父母的可验证同意。旨在保护儿童的在线隐私。
- 《公平信用报告法》（FCRA）：该法案于 1970 年制定，规范了信用报告机构的操作，确保个人的信用信息得到公正和准确的处理。FCRA 要求消费者在获取信用报告时，必须获得通知并有权对不准确的信息提出异议。
- 《加利福尼亚州消费者隐私法案》(CCPA)：CCPA 自 2020 年生效，被认为是美国最严格的数据隐私法之一。它赋予消费者更多的权利，包括了解企业如何收集和使用个人信息、要求删除个人信息以及选择不让个人信息出售的权利。

2. 数据利用和商业实践

在美国，企业广泛利用个人数据以提升业务效率和市场营销的精确性。
- 广告定向：通过分析用户的网络行为、购买历史和个人偏好，企业能够提供个性化广告。
- 数据经纪：一些公司专门收集和分析个人数据，然后将这些数据出售给其他企业用于营销、信用评估等目的。

3. 技术创新与隐私问题

随着技术的发展，尤其是在大数据、人工智能和物联网领域，个人数据的收集和利用变得更加广泛，也引发了对隐私和安全的关注。
- 智能设备：从智能手机到智能家居设备，这些产品的普及加速了个人数据的收集，同时也增加了数据泄露的风险。
- 面部识别技术：在提供便利的同时，也引发了对个人隐私安全的担忧，尤其是当这项技术被用于监控和其他敏感应用时。

4. 消费者权利与意识

美国消费者对个人数据保护的意识逐渐提高，许多人开始要求更高的透明度和对自己数据的控制权。
- 隐私设置：用户越来越多地利用社交媒体和应用程序提供的隐私设置来管

自己的信息。
- 隐私倡导组织：一些非政府组织积极推动更好的数据保护法规和政策，提升公众对个人数据权利的认知。

美国在个人数据的利用上体现了商业动力和创新活力，但也带来了监管挑战和隐私保护需求。随着技术进步和消费者意识的提高，预计相关法律和企业实践将继续演化，以应对这些挑战。

17.1.2　欧盟个人数据利用的现状分析

欧盟在个人数据要素应用方面高度重视数据保护与隐私安全，通过 GDPR 等法规严格规范企业的数据处理行为，并在全球范围内设立了高标准的数据保护框架。欧盟强调个人数据的自主权和透明度，要求企业在数据收集、处理和存储过程中必须获得用户明确的同意，并保障用户随时可以撤回同意的权利。随着技术的不断发展，欧盟正在推动隐私增强技术和数据中介机构的发展，旨在平衡数据利用与隐私保护之间的矛盾，并通过持续更新法规应对新技术带来的挑战，确保数据在合法、安全的前提下实现最大价值。

1. 法规保护

（1）GDPR

GDPR 是全球最严格的个人数据保护法之一，自 2018 年生效以来，对企业的数据处理行为进行了严格要求。GDPR 不仅适用于欧盟内部的数据处理活动，还扩展到涉及欧盟境内数据主体的国际业务。这意味着，无论公司是否位于欧盟，只要处理欧盟公民的个人数据，就必须遵守 GDPR 规定。GDPR 旨在统一欧盟各成员国的个人数据保护标准，减少跨国业务的法律障碍，同时提升对数据隐私的保护水平。企业在数据处理过程中需要考虑数据的合法性、公平性和透明性，并采取适当措施保护数据安全。

（2）执法与罚款

欧盟对违规行为的处罚非常严厉，最高可达企业上一财政年度全球营业额的 4% 或 2000 万欧元，以较高者为准。GDPR 的执行力度在全球范围内产生了广泛影响。许多企业因未能充分遵守 GDPR 规定而被罚款，案例涵盖了从技术巨头到中小型企业。这些处罚进一步推动了企业对数据保护的重视。

2. 个人数据的广泛使用

（1）企业与技术公司

欧盟内部的企业和技术公司广泛使用个人数据进行商业活动，包括用户行为分析、定向广告和个性化推荐等。个人数据已成为许多企业的核心资产。通过分析用户数据，企业可以更好地理解客户需求，优化产品和服务，从而提升市场竞争力。技术公司尤其依赖大数据和人工智能技术，通过数据驱动的决策过程实现业务创新。例如，电商平台通过分析用户的浏览和购买历史，推荐相关产品，提升销售额。

（2）政府与公共机构

政府和公共机构利用个人数据进行公共服务优化、政策制定、健康监测和公共安全等领域的应用。通过数据分析，政府可以更有效地分配资源、制定更科学的政策，提升公共服务的效率和质量。例如，公共健康监测系统通过收集和分析个人健康数据，能够提前预警疾病暴发，快速响应公共卫生事件。此外，个人数据在社会安全、教育、交通管理等领域的应用也越来越广泛，成为政府提高公共管理水平的重要工具。

3. 个人数据要素利用的特点

个人数据的隐私性决定了在利用的时候需要更加注重透明度、授权和流通。

（1）透明度与同意

- 用户同意。GDPR 要求企业在处理个人数据时必须获得用户的明确同意，并且同意过程必须是透明的，用户有权随时撤回同意。企业需要提供清晰易懂的信息，让用户了解他们的数据将如何被使用，以确保用户同意的有效性。用户同意应当是积极主动的行为，而不是通过默认选项或复杂的操作流程获得。此外，企业还需为用户提供便捷的同意管理工具，使用户可以随时查看、修改或撤回他们的同意。
- 信息披露。企业必须向用户明确说明数据处理的目的、数据的接收者、数据存储期限等信息。这意味着企业在收集数据时，必须告知用户收集这些数据的原因、数据存储的时间长度、是否与第三方共享，以及如何保护数据安全。这种信息披露不仅有助于提升企业透明度，还能提高用户对数据处理行为的信任度，减少数据滥用和隐私侵犯的风险。

（2）数据主体权利

欧盟对于个人数据制定了全面的数据主体权利体系，主要内容如下。

- 访问权与更正权。数据主体有权访问自己的个人数据，并要求企业更正不准确的数据。GDPR赋予数据主体广泛的权利，确保他们能够控制自己的个人信息。通过行使访问权，用户可以了解企业存储了哪些个人数据、如何使用这些数据，以及是否存在不准确或过时的信息。更正权则确保用户可以随时更新或修改不准确的数据，保护数据的准确性和完整性。

- 删除权（被遗忘权）。数据主体有权要求企业删除其个人数据，特别是在数据不再需要的情况下。删除权的引入旨在保护用户在数据处理过程中的隐私权，防止不必要的数据存储和滥用。用户可以在数据处理不合法、数据不再需要、撤回同意或反对数据处理等情况下，要求企业删除其个人数据。这项权利特别适用于那些不愿意继续被企业监控或数据被长期保留的用户，给予他们更多的控制权。

- 数据携带权。数据主体有权将其个人数据从一个数据控制者转移到另一个数据控制者。数据携带权促进了数据流动和竞争，用户可以更方便地在不同服务提供商之间转移其个人数据，从而避免数据被锁定在某一平台。这对于鼓励创新和竞争、提升用户体验具有重要意义。企业需要提供用户友好的数据导出工具，确保数据的便捷传输和高可用性。

（3）跨境数据传输

GDPR对个人数据的跨境传输设定了严格的限制，只有在符合特定条件（如欧盟委员会认可的数据保护水平、签署标准合同条款等）时，才允许将个人数据传输至非欧盟国家。跨境数据传输是全球化背景下的重要问题。GDPR通过严格的规定，确保数据在跨境传输过程中的安全和隐私保护。企业在进行数据跨境传输时，需要充分考虑目标国家的数据保护水平，采取适当的法律和技术措施，如加密、匿名化等，防止数据泄露和滥用。

4. 个人数据利用的趋势展望

随着隐私计算等技术的出现，个人数据利用呈现五大发展趋势。

（1）数据保护技术的提升

随着数据保护要求的提高，企业开始采用更多的隐私增强技术，如数据匿名化、加密技术等，以保护用户个人数据的安全。隐私增强技术用于在不影响数据使用效果的前提下，最大限度地减少数据处理对个人隐私的侵害。例如，数据匿名化技术通过去除或模糊化个人识别信息，使数据无法追溯到具体个人，从而降低数据泄露的风险。加密技术则通过对数据进行加密处理，确保数据在传输和存储过程中的安全性，即使数据被截获，未授权者也无法解读。

（2）数据中介机构

为解决数据垄断和信任危机，欧盟提出了数据中介机构的概念，旨在促进个人数据在数据主体和数据使用者之间的可信流动。数据中介机构作为独立的第三方，可以在数据主体与数据使用者之间建立信任桥梁，通过透明、公正的方式管理数据共享过程。这种模式不仅有助于打破数据垄断，促进数据的开放和共享，还能提升数据使用的合规性和安全性。例如，数据中介机构可以通过制定标准化的数据共享协议、提供安全的数据传输渠道以及监督数据使用行为，确保数据共享过程的合法性和透明度。

（3）促使各个国家更加注重个人数据的保护

GDPR 的严格规定和强制执行不仅提升了欧盟的数据保护水平，也对全球企业的合规行为产生了重要影响。许多国家在制定本国数据保护法律时，都借鉴了 GDPR 的理念和条款，从而推动全球数据保护标准的提升和趋同。例如，中国的《中华人民共和国个人信息保护法》在保护个人隐私、规范数据处理行为、加强数据跨境传输管控等方面，与 GDPR 有诸多相似之处，这进一步提升了国际数据保护的协调性。

（4）个人数据价值化

随着数据经济的发展，个人数据的商业价值不断被挖掘，企业需要在数据保护与数据利用之间寻找平衡，以实现数据驱动的商业模式。个人数据不仅是企业的重要资产，也是推动商业模式创新和业务增长的关键因素。通过数据分析和挖掘，企业可以发现潜在的市场机会，优化产品和服务，提高用户满意度和忠诚度。例如，金融机构通过分析客户的交易数据，可以提供个性化的金融产品和服务；医疗机构通过分析患者的健康数据，可以实现精准医疗和个性化治疗。与此同时，企业在数据利用过程中必须遵守数据保护法规，确保数据处理的合法性和透明性，保护用户隐私，避免因数据滥用引发的法律和声誉风险。

（5）法规的持续更新

技术的快速发展和数据应用的广泛普及，使现有的数据保护法规面临新的挑战，如人工智能、物联网、区块链等新兴技术的应用带来的数据保护问题和隐私风险。欧盟在立法过程中将不断吸收最新的技术发展成果，结合实际应用场景，制定更加科学、合理、可操作的法律法规，确保数据保护法规的前瞻性和适应性。例如，欧盟正在研究制定《人工智能法案》（截至本书完稿时），旨在规范人工智能技术的开发和应用，确保其在保护用户隐私、数据安全等方面符合 GDPR 的要求。此外，欧盟还将加强对数据保护执法机构的支持，提高其监管能力和执法效率，确保数据保护法规的有效实施。

17.2 个人数据的业务场景蓝图

17.2.1 个人数据要素的价值实现

1. 个人数据要素价值实现的重要性

个人数据要素价值的实现是数字中国建设和共同富裕的必然要求。数字经济的发展不仅能极大地促进生产力，还能创造丰富的物质财富和精神财富。个人数据的价值化是政府数字化治理和企业生产经营的重要要素。尽管数据平台通过对海量数据的收集、汇聚，发挥了数据要素的乘数效应和倍增效应，增加了自身收益，但也可能导致资本和劳动报酬之间的差距加大，形成新型垄断，违背共同富裕的目标。因此，探索个人数据要素的价值实现和增值收益分配机制是数据要素市场化改革的关键环节。

2. 个人数据要素价值实现的过程

个人数据要素价值实现的过程可以分为 3 个阶段：生产、价值分配、权属配置。

- 生产阶段。个人数据的收集和汇聚，涉及数据的采集、存储、处理和分析。此阶段主要是将个人数据资源化、资产化。
- 价值分配阶段。个人数据增值收益分配机制需遵循按劳分配和按要素分配相结合的原则，通过政府财政体系进行二次分配。
- 权属配置阶段。建立基于个人数据全生命周期和场景一致性的权益保护与补偿机制，确保个人数据要素权益分配的公平和效率。

3. 个人数据要素的不同阶段

个人数据要素在不同阶段具有不同的价值。

- 信息阶段（自有价值）。数据初始状态，个人拥有数据的所有权。
- 资源阶段（使用价值）。数据经过整理和处理，具备商业价值，使用者获得使用数据的权利。
- 资产阶段（资产价值）。数据经过进一步加工和分析，形成具有高商业价值的数据产品，使用者获得其经营权。

4. 个人数据要素价值实现的基本逻辑

- 理论视角。基于经济学原理，个人数据要素价值实现需要明确产权边界和约束条件，建立收益返还机制。
- 技术视角。通过数据技术手段（如数据银行），将个人数据要素资源化、资产化和普惠化，确保数据高效利用和安全流通。
- 制度视角。通过法律法规和政策，建立完善的个人数据权益保护机制，确保个人数据要素在价值实现过程中的公平。

5. 个人数据要素价值实现路径

- 建设国家级"数据银行"。整合个人数据资源，形成统一的数据归集、确权、治理和价值化机制，确保个人数据要素的高效利用。
- 场景驱动的数据要素价值实现市场机制。通过具体应用场景，实现数据要素的供需平衡和市场化配置，促进个人数据要素的高效利用。
- 建立个人数据收益返还机制。保障个人数字空间权益和数据资产合法权益，促进个人参与数据要素的价值增值和收益分配，实现数据红利的普惠化。

个人数据要素价值实现的核心在于通过有效的生产、分配和权属配置机制，确保数据要素的高效利用和公平分配。技术、理论和制度相结合的路径，能够促进个人数据要素从资源到资产再到普惠化的转变，最终实现共同富裕。建立国家级数据银行和个人数据返还机制，是实现个人数据要素价值化的重要措施。在整个过程中，确保数据隐私和安全保护是关键，以实现个人、企业和社会的共赢。

17.2.2 个人数据要素的典型应用场景

个人数据在不同行业中的应用场景广泛多样，各行业利用个人数据提高服务效率、提供定制化体验、增强决策能力等。个人数据要素价值场景蓝图如图 17-1 所示。

金融行业	医疗行业	零售行业	教育行业
信贷评估	患者病例管理	顾客行为分析	学生表现追踪
个性化金融产品	个性化医疗	顾客忠诚度计划	课程个性化

旅游和酒店行业	交通运输行业	保险行业	娱乐和媒体行业
个性化推荐	乘客行为分析	风险评估	内容推荐
顾客体验优化	智能交通系统	精准定价	定向广告

电信行业	房地产行业	制造行业	公共服务行业
用户流失预测	市场分析	产品设计	公共政策制定
网络优化	定价策略	供应链优化	社会服务个性化

图 17-1 个人数据要素价值场景蓝图

1）金融行业。信贷评估：利用个人的财务历史、购买行为和支付记录来评估信贷风险。个性化金融产品：根据客户的投资偏好和风险承受能力定制投资组合。

2）医疗行业。患者病例管理：在电子健康记录（EHR）系统中存储和处理个人健康信息，用于诊断和治疗。个性化医疗：根据患者的遗传信息和生活习惯定制治疗方案。

3）零售行业。顾客行为分析：分析购物历史和在线行为，以优化库存管理和推送定制化促销信息。顾客忠诚度计划：利用顾客购买数据来设计个性化的忠诚度奖励计划。

4）教育行业。学生表现追踪：使用学生的学习数据和考试成绩来评估学习效果，提供定制化的辅导。课程个性化：基于学生的学习进度和偏好调整教学内容与难度。

5）旅游和酒店行业。个性化推荐：根据顾客的旅游偏好和历史行为数据提供定制的旅游套餐和住宿选项。顾客体验优化：利用顾客反馈和行为数据改进服务与设施。

6）交通运输行业。乘客行为分析：分析个人旅行模式和偏好，优化运输路线和班次安排。智能交通系统：通过分析个人位置和移动数据，实时调整交通信号，减少拥堵。

7）保险行业。风险评估：利用个人的生活习惯、健康信息和历史索赔数据来评估保险风险。精准定价：根据个人数据定制保险产品的价格。

8）娱乐和媒体行业。内容推荐：分析用户的观看习惯和偏好，推荐电影、电视节目和音乐。定向广告：利用用户的浏览和消费数据来推送更相关的广告。

9）电信行业。用户流失预测：通过分析用户行为和消费模式预测可能流失的用户。网络优化：利用用户位置和使用数据优化网络覆盖和服务质量。

10）房地产行业。市场分析：分析潜在买家的行为数据和偏好，评估不同地区的房地产需求，从而制定投研策略。定价策略：基于历史交易数据和个人购买力来设定房产价格。

11）制造行业。产品设计：分析消费者反馈和使用数据，指导新产品的设计和改进。供应链优化：利用消费者购买数据预测需求，优化库存和生产计划。

12）公共服务行业。公共政策制定：使用民众的反馈和行为数据来制定更有效的公共政策。社会服务个性化：根据个人需求和状况提供定制化的社会福利服务。

在所有这些应用场景中，确保个人数据的安全和隐私非常重要。组织需要遵循相关法律法规，采取适当的数据保护措施，防止个人数据被滥用或泄露。

推荐阅读

数据资产入表与数据交易合规指南

作者：江翔宇　书号：978-7-111-77210-1

内容简介

全书共12章，主要内容如下。

第1和2章首先从数据要素市场出发对国家层面的政策和法律沿袭进行了梳理与分析，对国家顶层设计文件"数据二十条"的主要内容进行了介绍；然后对数据资产入表的内涵和意义以及各个相关概念进行比较分析；最后对数据资产入表的具体操作进行简明扼要的解读，帮助读者透彻理解数据要素市场和数据资产入表的底层逻辑。

第3~6章首先对数据资产入表与数据确权的关系进行了深入分析，明确了权属清晰对数据资产入表的底层重要性；然后对确权相关的合规问题以及其他涉及数据资产入表的合规问题进行了深入分析，厘清了关键合规要点，特别是数据来源的合规性；最后对数据资产入表的准备工作和主要路径进行了介绍和梳理，帮助读者迅速掌握操作思路和落地路径。

第7~10章就数据资产入表在主要领域的开展难点进行分析，并就上市公司和非上市公司的具体案例进行分析。具体分为数据资产入表与公共数据、数据资产入表与个人数据、数据资产入表与人工智能三个部分，分别从数据资产入表角度对各自的合规难点、立法现状、未来展望加以深入浅出的剖析。

第11章首先对金融意义下的数据资产管理内涵进行了分析，然后对目前数据资产的金融化探索与实践进行了分析，对其中的法律难点问题进行归纳，并对普遍性开展的难点进行分析和展望。

第12章首先对数据资产入表与数据交易之间的紧密联系进行分析；然后对数据交易的概念、内涵以及法律性质进行分析，并对场内数据交易和场外数据交易进行比较分析；最后对数据交易中的合规性审查要点进行分析归纳。

推荐阅读

一本书讲透数据资产入表

作者：王琰 孟庆国 刘晗 朱越 等 书号：978-7-111-75895-2

内容简介

本书分为四部分，不仅从战略、方法、工具、实操、案例等角度为读者提供了全面的数据资产入表知识体系，还前瞻性地探讨了数据资产入表后的价值挖掘、资产评估和金融创新。

第一部分　全景概览（第1和2章）　深入分析数据资产入表的宏观背景、核心目标及其对企业乃至社会的价值，为读者描绘数据资产入表的时代意义和发展蓝图。

第二部分　核心知识体系（第3~5章）　详解数据资产入表所需的会计原理、法律框架和大数据技术基础，建立全面而深入的知识体系，为实操打下坚实基础。

第三部分　实操指南（第6~9章）　系统阐述实施策略与具体步骤，涵盖数据原始资源入表与数据产品入表的关键环节，提供详尽的实操指南。

第四部分　价值挖掘（第10~13章）　指导企业探索金融创新工具的应用，实现数据的资产化和资本化，释放数据资源的巨大潜在价值。

此外，附录包含"数据资产入表36问""数据要素相关标准清单"等内容，插页给出了"数据资产入表知识地图"。

推荐阅读

一本书讲透数据资产会计：数据资产入表的财务路径

作者：戚笑天　书号：978-7-111-76562-2

内容简介

全书共11章，分为上、中、下三篇。

上篇（第1~3章）数据资产会计基础

基于会计师视角带领读者全面认识数据要素与数据资产，阐述数据资产会计的缘起与现状，搭建数据资产会计的基本框架，进一步基于数据要素的全价值链视角明确数据资产会计的应用前提，展现数据资产会计如何嵌入数据要素产业生态中。

中篇（第4~8章）数据资产会计实务

以包括《企业数据资源相关会计处理暂行规定》在内的企业会计准则体系为基础，启迪会计职业判断智慧，萃取账务处理精华，基于数据资产入表展开深度财务分析，基于业数财融合视角展现数据资产会计应对数据业态的核心思路，提供数据资产全生命周期会计核算及数据资产入表的落地方案。

下篇（第9~11章）数据资产会计专题研究

剖析企业数据资产入表的典型实战案例，提炼数据资产会计底层逻辑，研讨数据资产会计推动企业数智化转型的技术方案，展望数据资产会计的未来。